2024 NCS 학습 모듈 및 최신 출제기준 반영

위험물 기능사 실기

한권완성

김찬양 편저

2024
국가기술자격
검정시험대비

CRAFTSMAN
HAZARDOUS MATERIAL

예문에듀
EDU

머리말

과거부터 지금까지 위험물과 관련된 각종 사고가 끊임없이 발생하고 있습니다. 이러한 사고의 원인은 대부분 위험물에 대한 전문지식이 부족하여 발생한 인재(人災)이므로 위험물 전문인력을 통해 사고를 예방·축소할 수 있습니다.

위험물을 취급하는 사업장은 안전 관련 법규를 준수하는 것뿐만 아니라 안전에 대한 사회적 관심에 대한 부응을 위해서, 사업장의 재산·임직원을 보호하기 위해서도 안전한 작업환경을 갖추어야 합니다. 이에 따라 위험물 전문자격에 대한 수요는 앞으로도 계속 늘어날 것입니다.

'위험물기능사'는 위험물안전관리법에 의거하여 모든 종류의 위험물을 취급할 수 있는 전문기술자격으로, 위험물을 취급하는 사업장은 위험물자격증을 취득한 사람을 채용해야 하는 의무가 있습니다. 위험물 기능사는 설비와 위험물을 점검하고 작업자를 지시·감독하며 재해 발생 시 응급조치와 안전관리를 책임지는 직무를 수행합니다.

'위험물기능사'라는 자격을 어떻게 하면 더 효율적으로 취득할 수 있을지에 대해 고민을 하였고 '자격증 시험은 100점 만점에 가까워야 하는 시험이 아니라, 60점 이상만 되면 합격하는 시험이다'라는 관점에서 바쁜 현대인이 최소한의 시간과 노력으로 "합격"할 수 있도록 교재를 만들어야겠다는 결론을 내렸습니다. 이에 따라 NCS를 비롯한 기출문제를 전면 검토하였고 핵심만을 선별·정리하여 덜 외우고 더 쉽게 문제를 풀 수 있도록 하였습니다.

본 교재는 이론-적중문제-기출문제로 3단계 구성되었습니다.

1단계 이론학습. 지루할 수 있는 법규들과 위험물의 특징은 그림과 도표로 한눈에 볼 수 있도록 하였습니다. 또한, 쉽게 암기하는 팁, 꼭 암기하여야 하는 팁 등 다양한 추가적인 내용을 넣어 학습에 도움이 되도록 하였습니다.

2단계 적중 핵심예상문제. 이론 학습 이후 내용 숙지가 잘 되었는지 확인하며 머리 속으로 정리가 될 수 있도록 핵심 문제를 제공하고 있습니다.

3단계 CBT 최신 기출복원문제. 출제기준과 출제된 키워드를 통해 분석하여 정리한 기출복원문제 5개년(2019~2023년)을 제공하고 있습니다. 실제 시험과 동일한 유형의 문제를 풀어보면서 시험에 대한 두려움을 줄일 수 있도록 하였습니다.

추가적으로 제공되는 소책자를 통해 출·퇴근길, 시험장으로 가는 길 등 다양한 곳에서 복습하실 수 있도록 하였습니다.

이 교재를 통해 수험생 여러분들께서 반드시 "합격"하시기를 기원합니다.

끝으로 본 도서가 출간되기까지 애써주신 예문사 임직원분들께 감사의 말씀을 전합니다.

저자 김찬양

시험안내

위험물기능사 개요

위험물 취급은 위험물 안전 관리법 규정에 의거 위험물의 제조 및 저장하는 취급소에서 각 류별 위험물 규모에 따라 위험물과 시설물을 점검하고, 일반 작업자를 지시 감독하며 재해 발생 시 응급조치와 안전관리 업무를 수행하는 일을 말하며 이에 따라 전문 기능인력이 필요하게 되었다.

시험정보

1. 검정방법

① 시행처 : 한국산업인력공단

② 관련학과 : 전문계고 고등학교 화공과, 화학공업과 등 관련학과

③ 시험과목(실기) : 위험물 취급 실무

④ 검정방법(실기) : 필답형(1시간 30분, 100점)

    ※ 합격 기준 : 100점을 만점으로 하여 60점 이상

⑤ 실기시험 수수료 : 17,200원

2. 시험일정

회별	필기시험			실기시험		
	원서접수	시험시행	합격자발표	원서접수	시험시행	합격자발표
정기기능사 제1회	1.2.~1.5.	1.21.~1.24.	1.31.	2.5.~2.8.	3.16.~3.29.	1차 : 4.9., 2차 : 4.17.
정기기능사 제2회	3.12.~3.15.	3.31.~4.4.	4.17.	4.23.~4.26.	6.1.~6.16.	1차 : 6.26., 2차 : 7.3.
정기기능사 제3회	5.28.~5.31.	6.16.~6.20.	6.26.	7.16.~7.19.	8.17.~9.3.	1차 : 9.11., 2차 : 9.25.
정기기능사 제4회	8.20.~8.23.	9.8.~9.12.	9.25.	9.30.~10.4.	11.9.~11.24.	1차 : 12.4., 2차 : 12.11.

※ 자세한 내용은 한국산업인력공단(www.q-net.or.kr)을 참고하시기 바랍니다.

3. 검정현황

연도	필기			실기		
	응시인원	합격인원	합격률(%)	응시인원	합격인원	합격률(%)
2023	16,542	6,668	40.3	8,735	3,249	37.2
2022	14,100	5,932	42.1	8,238	3,415	41.5
2021	16,322	7,150	43.8	9,188	4,070	44.3
2020	13,464	6,156	45.7	9,140	3,482	38.1
2019	19,498	8,433	43.3	12,342	4,656	37.7

4. 출제기준

주요항목	세부항목	세세항목
1. 위험물 성상	1. 각 류별 위험물의 특성을 파악하고 취급하기	1. 제1류 위험물 특성을 파악하고 취급할 수 있다. 2. 제2류 위험물 특성을 파악하고 취급할 수 있다. 3. 제3류 위험물 특성을 파악하고 취급할 수 있다. 4. 제4류 위험물 특성을 파악하고 취급할 수 있다. 5. 제5류 위험물 특성을 파악하고 취급할 수 있다. 6. 제6류 위험물 특성을 파악하고 취급할 수 있다.
	2. 위험물의 소화 및 화재 예방하기	1. 일반화학의 기초를 파악할 수 있다. 2. 화재의 종류와 소화이론을 파악할 수 있다. 3. 위험물 간의 반응으로 인한 폭발, 화재 위험성을 파악할 수 있다.
2. 위험물 시설, 저장·취급 기준	1. 위험물 시설 파악하기	1. 위험물제조소등의 위치, 구조 및 설비에 대한 기준을 파악할 수 있다. 2. 위험물제조소등의 소화설비, 경보설비 및 피난설비에 대한 기준을 파악할 수 있다.
	2. 위험물의 저장·취급에 관한 사항 파악하기	1. 위험물의 저장 및 취급 기준을 파악할 수 있다.
3. 관련법규 적용	1. 위험물 안전관리 법규 적용하기	1. 위험물제조소등과 관련된 안전관리 법규를 검토하여 허가, 완공절차 및 안전 기준을 파악할 수 있다. 2. 위험물 안전관리 법규의 벌칙규정을 파악하고 준수할 수 있다.
4. 위험물 운송·운반기준 파악	1. 운송·운반 기준 파악하기	1. 운송 기준을 검토하여 운송 시 준수 사항을 확인할 수 있다. 2. 운반 기준을 검토하여 적합한 운반용기를 선정할 수 있다. 3. 운반 기준을 확인하여 적합한 적재방법을 선정할 수 있다. 4. 운반 기준을 조사하여 적합한 운반방법을 선정할 수 있다.
	2. 운송시설의 위치·구조·설비 기준 파악하기	1. 이동탱크저장소의 위치 기준을 검토하여 위험물을 안전하게 관리할 수 있다. 2. 이동탱크저장소의 구조 기준을 검토하여 위험물을 안전하게 운송할 수 있다. 3. 이동탱크저장소의 설비 기준을 검토하여 위험물을 안전하게 운송할 수 있다. 4. 이동탱크저장소의 특례 기준을 검토하여 위험물을 안전하게 운송할 수 있다.
	3. 운반시설 파악하기	1. 위험물 운반시설(차량 등)의 종류를 분류하여 안전하게 운반을 할 수 있다. 2. 위험물 운반시설(차량 등)의 구조를 검토하여 안전하게 운반할 수 있다.
5. 위험물 운송·운반 관리	1. 운송·운반 안전 조치하기	1. 입·출하 차량 동선, 주정차, 통제 관련 규정을 파악하고 적용하여 운송·운반 안전조치를 취할 수 있다. 2. 입·출하 작업 사전에 수행해야 할 안전조치 사항을 파악하고 적용하여 운송·운반 안전조치를 취할 수 있다. 3. 입·출하 작업 중 수행해야 할 안전조치 사항을 파악하고 적용하여 운송·운반 안전조치를 취할 수 있다. 4. 사전 비상대응 매뉴얼을 파악하여 운송·운반 안전조치를 취할 수 있다.

도서의 구성과 활용

STEP 1 위험물기능사 핵심이론

- 효율적인 학습을 위해 최신 출제기준을 분석하여 체계적으로 핵심이론을 수록하였습니다.
- 다양한 도표 및 그림을 통해 쉽게 이해되도록 하였습니다.

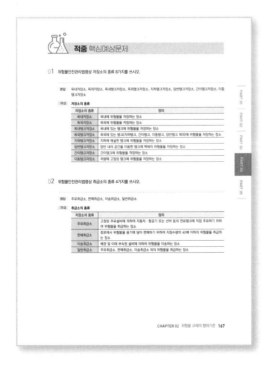

STEP 2 적중 핵심예상문제

- 단원별 중요 포인트들만 모아 만든 예상문제로 학습한 내용을 본인의 지식으로 정리되는 것을 돕도록 구성하였습니다.
- 문제 아래 정답 및 해설을 배치하여 빠른 학습이 가능하도록 하였습니다.

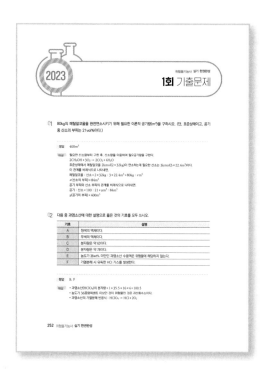

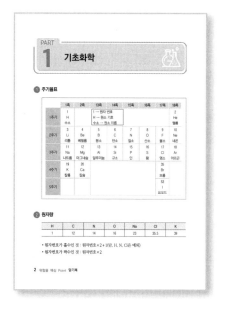

목 차

위험물기능사 실기 한권완성

위험물기능사 실기 한권완성
Craftsman Hazardous material

PART

01

기초화학

CHAPTER 01 주기율표

1. 주기율표

원소들을 원자번호 순서대로 열거하되 반복되는 주기적 화학적 성질에 따라 배열한 표이다.

	1족	2족	13족	14족	15족	16족	17족	18족
1주기	1 H 수소		1 → 원자 번호 H → 원소 기호 수소 → 원소 이름					2 He 헬륨
2주기	3 Li 리튬	4 Be 베릴륨	5 B 붕소	6 C 탄소	7 N 질소	8 O 산소	9 F 불소	10 Ne 네온
3주기	11 Na 나트륨	12 Mg 마그네슘	13 Al 알루미늄	14 Si 규소	15 P 인	16 S 황	17 Cl 염소	18 Ar 아르곤
4주기	19 K 칼륨	20 Ca 칼슘					35 Br 브롬	
5주기							53 I 요오드	

암기필수 – 주기율표

> "1~20번 원소+Br, I"를 주기율표 자리(족, 주기)대로 반드시 암기!

① 전자껍질 : 전자는 원자핵에 가까운 전자껍질부터 차례대로 2개, 8개, 8개씩 채워진다.

② 원자가 전자(최외각 전자) : 가장 바깥쪽 전자껍질에 있는 전자를 말하며, 화학 결합에 참여하는 전자로 원자의 화학적 성질을 결정한다.

③ 주기와 족

주기 (가로 묶음)	• 주기는 전자가 들어있는 전자껍질 수와 같다(주기 번호가 같은 원소들은 전자껍질의 수가 같다). • 1주기~7주기가 있다.	
족 (세로 묶음)	• 같은 족 원자는 원자가 전자 수가 같아서 화학적 성질이 비슷하다. • 원자가 전자 수는 족의 끝자리 수와 같다. • 1족~18족이 있다.	
	1족(알칼리금속)	• 전자 1개를 잃고 +1가 양이온이 되기 쉽다. • 원자 번호가 클수록 양이온이 되려는 성질이 크다.
	2족(알칼리토금속)	• 전자 2개를 잃고 +2가 양이온이 되기 쉽다.
	17족(할로겐원소)	• 전자 1개를 얻어 −1가 음이온이 되기 쉽다. • 원자 번호가 작을수록 음이온이 되려는 성질이 크다.
	18족(비활성 기체)	• 안정하여 다른 원소들과 거의 반응하지 않는다.

2. 원자량, 분자량

(1) 원자량

원자 1개의 상대적 질량이다(단위 : g/mol 또는 kg/kmol).

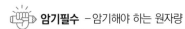 **암기필수** −암기해야 하는 원자량

H	C	N	O	Na	Cl	K
1	12	14	16	23	35.5	39

• 원자번호가 홀수인 것 : 원자번호×2+1(단, H, N, Cl은 예외)
• 원자번호가 짝수인 것 : 원자번호×2

(2) 분자량

분자 1개의 상대적 질량으로, 분자를 이루는 원자들의 원자량을 모두 더한 값이다(단위 : g/mol 또는 kg/kmol).

O_2	$16 \times 2 = 32$
H_2O	$1 \times 2 + 16 = 18$
NH_3	$14 + 1 \times 3 = 17$
CO_2	$12 + 16 \times 2 = 44$

적중 핵심예상문제

01 알칼리금속 3가지를 원소기호로 쓰시오.

> **정답**   Li, Na, K
>
> **해설**   알칼리금속은 1족 원소로 Li(리튬), Na(나트륨), K(칼륨)이 있다.

02 알칼리토금속 3가지를 명칭으로 쓰시오.

> **정답**   베릴륨, 마그네슘, 칼슘
>
> **해설**   알칼리토금속은 2족 원소로 베릴륨(Be), 마그네슘(Mg), 칼슘(Ca)이 있다.

03 다음 중 원자가 전자가 2개인 원소를 모두 쓰시오.

• 리튬	• 칼륨	• 마그네슘
• 헬륨	• 칼슘	• 황
• 인	• 아르곤	

> **정답**   마그네슘, 칼슘
>
> **해설**   원자가 전자는 가장 바깥쪽 전자껍질에 있는 전자를 말하며, 족의 끝자리 수와 같다.
> 따라서 2족 원소를 찾는 문제이다.

04 할로겐원소 4가지를 쓰시오. (단, 명칭과 기호를 함께 쓰시오.)

> **정답**   불소(F), 염소(Cl), 브롬(Br), 요오드(I)
>
> **해설**   할로겐원소는 17족 원소이다.

05 다음 중 전자 1개를 얻어 음이온이 되려는 성질을 가진 족의 이름을 골라 쓰시오.

- 알칼리금속
- 알칼리토금속
- 불활성기체
- 할로겐원소

정답 할로겐원소

해설 할로겐원소는 17족 원소이며, 원자가 전자가 7개로 전자 1개를 얻어 음이온이 되려는 성질을 가진다.

06 다음 표의 빈칸을 채우시오.

원소	H	C	N	O	Na	Cl	K
원자량							

정답

원소	H	C	N	O	Na	Cl	K
원자량	1	12	14	16	23	35.5	39

07 이산화탄소(CO_2)의 분자량을 구하시오.

정답 44

해설 CO_2의 분자량 $= 12 \times 1 + 16 \times 2 = 44$

08 에틸알코올(C_2H_5OH)의 분자량을 구하시오.

정답 46

해설 C_2H_5OH의 분자량 $= 12 \times 2 + 1 \times 6 + 16 = 46$

09 질산(HNO_3)의 분자량을 구하시오.

정답   63

해설 HNO_3의 분자량 = $1 + 14 + 16 \times 3 = 63$

10 트리니트로톨루엔($C_7H_5N_3O_6$)의 분자량을 구하시오.

정답   227

해설 $C_7H_5N_3O_6$의 분자량 = $12 \times 7 + 1 \times 5 + 14 \times 3 + 16 \times 6 = 227$

CHAPTER 02 유기 · 무기화합물

1. 유기화합물

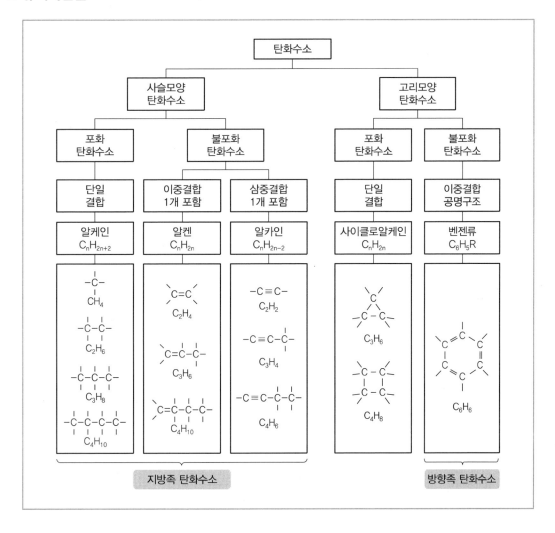

(1) 탄화수소 구조

① 원자의 결합선

원자	결합선 수	구조
C(탄소)	4개	$-\overset{\displaystyle\vert}{\underset{\displaystyle\vert}{C}}-$
N(질소)	3개	$-\overset{\displaystyle\vert}{N}\diagdown$
Al(알루미늄)	3개	$\diagup\overset{\displaystyle\vert}{Al}\diagdown$
O(산소)	2개	$-O-$
H(수소)	1개	$-H$
X(할로겐원소)	1개	$-F \quad -Cl \quad -Br \quad -I$
Li(리튬)	1개	$-Li$

② 구조식

화학물질	루이스 구조식	골격 구조식
프로판 (C_3H_8)		
시클로펜탄 (C_5H_{10})		
벤젠 (C_6H_6)		
아세트산에틸 ($CH_3COOC_2H_5$)		

(2) 탄화수소 명명법

① 알칸(= 알케인, C_nH_{2n+2}) : 단일결합(포화탄화수소)

분자식	CH_4	C_2H_6	C_3H_8	C_4H_{10}
명명법	methane (메탄)	ethane (에탄)	propane (프로판)	butane (부탄)
분자식	C_5H_{12}	C_6H_{14}	C_7H_{16}	C_8H_{18}
명명법	pentane (펜탄)	hexane (헥산)	heptane (헵탄)	octane (옥탄)
분자식	C_9H_{20}	$C_{10}H_{22}$		
명명법	nonane (노난)	decane (데칸)		

참고 – 탄소 수에 따른 접두사(그리스어 접두사)

탄소 수	1	2	3	4	5	6	7	8	9	10
접두사	Metha (메타)	Etha (에타)	Propa (프로파)	Buta (뷰타)	Penta (펜타)	Hexa (헥사)	Hepta (헵타)	Octa (옥타)	Nona (노나)	Deca (데카)

② 알켄(C_nH_{2n}) : 이중결합(불포화탄화수소)

분자식	C_2H_4	C_3H_6	C_4H_8	C_5H_{10}
명명법	ethene (에텐, **에틸렌**)	propene (프로펜, **프로필렌**, 메틸에틸렌)	butene (뷰텐, 뷰틸렌)	pentene (펜텐)
분자식	C_6H_{12}	C_7H_{14}	C_8H_{16}	C_9H_{18}
명명법	hexene (헥센)	heptene (헵텐)	octene (옥텐)	nonene (노넨)
분자식	$C_{10}H_{20}$			
명명법	decene (데센)			

③ 알킨(= 알카인, C_nH_{2n-2}) : 삼중결합(불포화탄화수소)

분자식	C_2H_2	C_3H_4	C_4H_6	C_5H_8
명명법	ethyne (아세틸렌, 에타인)	propyne (프로파인)	butyne (뷰타인)	pentyne (펜타인)
분자식	C_6H_{10}	C_7H_{12}	C_8H_{14}	C_9H_{16}
명명법	hexyne (헥사인)	heptyne (헵타인)	octyne (옥타인)	nonyne (노나인)
분자식	$C_{10}H_{18}$			
명명법	decyne (데카인)			

④ 시클로알칸(= 사이클로알케인, C_nH_{2n}) : 단일결합, 고리모양(포화탄화수소)

분자식	C_3H_6	C_4H_8	C_5H_{10}	C_6H_{12}
명명법	cyclopropane (시클로프로판)	cyclobutane (시클로부탄)	cyclopentane (시클로펜탄)	cyclohexane (시클로헥산)

⑤ 알킬기(R, C_nH_{2n+1}) : 알칸에서 수소 1개 제외한 원자단

분자식	CH_3	C_2H_5	C_3H_7	C_4H_9
명명법	methyl (메틸기)	ethyl (에틸기)	propyl (프로필기)	butyl (뷰틸기)

⑥ 탄화수소의 작용기

작용기	이름	예시	
R-OH	알코올	CH_3OH(메탄올)	C_2H_5OH(에탄올)
R-CHO	알데히드	HCHO(포름알데히드)	CH_3CHO(아세트알데히드)
R-COOH	카르복시산	HCOOH(개미산, 포름산)	CH_3COOH(아세트산)
R-O-R'	에테르		$C_2H_5OC_2H_5$(디에틸에테르)
R-CO-R'	케톤	CH_3COCH_3(아세톤)	$CH_3COC_2H_5$(메틸에틸케톤)
R-COO-R'	에스테르	$HCOOCH_3$(포름산메틸)	$CH_3COOC_2H_5$(아세트산에틸)

참고 - 작용기(알킬기) 수에 따른 접두사(그리스어 접두사)

작용기 수	1	2	3	4	5
접두사	Mono(모노)	Di(디)	Tri(트리)	Tetra(테트라)	Penta(펜타)

예 • 디에틸에테르 : 에틸기(C_2H_5-)가 2개 있는 에테르
  • 트리니트로톨루엔 : 니트로기(NO_2-)가 3개 있는 톨루엔

⑦ 방향족 화합물

	CH₃	OH	NO₂	NH₂
벤젠	톨루엔	페놀	니트로벤젠	아닐린
Cl	Br	o-크실렌	m-크실렌	p-크실렌
클로로벤젠	브로모벤젠	크실렌(자일렌)		

(3) 화학식의 표현

화학식의 종류	디에틸에테르의 화학식	정의
시성식	$C_2H_5OC_2H_5$	• 분자의 특성을 나타내는 식 • 작용기가 드러나는 식
구조식	(구조식)	• 분자의 구조를 나타낸 식 • 원자 사이의 결합이나 배열이 드러나는 식
분자식	$C_4H_{10}O$	분자를 이루는 원자의 수를 나타낸 식

2. 무기화합물

(1) 구성

대부분 탄소가 없는 분자로, 금속과 비금속의 화합물로 구성된다.

① 1족(알칼리금속) : Li, Na, K

② 2족(알칼리토금속) : Be, Mg, Ca, Ba

③ 15족 : N, P

④ 16족 : O, S

⑤ 17족(할로겐) : F, Cl, Br, I

⑥ 18족(불활성기체) : He, Ne, Ar

(2) 금속의 불꽃 반응

금속을 불꽃에 넣었을 때 특정한 불꽃색을 나타낸다.

불꽃색	빨간색	노란색	보라색	청록색
금속	Li	Na	K	Cu

참고 – 금속의 불꽃 반응 암기하는 방법

빨(간색)리(Li) 노(란색)라(Na) 보(라색)까(K)? 구(Cu)청(록색)에서

적중 핵심예상문제

01 에틸알코올의 시성식을 쓰시오.

정답　C_2H_5OH

해설　시성식은 작용기가 드러나는 식이다.

02 에틸알코올의 구조식을 쓰시오.

정답

$$\begin{array}{c} \quad\ \ H\ \ \ H \\ \quad\ \ | \quad\ | \\ H-C-C-OH \\ \quad\ \ | \quad\ | \\ \quad\ \ H\ \ \ H \end{array}$$

해설　구조식은 분자의 구조를 나타낸 식이다.

03 에틸알코올의 분자식을 쓰시오.

정답　C_2H_6O

해설　분자식은 분자를 이루는 원자의 수를 나타낸 식이다.

04 다음 구조식을 보고 명칭을 쓰시오.

$$CH_3 \diagup\!\!\diagdown \overset{\displaystyle O}{\overset{\|}{C}} \diagdown CH_3$$

정답　메틸에틸케톤

해설　C = O(케톤기)를 중심으로 메틸기와 에틸기가 붙어있는 메틸에틸케톤이다.

05 메틸에틸케톤의 시성식을 쓰시오.

정답 $CH_3COC_2H_5$

해설 C = O(케톤기)를 중심으로 메틸기와 에틸기가 붙어있는 것이 드러나도록 식을 쓴다.

06 니트로벤젠의 구조식을 그리시오.

정답

해설 벤젠의 수소 1개 자리에 니트로기(NO_2)를 치환한다.

07 트리니트로톨루엔의 구조식을 그리시오.

정답

해설 트리니트로톨루엔은 톨루엔에 니트로기가 3개 붙어있는 구조이다.

08 아닐린의 분자량을 구하시오.

정답 93

해설 아닐린($C_6H_5NH_2$)의 분자량 = $12 \times 6 + 1 \times 7 + 14 = 93$

[아닐린]

09 벤젠의 분자량을 구하시오.

정답   78

해설   벤젠(C_6H_6)의 분자량 = $12 \times 6 + 1 \times 6 = 78$

[벤젠]

10 다음 빈칸을 채우시오.

불꽃색	빨간색	노란색	보라색	청록색
금속				

정답

불꽃색	빨간색	노란색	보라색	청록색
금속	Li	Na	K	Cu

해설   빨리(Li) 노라(Na) 보까(K), 구(Cu)청에서

CHAPTER

03

반응식

1. 화학 반응식 작성방법

반응물1 + 반응물2 → 생성물1 + 생성물2

순서	방법	예시
①	'→' 기준으로 왼쪽에는 반응물을, 오른쪽에는 생성물을 쓰고, 2가지 이상이면 '+'로 연결한다.	$H_2 + O_2 \rightarrow H_2O$
②	반응물과 생성물에 있는 원자의 종류와 개수가 같도록 계수를 맞추고, 계수가 1이면 생략한다. (계수 : 분수 혹은 소수로 작성해도 되지만, 정수로 표현하는 것이 좋다.)	$2H_2 + O_2 \rightarrow 2H_2O$
③	물질의 상태를 표시할 경우 ( ) 안에 g, l, s 등 기호를 써서 표시한다(생략 가능).	$2H_2(g) + O_2(g) \rightarrow 2H_2O(g)$

2. 이온결합 반응식

(1) 이온결합 화합물의 화학식 작성방법

순서	방법	예시
①	양이온을 왼쪽에, 음이온을 오른쪽에 쓴다.	Na^+ / SO_4^{2-}
②	양이온, 음이온의 전하량의 합이 0이 되도록 양이온과 음이온의 개수를 산정한다.	$Na^+ : 2개 / SO_4^{2-} : 1개$
③	양이온과 음이온의 개수비를 원자단 아래에 작게 쓴다(개수가 1개이면 1은 생략).	Na^+_2 / SO_4^{2-}
④	양이온과 음이온을 합쳐 쓴다.	Na_2SO_4

(2) 이온결합 화합물을 구성하는 원자(원자단)

① 양이온

이온가수	양이온(원자, 원자단)	비고
+1	H^+, Li^+, Na^+, K^+	1족 원소
	NH_4^+	암모늄 이온
+2	Mg^{2+}, Ca^{2+}, Ba^{2+}	2족 원소
	Cu^{2+}, Pb^{2+}	–
+3	Fe^{3+}, Al^{3+}	–

② 음이온

이온가수	이온(원자, 원자단)	비고
-1	F^-, Cl^-, Br^-, I^-	17족 원소
	OH^-	수산화이온
	NO_3^-	질산이온
	ClO_3^-	염소산이온
	BrO_3^-	브롬산이온
	MnO_4^-	과망간산이온
	CH_3COO^-	아세트산이온
	CN^-	시안화이온
-2	O^{2-}, S^{2-}	16족 원소
	CO_3^{2-}	탄산이온
	$Cr_2O_7^{2-}$	중크롬산이온
	SO_4^{2-}	황산이온
-3	PO_4^{3-}	인산이온

(3) 이온결합 반응식

① 분자를 양이온, 음이온으로 쪼개어 결합하는 반응식을 작성한다.

② 양이온은 음이온과, 음이온은 양이온과 결합한다.

③ 이온결합 반응식의 예시

$NaH+H_2O$의 반응식	$6NaHCO_3+Al_2(SO_4)_3$의 반응식
$NaH+H_2O$ $\Downarrow$ Na^+ H^- $+H^+$ OH^- $\Downarrow$ Na^+ H^- $+$ H^+ OH^- $\Downarrow$ $NaOH+H_2$ $\Downarrow$ $NaH+H_2O \rightarrow NaOH+H_2$	$6NaHCO_3+Al_2(SO_4)_3$ $\Downarrow$ $6Na^+$ $6H^+$ $6CO_3^{2-}+2Al^{3+}$ $3SO_4^{2-}$ $\Downarrow$ $6Na^+$ $6H^+$ $6CO_3^{2-}$ $+$ $2Al^{3+}$ $3SO_4^{2-}$ $6OH^-+6CO_2$ $\Downarrow$ $3Na_2SO_4+2Al(OH)_3+6CO_2$ $\Downarrow$ $6NaHCO_3+Al_2(SO_4)_3 \rightarrow 3Na_2SO_4+2Al(OH)_3+6CO_2$

3. 기타 화학 반응식

(1) 완전연소 반응식

반응물 + O_2 → 생성물

① 산소를 충분히 공급하고 적정한 온도를 유지시켜 반응물질이 더 이상 산화되지 않는 물질로 변화하도록 하는 연소반응이다.

② 탄화수소의 완전연소 반응식
  - C, H, O로만 이루어진 탄화수소가 완전연소하면 CO_2, H_2O만 발생한다.
  - □탄화수소+□O_2 → □CO_2+□H_2O(단, 연소반응식의 계수 '□'는 화살표 기준으로 원소의 개수를 비교하여 구한다.)

    예 $CH_4 + 2O_2$ → $CO_2 + 2H_2O$

    예 $C_2H_5OH + 3O_2$ → $2CO_2 + 3H_2O$

(2) 물과의 반응식

반응물 + H_2O → 생성물

① 대부분 반응물의 양이온과 물의 음이온(OH^-)이 결합하고, 반응물의 음이온과 물의 양이온(H^+)이 결합하여 생성물이 발생한다.

  예 $AlP + 3H_2O$ → $Al(OH)_3 + PH_3$

② 금속과의 반응에서는 금속의 양이온과 물의 음이온(OH^-)이 결합하고, 물의 양이온(H^+)이 수소(H_2)가 된다.

  예 $2K + 2H_2O$ → $2KOH + H_2$

  예 $Mg + 2H_2O$ → $Mg(OH)_2 + H_2$

(3) 분해 반응식

반응물 → 생성물1 + 생성물2 + …

① 반응물이 분해하여 여러 개의 생성물이 발생한다.

  예 $KClO_4$ → $KCl + 2O_2$

  예 $2C_6H_2CH_3(NO_2)_3$ → $12CO + 2C + 3N_2 + 5H_2$

(4) 축합 반응식(제조 반응식)

반응물1 + 반응물2 → 생성물 + H_2O

① 두 개의 분자가 합쳐지는 과정에서 작은 분자(H_2O, HCl 등)가 제거되는 반응이다.

② 반응물1의 "H"와 반응물2의 "OH"가 물(H_2O)로 합쳐져 빠져나오는 자리가 연결된다.

> **예** 디에틸에테르의 축합제조 : 에탄올 2몰이 결합할 때, 물 분자가 빠져나오면서 디에틸에테르가 만들어진다.

$$CH_3 - CH_2 - OH \quad H - O - CH_2CH_3$$
$$\downarrow$$
$$CH_3 - CH_2 - O - CH_2CH_3 + H_2O$$

> **예** 트리니트로톨루엔의 축합제조 : 톨루엔과 질산이 결합하며, 톨루엔의 "H"와 질산의 "OH"가 합쳐서 물 분자가 되고, 이 물 분자가 빠져나온 자리끼리 결합하여 트리니트로톨루엔이 만들어진다.

• 제조 : + 3HNO$_3$ $\xrightarrow{H_2SO_4}$

적중 핵심예상문제

01 염소산칼륨의 화학식을 쓰시오.

정답 $KClO_3$

해설 염소산(ClO_3^-) 칼륨(K^+)

02 질산암모늄의 화학식을 쓰시오.

정답 NH_4NO_3

해설 질산(NO_3^-) 암모늄(NH_4^+)

03 다음 반응식의 계수를 채워 반응식을 완성하여 쓰시오.

$$KClO_3 \rightarrow KCl + O_2$$

정답 $2KClO_3 \rightarrow 2KCl + 3O_2$

해설 화살표 기준으로 원자의 종류·개수가 같도록 세어 계수를 구한다.

04 다음 반응식의 계수를 채워 반응식을 완성하여 쓰시오.

$$NH_4ClO_4 \rightarrow N_2 + Cl_2 + O_2 + H_2O$$

정답 $2NH_4ClO_4 \rightarrow N_2 + Cl_2 + 2O_2 + 4H_2O$

해설 화살표 기준으로 원자의 종류·개수가 같도록 세어 계수를 구한다.

05 다음 반응식의 계수를 채워 반응식을 완성하여 쓰시오.

$$P_4S_3 + O_2 \rightarrow P_2O_5 + SO_2$$

정답 $P_4S_3 + 8O_2 \rightarrow 2P_2O_5 + 3SO_2$

해설 화살표 기준으로 원자의 종류 · 개수가 같도록 세어 계수를 구한다.

06 칼륨과 이산화탄소가 반응하여 탄산칼륨과 탄소를 발생시키는 반응식을 쓰시오.

정답 $4K + 3CO_2 \rightarrow 2K_2CO_3 + C$

해설 탄산(CO_3^{2-}) 칼륨(K^+)의 이온결합식을 완성하면 K_2CO_3이다.
화살표 기준으로 왼쪽에는 반응물(칼륨, 이산화탄소), 오른쪽에는 생성물(탄산칼륨, 탄소)을 쓰고, 원자의 종류 · 개수가 같도록 세어 계수를 구한다.

07 메틸에틸케톤의 완전연소반응식을 쓰시오.

정답 $2CH_3COC_2H_5 + 11O_2 \rightarrow 8CO_2 + 8H_2O$

해설 메틸에틸케톤은 C, H, O로만 이루어져 있어서 완전연소결과로 CO_2, H_2O만 발생한다.

08 이황화탄소의 완전연소반응식을 쓰시오.

정답 $CS_2 + 3O_2 \rightarrow CO_2 + 2SO_2$

해설 이황화탄소의 C는 연소하여 CO_2 형태로, S는 SO_2 형태가 된다.

09 메틸리튬이 물과 반응할 때의 반응식을 쓰시오.

정답 $CH_3Li + H_2O \rightarrow LiOH + CH_4$

해설 메틸리튬의 Li^+은 물의 OH^-와 만나 수산화리튬이 되고, 메틸기는 물의 H^+와 결합하여 메탄이 된다.

10 톨루엔 1mol과 질산 3mol이 축합반응하여 생성되는 물질의 구조식을 그리시오.

정답

해설　톨루엔과 질산이 결합하며, 톨루엔의 "H"와 질산의 "OH"가 물 분자로 빠져나오면서 트리니트로톨루엔이 만들어진다.

CHAPTER 04 용어 · 공식

1. 화학물질 관련 용어

(1) mol(몰, 몰수)

① 아주 작은 입자를 세는 단위이다.

② 1mol은 6.02×10^{23}개의 입자(원자, 분자)를 뜻한다.

(2) 상태변화(상변화)

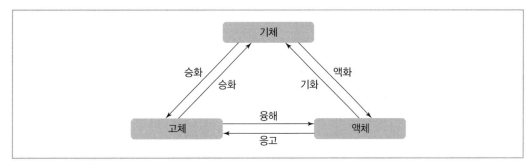

| 물질의 상변화 |

① 융점(녹는점) : 고체가 액체로 상태변화가 일어날 때 온도이다.

　예 아세트산의 융점은 16.2℃로, 16.2℃ 이상에서는 액체, 16.2℃ 이하에서는 고체이다.

② 비점(끓는점) : 액체가 기체로 상태변화가 일어날 때 온도이다.

　예 아세트알데히드는 21℃ 이상부터 끓어 기화된다(비점 : 21℃).

(3) 인화점, 발화점

인화점	연소범위에서 외부의 직접적인 점화원에 의해 인화될 수 있는 최저온도
발화점 (착화점)	별도의 점화원이 존재하지 않는 상태에서 온도가 상승하여 스스로 연소를 개시하여 화염이 발생하는 최저온도

예 디에틸에테르의 −45℃ 이상부터는 점화원에 의해 인화될 수 있고(인화점 : -45℃), 180℃ 이상에서는 점화원 없이 스스로 화염이 발생할 수 있다(발화점 : 180℃).

(4) pH(수소이온지수)

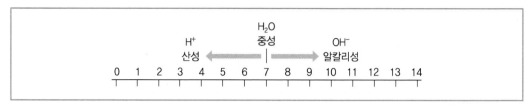

| pH에 따른 산 · 염기(알칼리) 구분 |

① 용액의 산성이나 알칼리성의 정도를 나타내는 수치이다.

② 수치가 커질수록 알칼리, 작아질수록 산성을 나타낸다.

(5) 산화 · 환원

① 산화 · 환원 반응

구분	산화 반응	환원 반응
산소	얻는다. 예 $C + O_2 \rightarrow CO_2$	잃는다. 예 $2H_2O \rightarrow 2H_2 + O_2$
수소	잃는다. 예 $CH_3CH_2OH \rightarrow CH_3CHO + H_2$	얻는다. 예 $N_2 + 3H_2 \rightarrow 2NH_3$
전자	잃는다(산화수 증가). 예 $2KCl + F_2 \rightarrow 2KF + Cl_2$ 　　2개의 Cl^-이 전자를 잃고 Cl_2가 되었다.	얻는다(산화수 감소). 예 $2KCl + F_2 \rightarrow 2KF + Cl_2$ 　　F_2가 전자를 얻어 2개의 F^-가 되었다.

② 산화제 · 환원제

• 산화제 : 산화 환원 반응에서 다른 물질을 산화시키고 자신은 환원되는 물질이다.

• 환원제 : 산화 환원 반응에서 다른 물질을 환원시키고 자신은 산화되는 물질이다.

예 $2K\underline{Cl} + \underline{F_2} \rightarrow 2KF + Cl_2$
　　환원제　산화제

2. 계산문제에 활용하는 공식

(1) 단위 환산

① 단위 환산 원리

단위 환산하고자 하는 값에 $\dfrac{\bigstar}{\bigcirc}$ 을 곱해준다.

(단, $\bigstar = \bigcirc$이다. $\dfrac{\bigstar}{\bigcirc} = 1$이므로 여러 차례 곱해주어도 값에 영향을 주지 않는다.)

예 $3 = 3 \times 1 = 3 \times 1 \times 1 = 3 \times \dfrac{1}{1} \times \dfrac{1}{1} \times \dfrac{1}{1} = 3 \times \dfrac{\bigstar}{\bigcirc} \times \dfrac{\bigstar}{\bigcirc} \times \dfrac{\bigstar}{\bigcirc} = 3$

> **예제** 50g/mL의 단위를 g/L로 환산하기

$$\frac{50g}{mL} = \frac{50g}{mL} \times 1 = \frac{50g}{mL} \times \frac{\bigstar}{\bigcirc}$$

여기서, 1,000mL = 1L(★ = ○) 관계를 이용하여 mL를 L로 바꾼다.

★과 ○에 대입하는 값을 선택할 때 소거시키고 싶은 단위(mL)를 그의 대각선 위치(분자, ★)에 넣는다.

$$\frac{50g}{mL} \times \frac{\bigstar}{\bigcirc} = \frac{50g}{\cancel{mL}} \times \frac{1,000\cancel{mL}}{1L} = 50,000g/L$$

∴ 50g/mL = 50,000g/L

② 부피

$1m^3 = 1,000L$	$1L = 1,000mL$	$1mL = 1cm^3$

> **예제** 500mL를 L단위로 환산하기

$$500mL = 500mL \times \frac{1L}{1,000mL} = 0.5L$$

∴ 500mL = 0.5L

③ 질량

$$1kg = 1,000g$$

> **예제** 20,000g를 kg단위로 환산하기

$$20,000g = 20,000g \times \frac{1kg}{1,000g} = 20kg$$

∴ 20,000g = 20kg

④ 압력

$$1atm = 760mmHg$$

> **예제** 380mmHg을 atm단위로 환산하기

$$380mmHg = 380mmHg \times \frac{1atm}{760mmHg} = 0.5atm$$

⑤ 온도

$$K(절대온도) = ℃(섭씨) + 273$$

> **예제** 25℃를 절대온도로 환산하기

$$25℃ = (25 + 273)K = 298K$$

(2) 몰수, 질량, 분자량

$$n = \frac{W}{M}$$

- n : 몰수(mol 또는 kmol)
- W : 질량(g 또는 kg)
- M : 분자량(g/mol 또는 kg/kmol)

예제 이산화탄소 88g의 몰수 구하기

$$n = \frac{W}{M} = \frac{88g}{44g/mol} = 2mol$$

(3) 밀도

$$d = \frac{W}{V}$$

- d : 밀도(g/mL 또는 kg/L)
- W : 질량(g 또는 kg)
- V : 부피(mL 또는 L)

참고 – 암기팁[밀도 공식]

$$\text{"밀도는 줍"} : \text{밀도} = \frac{ㅈ(질량)}{ㅂ(부피)}$$

예제 톨루엔 0.86kg의 부피가 1L일 때, 밀도 구하기

$$d = \frac{W}{V} = \frac{0.86kg}{1L} = 0.86kg/L$$

(4) 비중(액비중)

$$\text{물질의 밀도} = \text{물질의 비중} \times \text{물의 밀도}(1kg/L \text{ 또는 } 1g/mL)$$

예제 비중이 0.8인 메탄올의 밀도 구하기

$d = 0.8 \times 1kg/L = 0.8kg/L$

※ 비중을 밀도로 변환할 때, 비중값 뒤에 단위(kg/L 또는 g/mL)를 붙여주면 된다.

(5) 증기비중(가스비중)

$$\text{증기비중} = \frac{\text{물질의 분자량}}{29}$$

- 29 : 공기의 분자량

예제 아세톤(CH_3COCH_3)의 증기비중 구하기

$$증기비중 = \frac{12 \times 3 + 1 \times 6 + 16}{29} = 2$$

(6) 표준상태(0℃, 1atm)에서의 기체 1mol의 부피

$$1mol = 22.4L$$

※ 기체의 종류와 상관없이 모든 기체는 표준상태에서 22.4L의 부피를 차지한다.

예제1 표준상태에서 산소기체 3mol의 부피 구하기

$$3mol \times \frac{22.4L}{1mol} = 67.2L$$

예제2 표준상태에서 이산화탄소가 44.8L 있을 때, 이산화탄소의 mol수 구하기

$$44.8L \times \frac{1mol}{22.4L} = 2mol$$

(7) 이상기체방정식

$$PV = nRT$$

- P : 기체의 압력(atm)
- V : 기체의 부피(L)
- n : 기체의 몰수(mol)
- R : 이상기체 상수 $\left(0.082 \dfrac{atm \cdot L}{mol \cdot K}\right)$
- T : 절대온도(K)

※ 문제에 kg 또는 m^3의 단위로 답을 구하라고 나오는 경우 아래의 단위를 사용한다.

- P : 기체의 압력(atm)
- V : 기체의 부피(m^3)
- n : 기체의 몰수(kmol)
- R : 이상기체 상수 $\left(0.082 \dfrac{atm \cdot m^3}{kmol \cdot K}\right)$
- T : 절대온도(K)

적중 핵심예상문제

01 산화 · 환원반응에 대한 설명으로 알맞도록 다음 빈칸을 채우시오. (단, "얻는다." 또는 "잃는다."로만 쓰시오.)

구분	산화 반응	환원 반응
산소		
수소		
전자		

정답

구분	산화 반응	환원 반응
산소	얻는다.	잃는다.
수소	잃는다.	얻는다.
전자	잃는다.	얻는다.

02 에틸알코올 1kg의 부피(L)를 쓰시오. (단, 에탄올의 밀도는 0.789g/mL이다.)

정답   1.267L

해설   밀도 $= \dfrac{\text{질량}}{\text{부피}} \Rightarrow$ 부피 $= \dfrac{\text{질량}}{\text{밀도}} = \dfrac{1\text{kg}}{0.789\text{g/mL}} \times \dfrac{1,000\text{g}}{1\text{kg}} \times \dfrac{1\text{L}}{1,000\text{mL}} = 1.267\text{L}$

03 에틸알코올의 증기비중을 구하시오.

정답   1.59

해설   에틸알코올(C_2H_5OH) 증기비중 $= \dfrac{12 \times 2 + 1 \times 6 + 16}{29} = 1.59$

04 이황화탄소 기체는 수소 기체보다 몇 배 더 무거운지 쓰시오. (단, 20℃, 1기압이다.)

정답   38배

해설 두 기체를 같은 온도, 압력 하에서 비교하므로 온도와 압력값은 무시하고 분자량만 비교한다[기체의 밀도(질량)는 분자량에 비례한다].
- 이황화탄소 분자량 : $CS_2 = 12 + 32 \times 2 = 76$
- 수소기체 분자량 : $H_2 = 2$

∴ $76 \div 2 = 38$

---

05 비중이 0.789인 용액 1mL의 질량을 쓰시오.

정답 0.789g

해설 밀도 = 비중 × 1g/mL = 0.789g/mL

밀도 = $\dfrac{질량}{부피}$ ⇒ 질량 = 밀도 × 부피 = 0.789g/mL × 1mL = 0.789g

---

06 메탄가스의 비중을 쓰시오.

정답 0.55

해설 메탄(CH_4) 가스비중 = $\dfrac{12 + 1 \times 4}{29} = 0.55$

---

07 표준상태에서 탄소 1몰이 완전히 연소하면 몇 L의 이산화탄소가 생성되는지 쓰시오.

정답 22.4L

해설 $C + O_2 \rightarrow CO_2$

탄소 1몰이 완전히 연소하면 이산화탄소 1몰이 생성된다.
기체 1몰(기체의 종류와 상관없음)은 표준상태(1atm, 0℃)에서 22.4L의 부피를 차지한다.
따라서 이산화탄소 1몰이 생성되었다는 것은 이산화탄소 22.4L가 생성된다고 표현할 수 있다.

---

08 이산화탄소 1.1kg의 부피(m^3)를 구하시오. (단, 표준상태이다.)

정답 $0.56m^3$

해설 1) 이산화탄소의 몰수 : $1.1kg \times \dfrac{1\,kmol}{44\,kg} = 0.025kmol$

2) 몰수와 부피의 관계(표준상태)

$0.025kmol \times \dfrac{22.4\,m^3}{1\,kmol} = 0.56m^3$

09 다음과 같은 반응에서 5m³의 탄산가스를 만들기 위해 필요한 탄산수소나트륨의 양(kg)을 구하시오. (단, 표준상태이다.)

$$2NaHCO_3 \rightarrow CO_2 + H_2O + Na_2CO_3$$

정답 37.5kg

해설 • 탄산가스 5m³의 몰수 = $5m^3 \times \dfrac{1kmol}{22.4m^3} = 0.223kmol$

• 탄산수소나트륨 2mol이 반응하여 탄산가스 1mol이 생긴다.
 이 관계를 비례식으로 나타내면,
 탄산수소나트륨 : 탄산가스 = 2mol : 1mol = $x$kmol : 0.223kmol

 x(탄산수소나트륨의 몰수) = $\dfrac{2mol \times 0.223kmol}{1mol} = 0.446kmol$

• 탄산수소나트륨의 질량 = 0.446kmol = $0.446kmol \times \dfrac{(23+1+12+16 \times 3)kg}{1kmol} = 37.5kg$

10 0.99atm, 55℃에서 CO_2의 밀도(g/L)를 구하시오.

정답 1.62g/L

해설 이상기체방정식을 이용하여 계산한다.

$PV = nRT$

$PV = \dfrac{W}{M}RT$ [∵ n(몰수) = $\dfrac{W(질량)}{M(분자량)}$]

$PM = \dfrac{W}{V}RT$

$PM = dRT$ [∵ d(밀도) = $\dfrac{W(질량)}{V(부피)}$]

$d = \dfrac{PM}{RT}$ 식에

• P(압력) = 0.99atm
• M(분자량) = 44g/mol
• R(기체상수) = 0.082atm · L/(mol · K)
• T(온도) = 55℃ + 273 = 328K

를 대입한다.

$d = \dfrac{PM}{RT} = \dfrac{(0.99atm)(44g/mol)}{\left(0.082\dfrac{atm \cdot L}{mol \cdot K}\right)(328K)} = 1.62g/L$

위험물기능사 실기 한권완성
Craftsman Hazardous material

CHAPTER
01

위험물 관련 개념

1. 위험물

① **인화성** 또는 **발화성** 등의 성질을 가지는 것으로서 대통령령이 정하는 물품을 말한다.

② 위험물 종류별 성질 및 정의

유별	성질	정의
제1류	산화성 고체	고체로서 **산화력**의 잠재적인 위험성 또는 **충격**에 대한 민감성을 판단하기 위하여 소방청장이 정하여 고시하는 시험에서 고시로 정하는 성질과 상태를 나타내는 것을 말한다.
제2류	가연성 고체	고체로서 화염에 의한 **발화**의 위험성 또는 **인화**의 위험성을 판단하기 위하여 고시로 정하는 시험에서 고시로 정하는 성질과 상태를 나타내는 것을 말한다.
제3류	자연발화성 물질 및 금수성 물질	고체 또는 액체로서 **공기 중**에서 **발화**의 위험성이 있거나 **물**과 접촉하여 **발화**하거나 **가연성 가스**를 발생하는 위험성이 있는 것을 말한다.
제4류	인화성 액체	액체(제3석유류, 제4석유류 및 동식물유류의 경우 **1기압과 섭씨 20도에서 액체**인 것만 해당한다)로서 **인화**의 위험성이 있는 것을 말한다.
제5류	자기반응성 물질	고체 또는 액체로서 **폭발**의 위험성 또는 **가열분해**의 격렬함을 판단하기 위하여 고시로 정하는 시험에서 고시로 정하는 성질과 상태를 나타내는 것을 말한다.
제6류	산화성 액체	액체로서 **산화력**의 잠재적인 위험성을 판단하기 위하여 고시로 정하는 시험에서 고시로 정하는 성질과 상태를 나타내는 것을 말한다.

2. 지정수량

① 위험물의 종류별로 위험성을 고려하여 대통령령이 정하는 수량으로서 규정에 의한 제조소 등의 설치허가 등에 있어서 최저의 기준이 되는 수량을 말한다.

② 둘 이상의 위험물의 지정수량 배수의 합

> 지정수량 배수의 합
>
> $$= \frac{\text{A위험물의 저장} \cdot \text{취급수량}}{\text{A위험물의 지정수량}} + \frac{\text{B위험물의 저장} \cdot \text{취급수량}}{\text{B위험물의 지정수량}} + \frac{\text{C위험물의 저장} \cdot \text{취급수량}}{\text{C위험물의 지정수량}} + \cdots$$

※ 지정수량 배수의 합이 1 이상일 때 "지정수량 이상"이라고 표현한다.

적중 핵심예상문제

01 위험물에 대한 정의로 알맞도록 다음 빈칸을 채우시오.

( ) 또는 ( ) 등의 성질을 가지는 것으로서 대통령령이 정하는 물품을 말한다.

정답 인화성, 발화성

02 위험물의 성질로 알맞도록 다음 빈칸을 채우시오.

유별	성질	유별	성질
제1류 위험물		제4류 위험물	
제2류 위험물		제5류 위험물	
제3류 위험물		제6류 위험물	

정답

유별	성질	유별	성질
제1류 위험물	산화성 고체	제4류 위험물	인화성 액체
제2류 위험물	가연성 고체	제5류 위험물	자기반응성 물질
제3류 위험물	자연발화성 물질 및 금수성 물질	제6류 위험물	산화성 액체

03 위험물의 성질을 보고 유별을 맞추어 쓰시오.

성질	유별	성질	유별
자연발화성 물질 및 금수성 물질		가연성 고체	
산화성 액체		자기반응성 물질	
산화성 고체		인화성 액체	

정답

성질	유별	성질	유별
자연발화성 물질 및 금수성 물질	제3류 위험물	가연성 고체	제2류 위험물
산화성 액체	제6류 위험물	자기반응성 물질	제5류 위험물
산화성 고체	제1류 위험물	인화성 액체	제4류 위험물

04 제1류 위험물의 정의로 알맞도록 다음 빈칸을 채우시오.

고체로서 (   )의 잠재적인 위험성 또는 (   )에 대한 민감성을 판단하기 위하여 소방청장이 정하여 고시하는 시험에서 고시로 정하는 성질과 상태를 나타내는 것을 말한다.

정답   산화력, 충격

05 제2류 위험물의 정의로 알맞도록 다음 빈칸을 채우시오.

고체로서 화염에 의한 (   )의 위험성 또는 (   )의 위험성을 판단하기 위하여 고시로 정하는 시험에서 고시로 정하는 성질과 상태를 나타내는 것을 말한다.

정답   발화, 인화

06 제3류 위험물의 정의로 알맞도록 다음 빈칸을 채우시오.

고체 또는 액체로서 공기 중에서 (①)의 위험성이 있거나 물과 접촉하여 (①)하거나 (②)가 발생하는 위험성이 있는 것을 말한다.

정답   ① 발화, ② 가연성 가스

07 제4류 위험물의 정의로 알맞도록 다음 빈칸을 채우시오.

액체(제3석유류, 제4석유류 및 동식물유류의 경우 (   )기압과 (   )℃에서 액체인 것만 해당한다)로서 인화의 위험성이 있는 것을 말한다.

정답   1, 20

08 제5류 위험물의 정의로 알맞도록 다음 빈칸을 채우시오.

> 고체 또는 액체로서 (   )의 위험성 또는 (   )의 격렬함을 판단하기 위하여 고시로 정하는 시험에서 고시로 정하는 성질과 상태를 나타내는 것을 말한다.

정답 폭발, 가열분해

09 다음의 정의를 통해 알 수 있는 위험물은 제 몇 류인지 쓰시오.

> 액체로서 산화력의 잠재적인 위험성을 판단하기 위하여 고시로 정하는 시험에서 고시로 정하는 성질과 상태를 나타내는 것을 말한다.

정답 제6류 위험물

10 제조소에서 다음과 같이 위험물을 취급하고 있는 경우 각 지정수량 배수의 총합을 쓰시오.

위험물	저장·취급 수량	지정수량
브롬산나트륨	300kg	300kg
과산화나트륨	150kg	50kg
중크롬산나트륨	500kg	1,000kg

정답 4.5배

해설 지정수량 배수의 합 $= \dfrac{\text{저장·취급량}}{\text{지정수량}} = \dfrac{300\text{kg}}{300\text{kg}} + \dfrac{150\text{kg}}{50\text{kg}} + \dfrac{500\text{kg}}{1,000\text{kg}} = 4.5$

CHAPTER 02

위험물의 종류 및 성질

SECTION 1 **제1류 위험물(산화성 고체)**

1. 품명, 지정수량, 위험등급(「위험물안전관리법 시행령」 [별표 1])

품명		지정수량	위험등급
1. 아염소산염류		50kg	I
2. 염소산염류			
3. 과염소산염류			
4. 무기과산화물			
5. 브롬산염류		300kg	II
6. 질산염류			
7. 요오드산염류			
8. 과망간산염류		1,000kg	III
9. 중크롬산염류			
10. 그 밖에 행정안전부령으로 정하는 것	1. 과요오드산염류	50kg, 300kg(무수크롬산), 1,000kg	I , II , III
	2. 과요오드산		
	3. 크롬, 납 또는 요오드의 산화물		
	4. 아질산염류		
	5. 차아염소산염류		
	6. 염소화이소시아눌산		
	7. 퍼옥소이황산염류		
	8. 퍼옥소붕산염류		
11. 제1호 내지 제10호의 1에 해당하는 어느 하나 이상을 함유한 것			

2. 제1류 위험물의 성질

(1) 성질

① 대부분 무색 결정 또는 백색 분말의 고체 상태이다.

② 대부분 물에 녹는다(수용성).

③ 물에 대한 비중은 1보다 크다.

④ 불연성이며 산소를 많이 함유하고 있는 강산화제이다.

⑤ 반응성이 풍부하여 열·타격·충격·마찰 및 다른 약품과의 접촉으로 분해하여 많은 산소를 방출하여 다른 가연물의 연소를 돕는 조연성 물질(지연성물질)이며 불연성물질이다.

(2) 위험성

① 가열하거나 제6류 위험물과 혼합하면 산화성이 증대된다.

② 유기물과 혼합하면 폭발의 위험이 있다.

③ 열분해 시 산소를 방출한다.

④ 무기과산화물은 물과 반응하여 산소를 방출하고 심하게 발열한다.

(3) 저장·취급방법

① 가열·마찰·충격 등의 요인을 피해야 한다.

② 제2류 위험물(가연성, 환원성 물질)과의 접촉을 피해야 한다.

③ 강산류와의 접촉을 피한다.

④ 조해성(공기 중에 있는 수분을 흡수하여 스스로 녹는 현상)이 있는 물질은 습기나 수분과의 접촉에 주의하며 용기는 밀폐하여 저장한다.

⑤ 무기과산화물은 물과 반응하여 열과 산소를 발생시키기 때문에 물과의 접촉을 피해야 한다.

⑥ 화재위험이 있는 곳으로부터 멀리 위치한다.

⑦ 용기의 파손에 의하여 위험물의 누설에 주의한다.

⑧ 환기가 좋은 찬 곳에 저장한다.

(4) 소화방법

제1류 위험물(무기과산화물 제외)	물에 의한 냉각소화
무기과산화물	탄산수소염류 분말약제, 마른 모래, 팽창질석, 팽창진주암

3. 제1류 위험물의 종류별 특성

(1) 아염소산염류(지정수량 : 50kg)

종류	특징
아염소산나트륨 ($NaClO_2$)	• 무색의 결정성 분말 • 조해성(공기 중의 수분을 흡수하는 성질) • 산을 가하면 이산화염소(ClO_2) 생성
아염소산칼륨 ($KClO_2$)	• 무색의 결정성 분말 • 조해성(공기 중의 수분을 흡수하는 성질) • 산을 가하면 이산화염소(ClO_2) 생성

(2) 염소산염류(지정수량 : 50kg)

종류	특징	
염소산칼륨 (KClO₃)	• 백색의 분말 또는 무색 결정 • 가연물과 접촉 시 폭발 위험 • 산을 가하면 이산화염소(ClO_2) 생성 • 이산화망간(MnO_2)과 접촉 시 분해되어 산소 방출 • 온수, 글리세린에 잘 녹음 • 냉수, 알코올에 잘 녹지 않음	
	반응식	• 400℃ 열분해 : $2KClO_3 \rightarrow KClO_4 + KCl + O_2$ • 550℃ 열분해 : $KClO_4 \rightarrow KCl + 2O_2$ • 완전분해 반응식 : $2KClO_3 \rightarrow 2KCl + 3O_2$
염소산나트륨 (NaClO₃)	• 무색, 무취 결정 • 조해성, 흡습성 • 철제용기를 부식시킴 • 산을 가하면 이산화염소(ClO_2) 생성 • 열분해(약 300℃)하여 산소 발생 • 물, 알코올, 에테르, 글리세린에 잘 녹음	
염소산암모늄 (NH₄ClO₃)	• 무색 결정 • 조해성(공기 중의 수분을 흡수하는 성질) • 가연물과 접촉 · 혼합 시 분해 폭발	
	반응식	열분해 : $2NH_4ClO_3 \rightarrow N_2 + Cl_2 + O_2 + 4H_2O$

(3) 과염소산염류(지정수량 : 50kg)

종류	특징	
과염소산칼륨 (KClO₄)	• 무색 결정 또는 백색 분말 • 열분해(약 400℃)하여 산소 발생 • 가연물(목탄, 유기물, 인, 황, 마그네슘분 등)과 혼합 시 마찰, 충격 등에 의해 폭발 • 화약, 섬광제 등으로 사용 • 물, 알코올, 에테르에 잘 녹지 않음	
	반응식	열분해 : $KClO_4 \rightarrow KCl + 2O_2$
과염소산나트륨 (NaClO₄)	• 무색 또는 백색 결정 • 비중 : 2.02 • 녹는점(융점) : 482℃ • 조해성(공기 중의 수분을 흡수하는 성질) • 물, 에탄올, 아세톤에 잘 녹음 • 에테르에 녹지 않음	
	반응식	열분해 : $NaClO_4 \rightarrow NaCl + 2O_2$
과염소산암모늄 (NH₄ClO₄)	• 무색, 무취 결정 • 약 130℃ 정도로 비교적 낮은 온도에서 분해 • 물, 에탄올, 아세톤에 잘 녹음 • 에테르에 녹지 않음	
	반응식	• 130℃ 열분해 : $NH_4ClO_4 \rightarrow NH_4Cl + 2O_2$ • 300℃ 열분해 : $2NH_4ClO_4 \rightarrow N_2 + Cl_2 + 2O_2 + 4H_2O$

(4) 무기과산화물(지정수량 : 50kg)

종류	특징	
과산화나트륨 (Na_2O_2)	• 백색 분말(순수) 또는 황백색 분말(보통) • 비중 : 2.8 • 조해성 • 공기 중에서 서서히 CO_2를 흡수하고 산소를 방출 • 물에 잘 녹음 • 알코올에 잘 녹지 않음	
	반응식	• 염산 : $Na_2O_2 + 2HCl \rightarrow 2NaCl + H_2O_2$ • 물 : $2Na_2O_2 + 2H_2O \rightarrow 4NaOH + O_2$ • 이산화탄소 : $2Na_2O_2 + 2CO_2 \rightarrow 2Na_2CO_3 + O_2$ • 열분해 : $2Na_2O_2 \rightarrow 2Na_2O + O_2$
과산화칼륨 (K_2O_2)	• 오렌지색 또는 무색 분말 • 피부부식성 • 공기 중에서 서서히 CO_2를 흡수하고 산소를 방출 • 알코올에 녹음	
	반응식	• 염산 : $K_2O_2 + 2HCl \rightarrow 2KCl + H_2O_2$ • 물 : $2K_2O_2 + 2H_2O \rightarrow 4KOH + O_2$ • 이산화탄소 : $2K_2O_2 + 2CO_2 \rightarrow 2K_2CO_3 + O_2$ • 열분해 : $2K_2O_2 \rightarrow 2K_2O + O_2$
과산화마그네슘 (MgO_2)	• 백색 분말 • 산화제, 표백제, 살균제 등으로 사용 • 산과 반응하여 과산화수소 발생 • 물과 반응하여 산소 발생 • 물에 녹지 않음	
	반응식	• 염산 : $MgO_2 + 2HCl \rightarrow MgCl_2 + H_2O_2$ • 물 : $2MgO_2 + 2H_2O \rightarrow 2Mg(OH)_2 + O_2$ • 열분해 : $2MgO_2 \rightarrow 2MgO + O_2$
과산화칼슘 (CaO_2)	• 백색 또는 담황색 분말 • 물과 반응하여 산소 발생 • 물, 에테르, 에탄올에 잘 녹지 않음	
과산화바륨 (BaO_2)	• 테르밋용접의 점화제로 사용 • 물과 반응하여 산소 발생 • 산(황산, 염산 등)과 반응하여 과산화수소 발생 • 물에 약간 녹음 • 에탄올, 에테르에 녹지 않음	

(5) 브롬산염류(지정수량 : 300kg)

종류	특징	
브롬산칼륨 ($KBrO_3$)	• 백색 분말 • 물에 잘 녹음	
	반응식	열분해 : $2KBrO_3 \rightarrow 2KBr + 3O_2$
브롬산나트륨 ($NaBrO_3$)	• 무색 결정 • 물에 잘 녹음	

(6) 질산염류(지정수량 : 300kg)

종류	특징	
질산칼륨 (KNO₃) (초석)	• 무색 또는 백색 결정 분말 • 흑색화약의 원료(흑색화약＝질산칼륨＋황＋숯가루) • 가연물과의 접촉은 매우 위험 • 유리청정제 등에 사용 • 물, 글리세린에 녹음 • 알코올에 잘 녹지 않음	
	반응식	열분해 : $2KNO_3 \rightarrow 2KNO_2 + O_2$
질산나트륨 (NaNO₃) (칠레초석)	• 무색 결정 또는 백색 분말 • 조해성 • 물, 글리세린에 잘 녹음 • 알코올에 잘 녹지 않음	
	반응식	열분해 : $2NaNO_3 \rightarrow 2NaNO_2 + O_2$
질산암모늄 (NH₄NO₃)	• 무색, 무취 결정 • 조해성 • 불안정한 물질 • 가연물과 접촉 · 혼합 시 분해 폭발 • 물, 알코올, 알칼리에 잘 녹음 • 물에 녹을 때 흡열반응(주위의 열을 흡수)을 함	
	반응식	• 220℃ 분해 : $NH_4NO_3 \rightarrow N_2O + 2H_2O$ • 고온 폭발(분해) : $2NH_4NO_3 \rightarrow 2N_2 + O_2 + 4H_2O$
질산은 (AgNO₃)	• 무색 판상 결정 • 물, 글리세린, 알코올에 녹음 • 사진감광제, 보온병(은거울) 제조에 사용	

(7) 요오드산염류(지정수량 : 300kg)

종류	특징
요오드산칼륨 (KIO₃)	• 무색 결정성 분말 • 염소산칼륨보다는 위험성이 작음
요오드산아연 (Zn(IO₃)₂)	• 결정성 분말

(8) 과망간산염류(지정수량 : 1,000kg)

종류	특징	
과망간산칼륨 (KMnO₄)	• 흑자색 결정 • 비중 : 2.7 • 물에 녹아 진한 보라색 • 강한 살균력(살균제로 사용) • 알코올, 에테르, 글리세린 등 유기물과 접촉을 금지 • 목탄, 황과 접촉 시 충격에 의해 폭발 위험 • 진한 황산과 폭발적으로 반응	
	반응식	• 묽은 황산 : $4KMnO_4 + 6H_2SO_4 \rightarrow 2K_2SO_4 + 4MnSO_4 + 6H_2O + 5O_2$ • 열분해 : $2KMnO_4 \rightarrow K_2MnO_4 + MnO_2 + O_2$
과망간산나트륨 (NaMnO₄)	• 적자색 결정 • 조해성	

(9) 중크롬산염류(지정수량 : 1,000kg)

종류	특징	
중크롬산칼륨 (K₂Cr₂O₇)	• 등적색 결정, 쓴맛 • 산화제, 의약품으로 사용 • 물에 녹음 • 알코올에 녹지 않음	
	반응식	열분해 : $4K_2Cr_2O_7 \rightarrow 4K_2CrO_4 + 2Cr_2O_3 + 3O_2$
중크롬산나트륨 (Na₂Cr₂O₇)	• 오렌지색 결정	
중크롬산암모늄 ((NH₄)₂Cr₂O₇)	• 오렌지색 분말	

(10) 그 밖에 행정안전부령으로 정하는 것(지정수량 : 300kg)

종류	특징	
무수크롬산, 삼산화크롬 (CrO₃)	• 물과 반응하여 강산이 되며 심하게 발열 • 알코올, 벤젠, 에테르 등과 접촉 시 혼촉발화	
	반응식	열분해 : $4CrO_3 \rightarrow 2Cr_2O_3 + 3O_2$

01 제1류 위험물 중 지정수량 300kg인 품명 3가지를 쓰시오.

정답   브롬산염류, 질산염류, 요오드산염류

해설   **제1류 위험물의 지정수량**

품명	지정수량	위험등급
아염소산염류, 염소산염류, 과염소산염류, 무기과산화물	50kg	I
브롬산염류, 질산염류, 요오드산염류	300kg	II
과망간산염류, 중크롬산염류	1,000kg	III

02 위험물안전법령의 산화성고체 중 지정수량 50kg인 품명 4가지를 쓰시오.

정답   아염소산염류, 염소산염류, 과염소산염류, 무기과산화물

해설   **제1류 위험물의 지정수량**

품명	지정수량	위험등급
아염소산염류, 염소산염류, 과염소산염류, 무기과산화물	50kg	I
브롬산염류, 질산염류, 요오드산염류	300kg	II
과망간산염류, 중크롬산염류	1,000kg	III

03 과망간산염류의 위험등급을 쓰시오.

정답   III등급

해설   **제1류 위험물의 위험등급**

품명	지정수량	위험등급
아염소산염류, 염소산염류, 과염소산염류, 무기과산화물	50kg	I
브롬산염류, 질산염류, 요오드산염류	300kg	II
과망간산염류, 중크롬산염류	1,000kg	III

04 무수크롬산의 지정수량을 쓰시오.

정답 300kg

해설 무수크롬산(삼산화크롬)의 지정수량은 300kg이다.

05 다음 중 산화성 고체의 공통성질로 옳은 것만을 골라 번호를 쓰시오. (단, 없으면 "없음"이라고 쓰시오.)

① 대부분 무색 결정 또는 백색 분말의 고체 상태이다.
② 대부분 물에 녹지 않는다.
③ 물에 대한 비중은 1보다 작다.
④ 불연성이며 산소를 많이 함유하고 있는 강환원제이다.
⑤ 조연성 물질이다.

정답 ①, ⑤

해설 ② 대부분 물에 녹는다.
③ 물에 대한 비중은 1보다 크다.
④ 불연성이며 산소를 많이 함유하고 있는 강산화제이다.

06 무기과산화물이 물과 반응할 때 발생하는 기체를 쓰시오.

정답 산소

해설 무기과산화물은 물과 반응하여 산소를 방출하고 심하게 발열한다.

07 제1류 위험물의 저장 · 취급 시 접촉을 피해야 하는 물질 2가지를 쓰시오.

정답 환원성(가연성) 물질, 강산류

해설 **제1류 위험물의 저장 · 취급방법**
• 가열 · 마찰 · 충격 등의 요인을 피해야 한다.
• 제2류 위험물(가연성, 환원성 물질)과의 접촉을 피해야 한다.
• 강산류와의 접촉을 피한다.
• 조해성(공기 중에 있는 수분을 흡수하여 스스로 녹는 현상)이 있는 물질은 습기나 수분과의 접촉에 주의하며 용기는 밀폐하여 저장한다.
• 무기과산화물은 물과 반응하여 열과 산소를 발생시키기 때문에 물과의 접촉을 피해야 한다.
• 화재위험이 있는 곳으로부터 멀리 위치한다.
• 용기의 파손에 의하여 위험물의 누설에 주의한다.
• 환기가 좋은 찬 곳에 저장한다.

08 제1류 위험물 중 알칼리금속의 과산화물의 화재 시 적응성 있는 소화약제를 쓰시오.

정답 탄산수소염류 분말약제, 마른 모래, 팽창질석, 팽창진주암

해설 **제1류 위험물의 소화방법**

제1류 위험물(무기과산화물 제외)	물에 의한 냉각소화
무기과산화물	탄산수소염류 분말약제, 마른 모래, 팽창질석, 팽창진주암

09 제1류 위험물 중 무기과산화물을 제외한 물질의 화재 시 소화하는 방법을 쓰시오.

정답 물에 의해 냉각소화한다.

해설 **제1류 위험물의 소화방법**

제1류 위험물(무기과산화물 제외)	물에 의한 냉각소화
무기과산화물	탄산수소염류 분말약제, 마른 모래, 팽창질석, 팽창진주암

10 $KMnO_4$의 지정수량을 쓰시오.

정답 1,000kg

해설 과망간산칼륨은 제1류 위험물(과망간산염류)로 지정수량이 1,000kg이다.

11 염소산염류 250kg, 요오드산염류 600kg, 질산염류 900kg을 저장하고 있는 경우의 지정수량 배수를 구하시오.

정답 10배

해설 • 염소산염류 지정수량 : 50kg
 • 요오드산염류 지정수량 : 300kg
 • 질산염류 지정수량 : 300kg
 • 지정수량의 배수 = 위험물 저장수량/위험물 지정수량
 • 지정수량 배수의 합 = 250/50 + 600/300 + 900/300 = 10

12 [보기]에서 설명하는 위험물의 완전분해 반응식을 쓰시오.

┌─ 보기 ┐

- 백색의 분말 또는 무색 결정이다.
- 이산화망간(MnO_2)과 접촉 시 분해된다.
- 냉수, 알코올에 잘 녹지 않는다.
- 산을 가하면 이산화염소를 생성한다.
- 온수, 글리세린에 잘 녹는다.
- 분자량이 약 122.5이다.

정답 $2KClO_3 \rightarrow 2KCl + 3O_2$

해설   [보기]의 위험물은 염소산칼륨이다.

13 과염소산염류 중 가연물(목탄, 유기물, 인, 황, 마그네슘분 등)과 혼합 시 마찰, 충격 등에 의해 폭발할 수 있는 위험물의 분자량을 쓰시오.

정답   138.5

해설   문제의 위험물은 과염소산칼륨이다.
        과염소산칼륨($KClO_4$)의 분자량 = $39 + 35.5 + 16 \times 4 = 138.5$

14 무색, 무취의 백색 결정이며 분자량이 약 122, 녹는점이 약 482℃인 강산화성 물질의 화학식을 쓰시오.

정답 $NaClO_4$

해설   산화성이 있는 결정(고체)은 제1류 위험물이며, 문제의 위험물은 과염소산나트륨이다.
        과염소산나트륨($NaClO_4$)의 분자량 = $23 + 35.5 + 16 \times 4 = 122.5$

15 고온에서의 과염소산암모늄 분해식을 쓰시오.

정답 $2NH_4ClO_4 \rightarrow N_2 + Cl_2 + 2O_2 + 4H_2O$

16 과산화나트륨의 물 반응식을 쓰시오.

정답 $2Na_2O_2 + 2H_2O \rightarrow 4NaOH + O_2$

해설   무기과산화물은 물과 반응하여 산소를 발생시킨다.

17 과산화칼륨이 이산화탄소와 반응하는 반응식을 쓰시오.

정답 $2K_2O_2 + 2CO_2 \rightarrow 2K_2CO_3 + O_2$

해설 무기과산화물은 공기 중에서 서서히 CO_2를 흡수하고 산소를 방출한다.

18 과산화나트륨과 염산의 반응식을 쓰시오.

정답 $Na_2O_2 + 2HCl \rightarrow 2NaCl + H_2O_2$

해설 무기과산화물은 염산과 반응하여 과산화수소를 발생한다.

19 물과 접촉하면 위험성이 증가하므로 주수소화를 할 수 없는 제1류 위험물의 품명을 쓰시오.

정답 무기과산화물

20 브롬산칼륨의 열분해반응식을 쓰시오.

정답 $2KBrO_3 \rightarrow 2KBr + 3O_2$

21 제1류 위험물 중 흑색화약의 원료로 사용되는 것의 화학식과 지정수량을 쓰시오.

정답 KNO_3, 300kg

해설 흑색화약의 원료는 질산칼륨, 황, 숯이다.

22 질산나트륨의 열분해식을 쓰시오.

정답 $2NaNO_3 \rightarrow 2NaNO_2 + O_2$

23 질산암모늄의 폭발 반응식을 쓰시오.

<hr/>

정답 $2NH_4NO_3 \rightarrow 2N_2 + O_2 + 4H_2O$

24 질산암모늄 2mol이 폭발하여 발생하는 기체의 총 mol수를 쓰시오.

<hr/>

정답 7mol

해설 $2NH_4NO_3 \rightarrow 2N_2 + O_2 + 4H_2O$
폭발로 발생한 기체의 총 몰수 = 2mol(질소) + 1mol(산소) + 4mol(수증기) = 7mol

25 [보기]에서 설명하는 위험물의 결정 색상을 쓰시오.

┤ 보기 ├
- 강한 살균력과 산화력이 있는 고체이다.
- 비중은 약 2.7이다.
- 지정수량이 1,000kg이다.
- 가열 분해시키면 산소를 방출한다.
- 목탄, 황과 접촉 시 충격에 의해 폭발할 수 있다.

<hr/>

정답 흑자색

해설 [보기]의 위험물은 과망간산칼륨이다.

26 제1류 위험물 중 등적색 결정이며 쓴맛이 나는 위험물의 열분해 반응식을 쓰시오.

<hr/>

정답 $4K_2Cr_2O_7 \rightarrow 4K_2CrO_4 + 2Cr_2O_3 + 3O_2$

해설 문제에서 설명하는 위험물은 중크롬산칼륨이다.

27 무수크롬산의 열분해식을 쓰시오.

<hr/>

정답 $4CrO_3 \rightarrow 2Cr_2O_3 + 3O_2$

제2류 위험물(가연성 고체)

1. 품명, 지정수량, 위험등급

품명	지정수량	위험등급
1. 황화린		
2. 적린	100kg	II
3. 유황		
4. 철분		
5. 금속분	500kg	III
6. 마그네슘		
7. 그 밖에 행정안전부령으로 정하는 것	100kg, 500kg	II, III
8. 제1호 내지 제7호의 1에 해당하는 어느 하나 이상을 함유한 것		
9. 인화성 고체	1,000kg	III

2. 품명 정의

① 유황 : **순도가 60wt% 이상**인 것을 말한다. 이 경우 순도측정에 있어서 불순물은 활석 등 **불연성 물질**과 **수분**에 한한다.

② 철분 : 철의 분말로서 **53μm의 표준체를 통과하는 것이 50wt% 미만**인 것은 제외한다.

③ 금속분 : 알칼리금속 · 알칼리토류금속 · 철 및 마그네슘 외의 금속의 분말을 말하고, **구리분 · 니켈분** 및 150μm의 체를 통과하는 것이 **50wt% 미만**인 것은 제외한다.

④ 마그네슘 : 다음 각목의 1에 해당하는 것은 제외한다.

    ㉠ **2mm의 체를 통과하지 아니하는 덩어리 상태의 것**

    ㉡ **지름 2mm 이상**의 막대 모양의 것

⑤ 인화성 고체 : 고형알코올 그 밖에 **1기압**에서 인화점이 **40℃ 미만**인 고체를 말한다.

3. 제2류 위험물의 성질

(1) 성질

① 비교적 낮은 온도에서 착화되기 쉬운 가연물이다.

② 대단히 연소속도가 빠른 강력한 환원성 물질(환원제)이다.

③ 비중은 1보다 크고 물에 녹지 않는다.

④ 연소 시 유독가스를 발생하는 것도 있고, 연소열이 크고 연소온도가 높다.

⑤ 철분, 마그네슘, 금속분은 물과 산의 접촉으로 발열한다.

(2) 위험성

① 착화온도가 낮아 저온에서도 발화가 용이하다.

② 연소속도가 빠르고 연소 시 다량의 빛과 열을 발생한다(연소열이 크다).

③ 가열 · 충격 · 마찰에 의해 발화 · 폭발의 위험이 있다.

④ 금속분은 산, 할로겐원소, 황화수소와 접촉하면 발열 · 발화한다.

(3) 저장 · 취급방법

① 점화원으로부터 멀리하고 불티, 불꽃, 고온체와의 접촉을 피해야 한다.

② 산화제(제1류, 제6류)와의 접촉을 피해야 한다.

③ 철분, 마그네슘, 금속분은 산 또는 물과의 접촉을 피해야 한다.

(4) 소화방법

제2류 위험물(철분, 금속분, 마그네슘 제외)	물에 의한 냉각소화
철분, 금속분, 마그네슘	탄산수소염류 분말약제, 마른 모래, 팽창질석, 팽창진주암

4. 제2류 위험물의 종류별 특성

(1) 황화린(지정수량 : 100kg)

종류	특징	
삼황화린 (P_4S_3)	• 황색 결정 • 발화점(착화점) : 약 100℃ • 조해성 없음 • 연소하여 이산화황(SO_2)과 오산화인(P_2O_5, 흰 연기) 발생 • 질산, 이황화탄소, 알칼리에 녹음 • 물, 염산, 황산에 녹지 않음	
	반응식	연소 : $P_4S_3 + 8O_2 \rightarrow 2P_2O_5 + 3SO_2$
오황화린 (P_2S_5)	• 담황색 결정 • 발화점(착화점) : 142℃ • 조해성 있음 • 물에 의해 분해하여 황화수소(H_2S : 가연성, 유독성) 발생 • 연소하여 이산화황(SO_2) 발생 • 알코올, 이황화탄소에 녹음	
	반응식	• 물 : $P_2S_5 + 8H_2O \rightarrow 5H_2S + 2H_3PO_4$ • 연소 : $2P_2S_5 + 15O_2 \rightarrow 2P_2O_5 + 10SO_2$
칠황화린 (P_4S_7)	• 담황색 결정 • 조해성 있음 • 이황화탄소에 녹음 • 냉수에서 서서히 분해되고, 온수에서 급격히 분해	

(2) 적린(지정수량 : 100kg)

종류	특징	
적린 (P)	• 암적색 분말 • 발화점(착화점) : 260℃ • 무취 • 산화제와 혼합 시 발화 • 황린(제3류, P_4)과 동소체 관계(동일한 원소로 이루어져 있으나 성질이 다른 물질로 최종 연소 생성물이 같음) • 황린보다 안정적(상온에서 자연발화하지 않음) • 물, 알코올, 에테르, 이황화탄소, 암모니아에 녹지 않음	
	반응식	연소 : $4P + 5O_2 \rightarrow 2P_2O_5$

(3) 유황(지정수량 : 100kg)

종류	특징	
유황(황) (S)	• 종류 : 단사황, 사방황, 고무상황 • 황색 결정 또는 분말(단사황, 사방황), 흑갈색(고무상황) • 발화점(착화점) : 232℃ • 분말일 때 분진폭발 위험 • 전기부도체(전기절연체로 사용) • 공기 중에 연소하며 청색 불꽃을 보임 • 물, 산에 녹지 않음 • 알코올에 약간 녹음 • 이황화탄소(CS_2)에 잘 녹음(고무상황은 안 녹음)	
	반응식	연소 : $S + O_2 \rightarrow SO_2$

(4) 철분(지정수량 : 500kg)

종류	특징	
철분 (Fe)	• 은백색 분말 • 산화되면 산화철(황갈색) • 녹는점(융점) : 약 1,500℃, 비중 : 약 7.86	
	반응식	염산 : $Fe + 2HCl \rightarrow FeCl_2 + H_2$

(5) 금속분(지정수량 : 500kg)

종류		특징
알루미늄분 (Al)		• 은백색 무른 금속 • 연성, 전성이 좋음 • 분진폭발 위험 • 할로겐원소 접촉 시 자연발화 위험 • 양쪽성물질로 산, 알칼리와 반응하여 수소 발생
	반응식	• 산 : $2Al + 6HCl \rightarrow 2AlCl_3 + 3H_2$ • 알칼리 : $2Al + 2KOH + 2H_2O \rightarrow 2KAlO_2 + 3H_2$ • 온수 : $2Al + 6H_2O \rightarrow 2Al(OH)_3 + 3H_2$ • 연소 : $4Al + 3O_2 \rightarrow 2Al_2O_3$
아연분 (Zn)		• 은백색 분말 • 물, 산과 반응하며 수소 발생
	반응식	• 물 : $Zn + 2H_2O \rightarrow Zn(OH)_2 + H_2$ • 염산 : $Zn + 2HCl \rightarrow ZnCl_2 + H_2$ • 황산 : $Zn + H_2SO_4 \rightarrow ZnSO_4 + H_2$ • 연소 : $2Zn + O_2 \rightarrow 2ZnO$

(6) 마그네슘(지정수량 : 500kg)

종류		특징
마그네슘 (Mg)		• 은백색 경금속 • 분말일 경우 분진폭발 위험 • 상온상태 물에서 안정 • 온수와 반응하며 수소 발생 • 습기, 열 축적 시 자연발화 위험 • 이산화탄소와와 반응(이산화탄소 소화약제는 부적합) • 연소 시 폭발
	반응식	• 온수 : $Mg + 2H_2O \rightarrow Mg(OH)_2 + H_2$ • 이산화탄소 : $Mg + CO_2 \rightarrow MgO + CO$ • 염산 : $Mg + 2HCl \rightarrow MgCl_2 + H_2$ • 연소 : $2Mg + O_2 \rightarrow 2MgO$

(7) 인화성 고체(지정수량 : 1,000kg)

종류	특징
인화성 고체	고형알코올 등

01 제2류 위험물 중 지정수량이 500kg인 품명 3가지를 쓰시오.

정답 철분, 금속분, 마그네슘

해설 **제2류 위험물의 지정수량**

품명	지정수량	위험등급
황화린, 적린, 유황	100kg	II
철분, 금속분, 마그네슘	500kg	III
인화성 고체	1,000kg	III

02 위험물안전법령의 가연성 고체 중 지정수량 1,000kg인 품명을 모두 쓰시오. (단, 해당 사항이 없으면 "해당 사항 없음"이라고 쓰시오.)

정답 인화성 고체

해설 **제2류 위험물의 지정수량**

품명	지정수량	위험등급
황화린, 적린, 유황	100kg	II
철분, 금속분, 마그네슘	500kg	III
인화성 고체	1,000kg	III

03 위험등급 III인 제2류 위험물의 품명을 모두 쓰시오.

정답 철분, 금속분, 마그네슘, 인화성 고체

해설 **제2류 위험물의 지정수량**

품명	지정수량	위험등급
황화린, 적린, 유황	100kg	II
철분, 금속분, 마그네슘	500kg	III
인화성 고체	1,000kg	III

04 위험등급 II인 제2류 위험물의 품명을 모두 쓰시오.

정답 황화린, 적린, 유황

해설 **제2류 위험물의 지정수량**

품명	지정수량	위험등급
황화린, 적린, 유황	100kg	II
철분, 금속분, 마그네슘	500kg	III
인화성 고체	1,000kg	III

05 아연분은 위험물안전관리법령상 위험물 분류에서의 유별과 품명을 쓰시오.

정답 제2류 위험물, 금속분

06 유황이 위험물이 될 수 있는 조건을 쓰시오.

정답 순도가 60wt%(중량퍼센트) 이상인 것

해설 유황은 순도가 60wt%(중량퍼센트) 이상인 것을 말한다. 이 경우 순도측정에 있어서 불순물은 활석 등 불연성물질과 수분에 한한다.

07 다음 빈칸을 채우시오.

• 철분 : 철의 분말로서 (①)마이크로미터의 표준체를 통과하는 것이 (②)중량퍼센트 미만인 것은 제외한다.
• 금속분 : 알칼리금속 · 알칼리토류금속 · 철 및 마그네슘 외의 금속의 분말을 말하고, (③) · (④) 및 (⑤)마이크로미터의 체를 통과하는 것이 50중량퍼센트 미만인 것은 제외한다.
• 마그네슘 : 다음 각목의 1에 해당하는 것은 제외한다.
  - (⑥)의 체를 통과하지 아니하는 덩어리 상태의 것
  - 지름 (⑦) 이상의 막대 모양의 것

정답 ① 53, ② 50, ③ 구리분, ④ 니켈분, ⑤ 150, ⑥ 2mm, ⑦ 2mm

08 인화성 고체가 위험물이 될 수 있는 조건을 쓰시오.

정답 1기압에서 인화점이 40℃ 미만인 고체

해설 인화성 고체는 고형알코올 그 밖에 1기압에서 인화점이 섭씨 40도 미만인 고체를 말한다.

09 다음 중 제2류 위험물의 공통성질로 옳지 않은 것만을 골라 번호를 쓰고, 옳게 고쳐서 쓰시오. (단, 옳지 않은 것이 없으면 "없음"이라고 쓰시오.)

① 비교적 높은 온도에서 착화되기 쉬운 가연물이다.
② 대단히 연소속도가 빠른 강력한 산화제이다.
③ 비중은 1보다 작고 물에 녹지 않는다.
④ 연소 시 유독가스를 발생하는 것도 있고, 연소열이 크고 연소온도가 높다.
⑤ 유황은 물과의 접촉으로 발열한다.

정답 ① 비교적 낮은 온도에서 착화되기 쉬운 가연물이다.
② 대단히 연소속도가 빠른 강력한 환원제이다.
③ 비중은 1보다 크고 물에 녹지 않는다.
⑤ 유황은 물과의 접촉으로 발열하지 않는다(철분, 마그네슘, 금속분은 물과 산의 접촉으로 발열한다).

10 제2류 위험물 중 물과 반응하여 발열하는 품명 3가지를 쓰시오.

정답 철분, 금속분, 마그네슘

해설 철분, 마그네슘, 금속분은 물과 산의 접촉으로 발열한다.

11 제2류 위험물(철분, 금속분, 마그네슘 제외)에 적응성 있는 소화약제를 쓰시오.

정답 물

해설 **제2류 위험물의 소화방법**

제2류 위험물(철분, 금속분, 마그네슘 제외)	물에 의한 냉각소화
철분, 금속분, 마그네슘	탄산수소염류 분말약제, 마른 모래, 팽창질석, 팽창진주암

12 제2류 위험물 중 마그네슘의 화재 시 사용하는 소화약제를 쓰시오.

정답 탄산수소염류 분말약제, 마른 모래, 팽창질석, 팽창진주암

해설 **제2류 위험물의 소화방법**

제2류 위험물(철분, 금속분, 마그네슘 제외)	물에 의한 냉각소화
철분, 금속분, 마그네슘	탄산수소염류 분말약제, 마른 모래, 팽창질석, 팽창진주암

13 철분 250kg, 적린 600kg, 고형 알코올 1,500kg을 저장하고 있는 경우의 지정수량 배수를 구하시오.

정답 8배

해설
- 철분 지정수량 : 500kg
- 적린 지정수량 : 100kg
- 고형 알코올(인화성 고체) 지정수량 : 1,000kg
- 지정수량의 배수 = 위험물 저장수량/위험물 지정수량
- 지정수량 배수의 합 = 250/500 + 600/100 + 1,500/1,000 = 8

14 황화린의 종류 3가지를 화학식으로 쓰시오.

정답 P_4S_3, P_2S_5, P_4S_7

해설 황화린 3종 : 삼황화린, 오황화린, 칠황화린

15 삼황화린의 연소반응식을 쓰시오.

정답 $P_4S_3 + 8O_2 \rightarrow 2P_2O_5 + 3SO_2$

16 오황화린의 연소에 대하여 다음의 물음에 답하시오.

1) 반응식을 쓰시오.
2) 발생하는 흰색연기의 명칭을 쓰시오.

정답 1) $2P_2S_5 + 15O_2 \rightarrow 2P_2O_5 + 10SO_2$, 2) 오산화인

해설 $2P_2S_5 + 15O_2 \rightarrow 2P_2O_5$(오산화인, 백색연기) + $10SO_2$(이산화황, 독성가스)

17 오황화린과 물과의 반응식을 쓰시오.

정답 $P_2S_5 + 8H_2O \rightarrow 5H_2S + 2H_3PO_4$

18 [보기]에서 설명하는 위험물이 연소하여 발생하는 기체의 명칭을 쓰시오.

┤ 보기 ├──────────────────────────
• 제2류 위험물이다.　　　　　　• 황색의 결정이다.
• 조해성이 없다.　　　　　　　• 발화점이 100℃이다.

정답 이산화황

해설 [보기]의 위험물은 삼황화린이다.
$P_4S_3 + 8O_2 \rightarrow 2P_2O_5 + 3SO_2$(이산화황)

19 제2류 위험물 중 황린의 동소체의 명칭과 그의 지정수량을 쓰시오.

정답 적린, 100kg

해설 적린(P)은 황린(제3류, P_4)과 동소체 관계(동일한 원소로 이루어져 있으나 성질이 다른 물질로 최종 연소생성물이 같음)이다.

20 삼황화린, 적린, 유황의 착화점을 각각 쓰시오.

정답 • 삼황화린 : 100℃
　　　　• 적린 : 260℃
　　　　• 유황 : 232℃

21 철분과 염산의 반응식을 쓰시오.

정답 $Fe + 2HCl \rightarrow FeCl_2 + H_2$

22 알루미늄과 수산화칼륨 수용액의 반응식을 쓰시오.

정답 $2Al + 2KOH + 2H_2O \rightarrow 2KAlO_2 + 3H_2$

23 알루미늄과 온수와의 반응식을 쓰시오.

정답 $2Al + 6H_2O \rightarrow 2Al(OH)_3 + 3H_2$

24 아연분과 황산의 반응식을 쓰시오.

정답 $Zn + H_2SO_4 \rightarrow ZnSO_4 + H_2$

25 아연의 연소반응식을 쓰시오.

정답 $2Zn + O_2 \rightarrow 2ZnO$

26 마그네슘 화재에 이산화탄소 소화약제가 적응성이 있는지 판단하고, 그 이유를 쓰시오.

1) 적응성 여부	2) 이유

정답 1) 적응성 없다.
2) 마그네슘이 이산화탄소와 반응하여 가연성 가스를 생성하므로 이산화탄소 소화약제는 부적합하다.
$Mg + CO_2 \rightarrow MgO + CO$

27 마그네슘에 대하여 다음의 물음에 답하시오.

1) 연소반응식을 쓰시오.
2) 뜨거운 물과 반응하는 반응식을 쓰시오.

정답 1) $2Mg + O_2 \rightarrow 2MgO$
2) $Mg + 2H_2O \rightarrow Mg(OH)_2 + H_2$

제3류 위험물(자연발화성 물질 및 금수성 물질)

1. 품명, 지정수량, 위험등급

품명		지정수량	위험등급
1. 칼륨		10kg	I
2. 나트륨			
3. 알킬알루미늄			
4. 알킬리튬			
5. 황린		20kg	
6. 알칼리금속 및 알칼리토금속(칼륨 및 나트륨 제외)		50kg	II
7. 유기금속화합물(알킬알루미늄 및 알킬리튬 제외)			
8. 금속의 수소화물		300kg	III
9. 금속의 인화물			
10. 칼슘 또는 알루미늄의 탄화물			
11. 그 밖의 행정안전부령으로 정하는 것	염소화규소화합물	10kg, 20kg, 50kg 또는 300kg	I, II, III
12. 제1호 내지 제11호의 1에 해당하는 어느 하나 이상을 함유한 것			

2. 제3류 위험물의 성질

(1) 성질

① 대부분 무기화합물이며, 일부(알킬알루미늄, 알킬리튬, 유기금속화합물)는 유기화합물이다.

② 대부분 고체이고 일부는 액체이다.

③ 황린을 제외하고 금수성 물질이다.

④ 지정수량 10kg의 위험물(칼륨, 나트륨, 알킬알루미늄, 알킬리튬)은 물보다 가볍고 나머지는 물보다 무겁다.

(2) 위험성

① 가열 또는 강산화성 물질, 강산류와 접촉에 의해 위험성이 증가한다.

② 일부는 물과 접촉에 의해 발화한다.

③ 자연발화성 물질은 물 또는 공기와 접촉하면 폭발적으로 연소하여 가연성 가스를 발생시킨다.

④ 금수성 물질은 물과 반응하여 가연성 가스[H_2(수소), C_2H_2(아세틸렌), PH_3(포스핀)]를 발생시킨다.

(3) 저장 · 취급방법

① 저장용기는 공기, 수분과의 접촉을 피해야 한다.

② 가연성 가스가 발생하는 자연발화성 물질은 불티, 불꽃, 고온체와 접근을 피한다.

③ 칼륨, 나트륨, 알칼리금속 : 산소가 포함되지 않은 석유류(등유, 경유, 유동파라핀)에 표면이 노출되지 않도록 저장한다.

④ 화재 시 소화가 어려우므로 희석제를 혼합하거나 소량으로 분리하여 저장한다.

⑤ 자연발화를 방지한다(통풍, 저장실 온도 낮도록, 습도 낮도록, 정촉매 접촉 금지).

(4) 소화방법

① 물에 의한 주수소화는 절대로 금지한다(단, 황린은 주수소화 가능).

② 소화약제 : 탄산수소염류 분말약제, 마른 모래, 팽창질석, 팽창진주암

3. 제3류 위험물의 종류별 특성

(1) 칼륨(지정수량 : 10kg)

종류	특징	
칼륨 (K)	• 은백색 광택의 무른 경금속 • 불꽃색 : 보라색 • 산소, 수분과의 접촉방지를 위해 보호액(등유, 경유, 유동파라핀 등)에 노출되지 않도록 저장 • 이산화탄소와 반응하여 탄소(가연물)를 생성하므로, 이산화탄소 소화약제 사용 불가	
	반응식	• 물 : $2K + 2H_2O \rightarrow 2KOH + H_2$ • 에탄올 : $2K + 2C_2H_5OH \rightarrow 2C_2H_5OK + H_2$ • 이산화탄소 : $4K + 3CO_2 \rightarrow 2K_2CO_3 + C$ • 연소 : $4K + O_2 \rightarrow 2K_2O$

(2) 나트륨(지정수량 : 10kg)

종류	특징	
나트륨 (Na)	• 은백색 광택의 무른 경금속 • 불꽃색 : 노란색 • 산소, 수분과의 접촉방지를 위해 보호액(등유, 경유, 유동파라핀 등)에 노출되지 않도록 저장 • 이산화탄소와 반응하여 탄소(가연물)를 생성하므로, 이산화탄소 소화약제 사용 불가	
	반응식	• 물 : $2Na + 2H_2O \rightarrow 2NaOH + H_2$ • 에탄올 : $2Na + 2C_2H_5OH \rightarrow 2C_2H_5ONa + H_2$ • 이산화탄소 : $4Na + 3CO_2 \rightarrow 2Na_2CO_3 + C$ • 연소 : $4Na + O_2 \rightarrow 2Na_2O$(산화나트륨, 회백색)

(3) 알킬알루미늄(지정수량 : 10kg)

종류	특징	
알킬알루미늄 (R_3Al)	• 알킬기(C_nH_{2n+1})와 알루미늄(Al)의 화합물 • 탄소수가 1~4개인 알킬알루미늄은 공기, 물과 접촉 시 자연발화 위험 • 불연성가스(질소 등)를 봉입하고, 벤젠이나 헥산 등의 안정제를 첨가하여 저장	
	반응식	• 트리메틸알루미늄+물 : $(CH_3)_3Al + 3H_2O \rightarrow Al(OH)_3 + 3CH_4$ • 트리에틸알루미늄+물 : $(C_2H_5)_3Al + 3H_2O \rightarrow Al(OH)_3 + 3C_2H_6$ • 트리프로필알루미늄+물 : $(C_3H_7)_3Al + 3H_2O \rightarrow Al(OH)_3 + 3C_3H_8$ • 트리부틸알루미늄+물 : $(C_4H_9)_3Al + 3H_2O \rightarrow Al(OH)_3 + 3C_4H_{10}$ • 트리메틸알루미늄의 연소 : $2(CH_3)_3Al + 12O_2 \rightarrow Al_2O_3 + 6CO_2 + 9H_2O$ • 트리에틸알루미늄의 연소 : $2(C_2H_5)_3Al + 21O_2 \rightarrow Al_2O_3 + 12CO_2 + 15H_2O$

(4) 알킬리튬(지정수량 : 10kg)

종류	특징	
알킬리튬 (LiR)	• 가연성 액체 • 알킬기와 리튬의 화합물 • 이산화탄소와 격렬히 반응(이산화탄소 소화약제 사용 안 함)	
	반응식	• 메틸리튬+물 : $CH_3Li + H_2O \rightarrow LiOH + CH_4$ • 에틸리튬+물 : $C_2H_5Li + H_2O \rightarrow LiOH + C_2H_6$

(5) 황린(지정수량 : 20kg)

종류	특징	
황린(P_4) (백린)	• 담황색의 고체(순수한 것은 백색 고체) • 마늘과 비슷한 냄새 • 발화점(착화점) : 34℃ • 적린과 동소체(적린보다 불안정) • 공기를 차단한 채 가열(260℃) 시 적린(P)으로 변함 • 알칼리용액과 반응 시 포스핀(PH_3, 가연성 · 맹독성) 가스 발생 • 상온에서 증기 발생(증기 : 공기보다 무겁고, 맹독성) • 공기 중에서 자연발화 • 물에 녹지 않아 물속(pH 9)에 저장 • 이황화탄소, 삼염화린, 염화황에 잘 녹음	
	반응식	• 알칼리용액 : $P_4 + 3KOH + 3H_2O \rightarrow 3KH_2PO_2 + PH_3$ • 연소 : $P_4 + 5O_2 \rightarrow 2P_2O_5$

(6) 알칼리금속 및 알칼리토금속(지정수량 : 50kg)

종류	특징	
리튬 (Li)	• 알칼리금속(1족 : Li, Rb, Cs) • 은백색 연한 금속 • 불꽃색 : 빨간색 • 2차 전지의 주원료	
	반응식	물 : $2Li + 2H_2O \rightarrow 2LiOH + H_2$
칼슘 (Ca)	• 알칼리토금속(2족 : Ca, Be) • 은백색 연한 금속	
	반응식	물 : $Ca + 2H_2O \rightarrow Ca(OH)_2 + H_2$

(7) 유기금속화합물(지정수량 : 50kg)

종류	특징
유기금속화합물	알킬알루미늄, 알킬리튬을 제외한 유기금속화합물

(8) 금속의 수소화물(지정수량 : 300kg)

종류	특징	
금속의 수소화물	• 용기에 불활성기체(아르곤 등)를 봉입하여 저장 • 물과 반응하여 수소가스 발생	
	반응식	• 수소화칼륨 + 물 : $KH + H_2O \rightarrow KOH + H_2$ • 수소화나트륨 + 물 : $NaH + H_2O \rightarrow NaOH + H_2$ • 수소화리튬 + 물 : $LiH + H_2O \rightarrow LiOH + H_2$ • 수소화칼슘 + 물 : $CaH_2 + 2H_2O \rightarrow Ca(OH)_2 + 2H_2$

(9) 금속의 인화물(지정수량 : 300kg)

종류	특징	
인화칼슘 (Ca_3P_2)	• 적갈색 괴상고체(덩어리) • 비중 2.5 • 유독성 • 물, 산과 반응하여 포스핀가스(유독성) 발생 • 알코올, 에테르에 녹지 않음	
	반응식	• 물 : $Ca_3P_2 + 6H_2O \rightarrow 3Ca(OH)_2 + 2PH_3$ • 염산 : $Ca_3P_2 + 6HCl \rightarrow 3CaCl_2 + 2PH_3$
인화알루미늄 (AIP)	물과 반응하여 포스핀가스 발생	
	반응식	물 : $AIP + 3H_2O \rightarrow Al(OH)_3 + PH_3$
인화아연 (Zn_3P_2)	• 암회색 물질 • 살충제 원료 • 물과 반응하여 포스핀가스 발생	
	반응식	물 : $Zn_3P_2 + 6H_2O \rightarrow 3Zn(OH)_2 + 2PH_3$

(10) 칼슘 탄화물 또는 알루미늄 탄화물(지정수량 : 300kg)

종류	특징	
탄화칼슘 (CaC_2, 카바이드)	• 백색 고체(시판품 : 흑회색 불규칙한 형태의 고체) • 상온에 장기간 보관 시 불연성가스(질소 등)를 채워 보관 • 물과 반응하여 아세틸렌(C_2H_2) 발생 • 고온에서 질소와 반응하여 석회질소($CaCN_2$, 칼슘시안아미드) 발생	
	반응식	• 물 : $CaC_2 + 2H_2O \rightarrow Ca(OH)_2 + C_2H_2$ • 질소(700℃ 이상) : $CaC_2 + N_2 \rightarrow CaCN_2 + C$
탄화알루미늄 (Al_4C_3)	• 황색 결정 또는 분말 • 물과 반응하여 메탄(CH_4) 발생	
	반응식	물 : $Al_4C_3 + 12H_2O \rightarrow 4Al(OH)_3 + 3CH_4$

적중 핵심예상문제

01 제3류 위험물 중 지정수량이 100kg 이상인 품명을 쓰고, 그에 대한 지정수량도 함께 쓰시오.

정답   금속의 수소화물(300kg), 금속의 인화물(300kg), 칼슘 또는 알루미늄의 탄화물(300kg)

해설   **제3류 위험물의 지정수량**

품명	지정수량	위험등급
칼륨, 나트륨, 알킬알루미늄, 알킬리튬	10kg	I
황린	20kg	I
알칼리금속, 알칼리토금속, 유기금속화합물	50kg	II
금속의 수소화물, 금속의 인화물, 칼슘 또는 알루미늄의 탄화물	300kg	III

02 제3류 위험물 중 위험등급 II에 해당하는 품명을 품명과 지정수량을 함께 쓰시오. (단, 해당 사항이 없으면 "해당 사항 없음"이라고 쓰시오.)

정답   알칼리금속(50kg), 알칼리토금속(50kg), 유기금속화합물(50kg)

해설   **제3류 위험물의 지정수량**

품명	지정수량	위험등급
칼륨, 나트륨, 알킬알루미늄, 알킬리튬	10kg	I
황린	20kg	I
알칼리금속, 알칼리토금속, 유기금속화합물	50kg	II
금속의 수소화물, 금속의 인화물, 칼슘 또는 알루미늄의 탄화물	300kg	III

03 제3류 위험물 중 지정수량 10kg인 품명을 모두 쓰시오.

정답   칼륨, 나트륨, 알킬알루미늄, 알킬리튬

해설   **제3류 위험물의 지정수량**

품명	지정수량	위험등급
칼륨, 나트륨, 알킬알루미늄, 알킬리튬	10kg	I
황린	20kg	I
알칼리금속, 알칼리토금속, 유기금속화합물	50kg	II
금속의 수소화물, 금속의 인화물, 칼슘 또는 알루미늄의 탄화물	300kg	III

04 다음 중 제3류 위험물의 공통성질로 옳은 것만을 골라 번호를 쓰시오. (단, 옳은 것이 없으면 "없음"이라고 쓰시오.)

> ① 대부분 유기화합물이다.
> ② 모두 고체인 위험이다.
> ③ 황린은 금수성 물질이다.
> ④ 수소화나트륨은 물보다 가볍다.

정답 없음

해설 ① 대부분 무기화합물이며, 일부(알킬알루미늄, 알킬리튬, 유기금속화합물)는 유기화합물이다.
② 대부분 고체이고 일부는 액체이다.
③ 황린을 제외하고 금수성 물질이다.
④ 지정수량 10kg의 위험물(칼륨, 나트륨, 알킬알루미늄, 알킬리튬)은 물보다 가볍고 나머지는 물보다 무겁다.

05 제3류 위험물(황린 제외)에 적응성 있는 소화약제를 쓰시오.

정답 탄산수소염류 분말약제, 마른 모래, 팽창질석, 팽창진주암

해설 **제3류 위험물의 소화방법**
① 물에 의한 주수소화는 절대로 금지한다(단, 황린은 주수소화 가능).
② 소화약제 : 탄산수소염류 분말약제, 마른 모래, 팽창질석, 팽창진주암

06 트리에틸알루미늄 50kg, 수소화칼륨 300kg, 탄화칼슘 600kg을 저장하고 있는 경우의 지정수량 배수를 구하시오.

정답 8배

해설
• 트리에틸알루미늄 지정수량 : 10kg
• 수소화칼륨 지정수량 : 300kg
• 탄화칼슘 지정수량 : 300kg
• 지정수량의 배수 = 위험물 저장수량/위험물 지정수량
• 지정수량 배수의 합 = 50/10 + 300/300 + 600/300 = 8

07 불꽃색이 보라색이며, 은백색 광택의 무른 금속이 에틸알코올과 반응할 때의 반응식을 쓰시오.

정답 $2K + 2C_2H_5OH \rightarrow 2C_2H_5OK + H_2$

해설 문제에서 설명하는 금속은 칼륨(K)이다.

08 칼륨과 물의 반응식을 쓰시오.

정답　$2K + 2H_2O \rightarrow 2KOH + H_2$

09 칼륨의 산화 반응식을 쓰시오.

정답　$4K + O_2 \rightarrow 2K_2O$

해설　칼륨이 산화되어 산화칼륨이 된다.

10 나트륨의 보호액을 쓰시오.

정답　등유, 경유, 유동파라핀 등

11 나트륨 화재에 이산화탄소 소화약제가 적응성이 있는지 판단하고, 그 이유를 쓰시오.

1) 적응성 여부	2) 이유

정답　1) 적응성 없다.
　　　2) 나트륨이 이산화탄소와 반응하여 가연물(탄소)을 생성하므로 이산화탄소 소화약제는 부적합하다.
　　　　$4Na + 3CO_2 \rightarrow 2Na_2CO_3 + C$

12 트리에틸알루미늄에 대한 다음의 물음에 답하시오.

1) 연소반응식을 쓰시오.
2) 물과의 반응식을 쓰시오.

정답　1) $2(C_2H_5)_3Al + 21O_2 \rightarrow Al_2O_3 + 12CO_2 + 15H_2O$
　　　2) $(C_2H_5)_3Al + 3H_2O \rightarrow Al(OH)_3 + 3C_2H_6$

해설　1) Al은 Al_2O_3로, C는 CO_2로, H는 H_2O로 산화된다.
　　　2) 알킬알루미늄은 물과 반응하여 수산화알루미늄 1mol과 가연성 가스(알킬기에 수소 하나 붙은 분자 3mol)를 생성한다.

13 메틸리튬과 물의 반응식을 쓰시오.

　　정답　$CH_3Li + H_2O \rightarrow LiOH + CH_4$

14 [보기]에서 설명하는 위험물의 연소반응식을 쓰시오.

┤ 보기 ├

- 제3류 위험물이다.
- 발화점이 34℃이다.
- 적린과 동소체이다.
- 물에 넣어 저장한다.

　　정답　$P_4 + 5O_2 \rightarrow 2P_2O_5$

　　해설　[보기]의 위험물은 황린(P_4)이다.

15 황린을 이용하여 적린을 만드는 방법을 쓰시오.

　　정답　공기를 차단한 채 260℃ 이상으로 가열하면 적린(P)으로 변한다.

16 황린이 수산화칼륨 수용액과 반응하는 반응식을 쓰시오.

　　정답　$P_4 + 3KOH + 3H_2O \rightarrow 3KH_2PO_2 + PH_3$

17 칼슘과 물과의 반응식을 쓰시오.

　　정답　$Ca + 2H_2O \rightarrow Ca(OH)_2 + H_2$

18 수소화나트륨과 물과의 반응식을 쓰시오.

　　정답　$NaH + H_2O \rightarrow NaOH + H_2$

19 수소화칼슘과 물과의 반응식을 쓰시오.

정답 $CaH_2 + 2H_2O \rightarrow Ca(OH)_2 + 2H_2$

20 [보기]에서 설명하는 위험물의 물과의 반응식과 염산과의 반응식을 쓰시오.

┤ 보기 ├
- 제3류 위험물이다.
- 비중이 2.5이다.
- 적갈색 고체이다.
- 물과 반응하여 포스핀가스를 발생한다.

정답 ① 물 : $Ca_3P_2 + 6H_2O \rightarrow 3Ca(OH)_2 + 2PH_3$
② 염산 : $Ca_3P_2 + 6HCl \rightarrow 3CaCl_2 + 2PH_3$

해설 [보기]의 위험물은 인화칼슘이다.

21 다음 물질과 물과의 반응식을 쓰시오.

1) 인화알루미늄
2) 인화아연

정답 1) $AlP + 3H_2O \rightarrow Al(OH)_3 + PH_3$
2) $Zn_3P_2 + 6H_2O \rightarrow 3Zn(OH)_2 + 2PH_3$

22 탄화칼슘에 대한 다음의 물음에 답하시오.

1) 물과의 반응식을 쓰시오.
2) 700℃ 이상의 고온에서 질소와 반응시켰을 때의 반응식을 쓰시오.

정답 1) $CaC_2 + 2H_2O \rightarrow Ca(OH)_2 + C_2H_2$
2) $CaC_2 + N_2 \rightarrow CaCN_2 + C$

23 탄화알루미늄과 물과의 반응식을 쓰시오.

정답 $Al_4C_3 + 12H_2O \rightarrow 4Al(OH)_3 + 3CH_4$

4류 위험물(인화성 액체)

1. 품명, 지정수량, 위험등급

품명		지정수량	위험등급
1. 특수인화물		50L	I
2. 제1석유류	비수용성액체	200L	II
	수용성액체	400L	
3. 알코올류		400L	
4. 제2석유류	비수용성액체	1,000L	III
	수용성액체	2,000L	
5. 제3석유류	비수용성액체	2,000L	
	수용성액체	4,000L	
6. 제4석유류		6,000L	
7. 동식물유류		10,000L	

2. 품명 정의

① 특수인화물 : 이황화탄소, 디에틸에테르, 그 밖에 1기압에서 **발화점**이 100℃ **이하**인 것 또는 **인화점**이 -20℃ **이하**이고 **비점**이 40℃ **이하**인 것을 말한다.

② 제1석유류 : 아세톤, 휘발유 그 밖에 1기압에서 인화점이 21℃ **미만**인 것을 말한다.

③ 알코올류 : 1분자를 구성하는 탄소원자의 수가 **1개부터 3개까지**인 포화1가 알코올(변성알코올을 포함한다)을 말한다. 다만, 다음 각목의 1에 해당하는 것은 제외한다.

   ㉠ 1분자를 구성하는 탄소원자의 수가 1개 내지 3개의 포화1가 알코올의 함유량이 **60wt% 미만**인 수용액

   ㉡ 가연성액체량이 **60wt% 미만**이고 인화점 및 연소점(태그개방식인화점측정기에 의한 연소점을 말한다. 이하 같다)이 에틸알코올 **60wt% 수용액**의 인화점 및 연소점을 초과하는 것

④ 제2석유류 : 등유, 경유 그 밖에 1기압에서 인화점이 21℃ **이상** 70℃ **미만**인 것을 말한다. 다만, 도료류 그 밖의 물품에 있어서 가연성 액체량이 **40wt% 이하**이면서 인화점이 40℃ **이상**인 동시에 연소점이 60℃ **이상**인 것은 제외한다.

⑤ 제3석유류 : 중유, 클레오소트유 그 밖에 1기압에서 인화점이 70℃ **이상** 200℃ **미만**인 것을 말한다. 다만, 도료류 그 밖의 물품은 가연성 액체량이 **40wt% 이하**인 것은 제외한다.

⑥ 제4석유류 : 기어유, 실린더유 그 밖에 1기압에서 인화점이 200℃ **이상** 250℃ **미만**의 것을 말한다. 다만, 도료류 그 밖의 물품은 가연성 액체량이 **40wt% 이하**인 것은 제외한다.

⑦ 동식물유류 : 동물의 지육 등 또는 식물의 종자나 과육으로부터 추출한 것으로서 1기압에서 인화점이 **250℃ 미만**인 것을 말한다. 다만, 법 제20조 제1항의 규정에 의하여 행정안전부령으로 정하는 용기기준과 수납 · 저장기준에 따라 수납되어 저장 · 보관되고 용기의 외부에 물품의 통칭명, 수량 및 화기엄금(화기엄금과 동일한 의미를 갖는 표시를 포함한다)의 표시가 있는 경우를 제외한다.

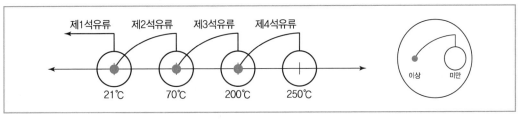

| 인화점 기준 분류(제1~4석유류) |

3. 제4류 위험물의 성질

(1) 성질

① 인화하기 쉽다.

② 연소범위의 하한이 낮아서, 공기 중 소량 누설되어도 연소가 가능하다.

③ 발생된 증기는 공기보다 무겁다(단, 시안화수소는 공기보다 가볍다).

④ 대부분 물보다 가볍고 물에 녹지 않는다.

(2) 위험성

① 인화위험이 높으므로 화기의 접근을 피해야 한다.

② 연소범위의 하한이 낮아서 공기와 약간만 혼합되어도 연소한다.

③ 발화점이 낮다.

④ 전기부도체이므로 정전기가 축적되기 쉬워 정전기 발생에 주의가 필요하다.

(3) 저장 · 취급방법

① 화기 및 점화원으로부터 멀리 저장한다.

② 정전기의 발생에 주의하여 저장 · 취급한다.

③ 증기 및 액체의 누설에 주의하여 밀폐용기에 저장한다.

④ 증기의 축적을 방지하기 위해 통풍이 잘되는 곳에 보관한다.

⑤ 증기는 높은 곳으로 배출한다.

⑥ 인화점 이상 가열하여 취급하지 않는다.

(4) 소화방법

① 봉상 주수소화는 절대 금지한다.

② 포, 불활성 가스(이산화탄소), 할론, 분말소화약제로 질식소화한다.

③ 물에 의한 분무소화(질식소화)도 효과적이다.

④ 수용성 위험물은 알코올형 포소화약제를 사용한다.

4. 제4류 위험물의 종류별 특성

(1) 특수인화물(지정수량 : 50L)

종류	특징				
디에틸에테르 ($C_2H_5OC_2H_5$) (에테르, 산화에틸)	구조식	$$H-\overset{\overset{\displaystyle H}{|}}{\underset{\underset{\displaystyle H}{|}}{C}}-\overset{\overset{\displaystyle H}{|}}{\underset{\underset{\displaystyle H}{|}}{C}}-O-\overset{\overset{\displaystyle H}{|}}{\underset{\underset{\displaystyle H}{|}}{C}}-\overset{\overset{\displaystyle H}{|}}{\underset{\underset{\displaystyle H}{|}}{C}}-H$$			
	인화점	비점	착화점	증기비중	연소범위
	-45℃	34℃	180℃	2.55	1.7~48%
	• 무색투명 액체 • 휘발성, 마취성 증기 • 물에 잘 녹지 않음 • 알코올에 녹음 • 갈색 병에 저장 • 에탄올을 진한 황산을 이용하여 축합반응시켜 디에틸에테르를 제조 • 장시간 공기와 접촉 시 과산화물(폭발성) 생성 • 과산화물 생성을 방지하기 위해 40mesh 구리망을 넣음 • 과산화물이 생기면 요오드화칼륨(KI) 10% 용액에 반응하여 황색으로 변함 • 과산화물 제거시약으로 황산제일철, 환원철을 사용				
	반응식	에탄올 축합 : $CH_3 - CH_2 - OH \quad H - O - CH_2CH_3$ ↓ $CH_3 - CH_2 - O - CH_2CH_3 + H_2O$			

종류	특징				

종류		특징			
이황화탄소 (CS₂)	인화점	비점	착화점	비중	연소범위
	$-30°C$	$46°C$	$100°C$	1.26	1~50%

이황화탄소 (CS₂)

- 무색투명 액체(불순물이 있을 시 황색)
- 유독성 증기
- 물에 녹지 않음
- 알코올, 에테르, 벤젠에 잘 녹음
- 연소 시 청색 불꽃, 이산화황 발생
- 물속에 저장하여 증기발생을 억제함(물에 녹지 않고, 비중이 1보다 큼)

> 🔖 **참고** – 물속에 저장하는 위험물
> 이황화탄소(액체, 제4류), 황린(고체, 제3류)

반응식	• 고온의 물(150°C 이상) : $CS_2 + 2H_2O \rightarrow CO_2 + 2H_2S$ • 연소 : $CS_2 + 3O_2 \rightarrow CO_2 + 2SO_2$

아세트알데히드 (CH₃CHO)

구조식	$$H-\underset{\underset{H}{\vert}}{\overset{\overset{H}{\vert}}{C}}-\overset{\overset{O}{\parallel}}{C}-H$$

인화점	비점	착화점	비중	연소범위
$-38°C$	$21°C$	$185°C$	0.78	4~60%

- 무색투명 자극성 액체
- 물, 에테르, 에탄올에 잘 녹음(물로 희석소화 가능)
- 고무를 녹임
- 비점이 낮아 상온에서 취급 주의
- 산화되기 쉽고, 산화되어 아세트산이 됨
- 펠링반응, 은거울반응(은이온이 은으로 환원, 알데히드는 산화)
- 은, 수은, 동(구리), 마그네슘과 접촉 시 아세틸라이드(폭발성)를 생성하므로 취급 주의

반응식	• 산화 : $2CH_3CHO + O_2 \rightarrow 2CH_3COOH$(아세트산) • 환원 : $CH_3CHO + H_2 \rightarrow C_2H_5OH$(에탄올) • 연소 : $2CH_3CHO + 5O_2 \rightarrow 4CO_2 + 4H_2O$

산화프로필렌 (CH₃CHCH₂O)

구조식	$\underset{O}{\overset{CH_3}{\triangle}}$, $CH_2 - CHCH_3$ (에폭시 구조)

인화점	비점	착화점	비중	연소범위
$-37°C$	$34°C$	$430°C$	0.82	2.8~37%

- 무색 액체
- 휘발성
- 에테르와 같은 냄새
- 물, 알코올, 벤젠 등에 잘 녹음
- 은, 수은, 동(구리), 마그네슘과 접촉 시 아세틸라이드(폭발성)를 생성하므로 취급 주의

그 외	이소펜탄 : 인화점 $-51°C$

(2) 제1석유류

① 비수용성(지정수량 : 200L)

종류	특징			
가솔린 (C_5H_{12}~C_9H_{20}) (휘발유)	인화점	착화점	비중	연소범위
	-43~-20℃	300℃ 이상	0.65~0.80	1.4~7.6%
	• 탄화수소의 혼합물 • 보통휘발유(노란색), 고급휘발유(녹색), 공업용(무색)으로 색깔로 식별 • 인화성 매우 강함(유증기 발생 주의, 화기 주의) • 전기 부도체(정전기에 의해 폭발 주의) • 증기 누출 시 낮은 곳에 체류(증기 비중이 큼)			

종류	특징				
벤젠 (C_6H_6)	구조식				
	인화점	융점	비점	착화점	연소범위
	-11℃	5.5℃	79℃	498℃	1.4~8%
	• 무색투명 액체 • 유독성(발암성), 휘발성 • 알코올, 에테르에 녹음 • 물에 녹지 않음 • 대부분의 유기용매와 유지, 고무 등을 녹임 • 비전도성 물질(정전기 주의) • 마취성 · 독성 증기 • 벤젠(B), 톨루엔(T), 크실렌(X)을 BTX라고 부름 • BTX 독성 비교 : B>T>X				

종류	특징			
톨루엔 ($C_6H_5CH_3$) (메틸벤젠)	구조식			
	인화점	비중	비점	연소범위
	4℃	0.86	110℃	1.1~7.1%
	• 무색투명 액체 • 독특한 향기, 마취성 증기 • 벤젠에 메틸기가 붙어 있는 형태(벤젠과 특성 비슷) • TNT(트리니트로톨루엔, 폭약)의 주원료			

종류	특징	
메틸에틸케톤 (CH₃COC₂H₅, MEK)	구조식	
	• 무색 액체 • 인화점 : -7℃ • 휘발성 • 알코올, 에테르 등에 녹음 • 피부 접촉 시 탈지작용(지방을 제거하는 작용)	
초산메틸 (CH₃COOCH₃) (아세트산메틸) (메틸아세테이트)	구조식	
	• 무색투명 액체 • 인화점 : -10℃ • 독성, 마취성 • 물, 알코올, 에테르 등에 녹음 • 초산과 메탄올의 축합물(가수분해 시 초산과 메탄올 생성)	
	반응식	가수분해 : $CH_3COOCH_3 + H_2O \rightarrow CH_3COOH + CH_3OH$
초산에틸 (CH₃COOC₂H₅) (아세트산에틸) (메틸아세테이트)	구조식	
	• 무색 액체 • 인화점 : -3℃ • 휘발성, 과일 냄새 • 물, 알코올, 에테르 등에 녹음 • 초산과 에탄올의 축합물	
의산에틸 (HCOOC₂H₅) (포름산에틸) (개미산에틸)	구조식	
	• 알코올, 에테르에 녹음 • 가수분해하면 의산과 에탄올로 분해 • 비수용성(의산메틸은 수용성 : 의산에틸은 탄소가 더 많아서 비수용성)	
	반응식	가수분해 : $HCOOC_2H_5 + H_2O \rightarrow HCOOH + C_2H_5OH$
그 외	• 노르말헥산($CH_3(CH_2)_4CH_3$) : 인화점 -20℃ • 시클로헥산(C_6H_{12}) : 인화점 -18℃ • 에틸벤젠($C_6H_5C_2H_5$)	

② 수용성(지정수량 : 400L)

종류	특징					
아세톤 (CH₃COCH₃) (디메틸케톤)	구조식					

아세톤 구조식 설명:

$$\begin{array}{c}\ \ \ H\ \ \ O\ \ \ H\\ \ \ \ |\ \ \ ||\ \ \ |\\ H-C-C-C-H\\ \ \ \ |\ \ \ \ \ \ \ |\\ \ \ \ H\ \ \ \ \ \ H\end{array}$$

인화점	비점	착화점	비중	증기비중	연소범위
-18℃	56℃	538℃	0.79	2	2.5~12.8%

- 무색 액체
- 휘발성, 자극성 냄새
- 물, 유기용제에 잘 녹음
- 유기용제로 사용
- 피부 접촉 시 탈지작용(지방을 제거하는 작용)
- 갈색 병에 저장(일광을 받아 분해하면 과산화물 생성)
- 요오드포름 반응

피리딘 (C₅H₅N)

구조식

- 무색 액체
- 인화점 : 20℃
- 약알칼리성, 유독성
- 상온, 수용액 상태에서도 인화 위험(화기 주의)

시안화수소 (HCN) (사이안화수소, 청산)

구조식 : $H-C\equiv N$

인화점	증기비중
-17℃	0.93

- 맹독성 기체
- 제4류 위험물 중 유일하게 증기가 공기보다 가벼움

의산메틸 (HCOOCH₃)

구조식

- 무색 액체
- 럼주향 · 마취성 · 독성 증기
- 가수분해하면 의산과 메탄올로 분해
- 수용성(의산에틸은 비수용성)

반응식	가수분해 : $HCOOCH_3 + H_2O \rightarrow HCOOH + CH_3OH$

그 외	아세토니트릴(CH₃CN) : 인화점 20℃

(3) 알코올류(지정수량 : 400L)

종류	특징		
메틸알코올 (CH_3OH) (메탄올, 목정)	구조식	$$\begin{array}{c} H \\ | \\ H-C-O-H \\ | \\ H \end{array}$$	

인화점	착화점	연소범위
11℃	440℃	7.3~36%

- 무색투명 액체
- 휘발성, 유독성(실명, 사망)
- 알코올류 중 연소범위가 가장 넓음
- 물, 에테르 등에 잘 녹음
- 나트륨과 반응하여 수소 발생
- 산화하여 포름알데히드가 되고, 포름알데히드가 산화하면 포름산(의산)이 됨

반응식	• 산화 : $CH_3OH \rightarrow HCHO \rightarrow HCOOH$ • 환원 : $HCOOH \rightarrow HCHO \rightarrow CH_3OH$ • 연소 : $2CH_3OH + 3O_2 \rightarrow 2CO_2 + 4H_2O$

에틸알코올 (C_2H_5OH) (에탄올, 주정)

구조식 :
$$\begin{array}{cc} H & H \\ | & | \\ H-C-C-O-H \\ | & | \\ H & H \end{array}$$

인화점	착화점	연소범위
13℃	400℃	3.1~27.7%

- 무색투명 액체
- 휘발성, 메탄올에 비해 적은 독성
- 물, 에테르 등에 잘 녹음
- 요오드포름 반응
- 산화하여 아세트알데히드가 되고, 아세트알데히드가 산화하면 아세트산이 됨

반응식	• 산화 : $C_2H_5OH \rightarrow CH_3CHO \rightarrow CH_3COOH$ • 환원 : $CH_3COOH \rightarrow CH_3CHO \rightarrow C_2H_5OH$ • 칼륨 : $2C_2H_5OH + 2K \rightarrow 2C_2H_5OK + H_2$ • 연소 : $C_2H_5OH + 3O_2 \rightarrow 2CO_2 + 3H_2O$

프로필알코올 (C_3H_7OH) (프로판올)

구조식 :
$$\begin{array}{ccc} H & H & H \\ | & | & | \\ H-C-C-C-O-H \\ | & | & | \\ H & H & H \end{array}, \quad \begin{array}{c} OH \\ | \\ H_3C \quad CH_3 \end{array}$$

- 인화점 : 11.7℃
- 독성은 메탄올과 에탄올 사이
- 에테르, 아세톤에 녹음
- 산화하여 아세톤이 됨

반응식	산화(2-프로판올) : $C_3H_7OH \rightarrow CH_3COCH_3 + H_2$

n차 알코올		히드록시기(-OH)가 붙은 탄소에 결합한 알킬기의 수에 따라 1차 알코올, 2차 알코올, 3차 알코올 1차 알코올　2차 알코올　3차 알코올
	1차 알코올의 산화	알코올　알데하이드　카르복실산
	2차 알고올의 산화	2차 알코올　케톤
n가 알코올		히드록시기(-OH)의 수에 따라 1가 알코올, 2가 알코올, 3가 알코올 CH_3-CH_2　CH_2-CH_2　$CH_2-CH_2-CH_2$ 　OH　　OH OH　OH OH OH 1가 알코올　2가 알코올　3가 알코올

(4) 제2석유류

① 비수용성(지정수량 : 1,000L)

종류	특징	
등유 (케로신)	• 무색 액체 • 인화점 : 39℃ 이상 • 유지를 녹임	
경유 ($C_{15} \sim C_{20}$) (디젤유)	• 담황색 액체(시판용) • 인화점 : 50~70℃ • 품질은 세탄가로 표현(세탄가가 높으면 불이 붙는 온도가 낮고 착화 안정)	
크실렌 ($C_6H_4(CH_3)_2$) (자일렌)	구조식	o-xylene　m-xylene　p-xylene
	• 독성은 BTX 중에서 가장 낮음 • 메틸기(CH_3)결합 위치에 따라 o-크실렌, m-크실렌, p-크실렌 3가지로 구분	

종류	특징	
클로로벤젠 (C_6H_5Cl)	구조식	
	인화점 : 27℃, 비중 : 1.1	
스티렌 ($C_6H_5CH=CH_2$) (스타이렌)	구조식	
	• 무색 액체 • 인화점 : 32℃ • 독특한 냄새 • 폴리스티렌수지, 합성수지의 원료 • 에틸벤젠을 탈수소($-H_2$)하여 제조	
테레핀유 ($C_{10}H_{16}$) (송정유)	• 인화점 : 35℃ • 소나무 송진에 함유되어 있어 송정유라고도 부름 • 자연발화의 위험	
n-부탄올 ($CH_3(CH_2)_3OH$)	• 알코올이지만 탄소수가 4개이므로 제2석유류에 속함 • 인화점 : 35℃	
그 외	브로모벤젠(C_6H_5Br), 벤즈알데히드(C_6H_5CHO), 장뇌유($C_{10}H_{10}$), 트리부틸아민[($CH_3CH_2CH_2CH_2)_3N$]	

② 수용성(지정수량 : 2,000L)

종류	특징	
의산 (HCOOH) (개미산, 포름산)	구조식	
	• 무색투명 액체 • 인화점 : 55℃ • 초산보다 강한 산성 • 피부에 닿을 시 발포(수종)	
초산 (CH_3COOH) (아세트산)	구조식	
	• 무색투명 액체 • 융점 : 16.2℃, 인화점 : 40℃, 비점 : 118℃ • 고체상태(융점 이하 상태)는 빙초산이라고 부름 • 자극성 냄새 • 초산의 3~5% 수용액을 식초라 함 • 피부와 접촉 시 화상 위험	
	반응식	아연 : $2CH_3COOH + Zn \rightarrow (CH_3COO)_2Zn + H_2$

종류	특징	
히드라진 (N_2H_4) (하이드라진)	구조식	$$\underset{H}{\overset{H}{>}}N-N\underset{H}{\overset{H}{<}}$$
	• 인화점 : 38℃ • 맹독성 · 가연성 액체 • 각종 유도체, 시약, 농약, 로켓연료 등 다양하게 사용	
	반응식	가열분해(180℃) : $2N_2H_4 \rightarrow 2NH_3 + N_2 + H_2$
그 외	아크릴산($CH_2CHCOOH$) : 인화점 46℃, 비중 1.1	

(5) 제3석유류

① 비수용성(지정수량 : 2,000L)

종류	특징	
중유	• 등유, 경유에 비해 증발시키기 어려워 분무상으로 연소시킴 • 중유의 한 종류로 벙커C유가 있음	
클레오소트유 (타르유)	• 유독성, 자극성 증기 • 물보다 무거움 • 내산성 용기에 저장	
아닐린 ($C_6H_5NH_2$)	구조식	
	• 무색 또는 갈색 액체 • 비중 : 1.02, 인화점 : 70℃ • 유독성, 특유의 냄새 • 물에 약간 녹음	
니트로벤젠 ($C_6H_5NO_2$)	구조식	
	• 유독성 • 인화점 : 88℃ • 니트로벤젠을 환원시켜 아닐린을 제조	
m-크레졸 ($C_6H_4CH_3OH$)	구조식	
	크레졸은 3가지의 이성질체(o-크레졸, m-크레졸, p-크레졸)가 있으나, m-크레졸만 위험물임(o-크레졸, p-크레졸은 비위험물)	
그 외	염화벤조일(C_6H_5COCl), 벤질알코올($C_6H_5CH_2OH$)	

② 수용성(지정수량 : 4,000L)

종류	특징			
에틸렌글리콜 ($C_2H_4(OH)_2$)	구조식	$$\begin{array}{c} H\ \ H \\ |\ \ \ | \\ H-C-C-H \\ |\ \ \ | \\ OH\ OH \end{array}$$		

<table>
<tr><th>인화점</th><th>비점</th><th>착화점</th><th>비중</th></tr>
<tr><td>111℃</td><td>198℃</td><td>398℃</td><td>1.1</td></tr>
</table>

- 2가 알코올(-OH기가 2개인 알코올)
- 무색, 무취, 단맛, 점성(끈끈함)
- 유독성
- 벤젠, 이황화탄소에 녹지 않음
- 부동액, 냉매의 원료

종류	특징			
글리세린 ($C_3H_5(OH)_3$)	구조식	$$\begin{array}{c} CH_2-OH \\ | \\ CH-OH \\ | \\ CH_2-OH \end{array}$$		

<table>
<tr><th>인화점</th><th>비점</th><th>착화점</th><th>비중</th></tr>
<tr><td>160℃</td><td>182℃</td><td>370℃</td><td>1.26</td></tr>
</table>

- 3가 알코올(-OH기가 3개인 알코올)
- 무색 또는 엷은 노란색 액체
- 무취, 단맛, 점성(끈끈함), 무독성
- 벤젠, 이황화탄소에 녹지 않음
- 니트로글리세린, 화장품, 가소제, 감미료, 과자, 약물 등의 원료

(6) 제4석유류(지정수량 : 6,000L)

종류	특징
윤활유	엔진오일, 기계유, 실린더유, 터빈유, 기어유, 콤프레셔 오일 등
가소제	프탈산디옥틸(DOP) 등

(7) 동식물유류(지정수량 : 10,000L)

① 대부분이 물보다 무겁고, 인화점이 100℃ 이상이다.

② 동식물유류의 분류(분류 기준 : 요오드값)

참고 – 요오드값

- 유지 100g에 흡수되는 요오드 g수로, 유지에 포함된 불포화지방산의 이중결합수를 나타내는 수치이다.
- 요오드값은 불포화도와 이중결합 수에 비례한다.
- 요오드값이 클수록 자연발화의 위험이 높아 섬유 등에 스며들지 않도록 한다.
- 요오드값이 클수록 공기 중에 산화되어 피막을 만드는 경향이 크다(쉽게 굳는다).

종류	요오드값	불포화도	예시
건성유	130 이상	큼	아마인유, 들기름, 동유(오동유), 정어리유, 해바라기유, 상어유, 대구유 등
반건성유	100~130	보통	참기름, 쌀겨기름, 옥수수기름, 콩기름, 청어유, 면실유, 채종유 등
불건성유	100 이하	작음	팜유, 쇠기름, 돼지기름, 고래기름, 피마자유, 야자유, 올리브유, 땅콩기름(낙화생유) 등

적중 핵심예상문제

01 제4류 위험물의 지정수량과 위험등급으로 알맞도록 빈칸을 채우시오.

품명		지정수량	위험등급
1. 특수인화물			
2. 제1석유류	비수용성액체		
	수용성액체		
3. 알코올류			
4. 제2석유류	비수용성액체		
	수용성액체		
5. 제3석유류	비수용성액체		
	수용성액체		
6. 제4석유류			
7. 동식물유류			

정답

품명		지정수량	위험등급
1. 특수인화물		50L	I
2. 제1석유류	비수용성액체	200L	II
	수용성액체	400L	
3. 알코올류		400L	
4. 제2석유류	비수용성액체	1,000L	III
	수용성액체	2,000L	
5. 제3석유류	비수용성액체	2,000L	
	수용성액체	4,000L	
6. 제4석유류		6,000L	
7. 동식물유류		10,000L	

02 산화프로필렌 150L, 아세톤 200L, 에탄올 200L, 염화벤조일 1,000L, 엔진오일 3,000L를 저장하고 있는 경우의 지정수량 배수를 구하시오.

정답 5배

해설 • 산화프로필렌 지정수량 : 50L
• 아세톤 지정수량 : 400L
• 에탄올 지정수량 : 400L
• 염화벤조일 지정수량 : 2,000L
• 엔진오일 지정수량 : 6,000L
• 지정수량의 배수 = 위험물 저장수량/위험물 지정수량
• 지정수량 배수의 합 = 150/50 + 200/400 + 200/400 + 1,000/2,000 + 3,000/6,000 = 5배

03 제4류 위험물 중 위험등급 II에 해당하는 품명을 모두 쓰시오. (단, 해당 사항이 없으면 "해당 사항 없음"이라고 쓰시오.)

정답 제1석유류, 알코올류

해설 **제4류 위험물**

품명		지정수량	위험등급
1. 특수인화물		50L	I
2. 제1석유류	비수용성액체	200L	II
	수용성액체	400L	
3. 알코올류		400L	
4. 제2석유류	비수용성액체	1,000L	III
	수용성액체	2,000L	
5. 제3석유류	비수용성액체	2,000L	
	수용성액체	4,000L	
6. 제4석유류		6,000L	
7. 동식물유류		10,000L	

04 제4류 위험물의 정의로 알맞도록 다음 빈칸을 채우시오.

- 동식물유류 : 동물의 지육 등 또는 식물의 종자나 과육으로부터 추출한 것으로서 1기압에서 인화점이 (①)℃ 미만인 것을 말한다.
- 제2석유류 : 등유, 경유 그 밖에 1기압에서 인화점이 (②)℃ 이상 (③)℃ 미만인 것을 말한다. 다만, 도료류 그 밖의 물품에 있어서 가연성 액체량이 (④)중량퍼센트 이하이면서 인화점이 (⑤)℃ 이상인 동시에 연소점이 (⑥)℃ 이상인 것은 제외한다.
- 제(⑦)석유류 : 1기압에서 인화점이 200℃ 이상 250℃ 미만의 것을 말한다. 다만 도료류 그 밖의 물품은 가연성 액체량이 40중량퍼센트 이하인 것은 제외한다.
- 알코올류 : 1분자를 구성하는 탄소원자의 수가 (⑧)개부터 (⑨)개까지인 포화1가 알코올(변성알코올을 포함한다)을 말한다. 다만, 다음 각목의 1에 해당하는 것은 제외한다.
  - 1분자를 구성하는 탄소원자의 수가 1개 내지 3개의 포화1가 알코올의 함유량이 (⑩)중량퍼센트 미만인 수용액
  - 가연성액체량이 (⑩)중량퍼센트 미만이고 인화점 및 연소점(태그개방식인화점측정기에 의한 연소점을 말한다. 이하 같다)이 에틸알코올 (⑩)중량퍼센트 수용액의 인화점 및 연소점을 초과하는 것
- 특수인화물 : 이황화탄소, 디에틸에테르, 그 밖에 1기압에서 발화점이 (⑪)℃ 이하인 것 또는 인화점이 (⑫)℃ 이하이고 비점이 (⑬)℃ 이하인 것을 말한다.

정답 ① 250, ② 21, ③ 70, ④ 40, ⑤ 40, ⑥ 60, ⑦ 4, ⑧ 1, ⑨ 3, ⑩ 60, ⑪ 100, ⑫ -20, ⑬ 40

해설
- 동식물유류 : 동물의 지육 등 또는 식물의 종자나 과육으로부터 추출한 것으로서 1기압에서 인화점이 250℃ 미만인 것을 말한다.
- 제2석유류 : 등유, 경유 그 밖에 1기압에서 인화점이 21℃ 이상 70℃ 미만인 것을 말한다. 다만, 도료류 그 밖의 물품에 있어서 가연성 액체량이 40중량퍼센트 이하이면서 인화점이 40℃ 이상인 동시에 연소점이 60℃ 이상인 것은 제외한다.
- 제4석유류 : 기어유, 실린더유 그 밖에 1기압에서 인화점이 200℃ 이상 250℃ 미만의 것을 말한다. 다만 도료류 그 밖의 물품은 가연성 액체량이 40중량퍼센트 이하인 것은 제외한다.
- 알코올류 : 1분자를 구성하는 탄소원자의 수가 1개부터 3개까지인 포화1가 알코올(변성알코올을 포함한다)을 말한다. 다만, 다음 각목의 1에 해당하는 것은 제외한다.
  - 1분자를 구성하는 탄소원자의 수가 1개 내지 3개의 포화1가 알코올의 함유량이 60중량퍼센트 미만인 수용액
  - 가연성액체량이 60중량퍼센트 미만이고 인화점 및 연소점(태그개방식인화점측정기에 의한 연소점을 말한다. 이하 같다)이 에틸알코올 60중량퍼센트 수용액의 인화점 및 연소점을 초과하는 것
- 특수인화물 : 이황화탄소, 디에틸에테르, 그 밖에 1기압에서 발화점이 100℃ 이하인 것 또는 인화점이 -20℃ 이하이고 비점이 40℃ 이하인 것을 말한다.

05 [보기]에서 제4류 위험물의 공통성질로 옳은 것만을 골라 번호를 쓰시오. (단, 옳은 것이 없으면 "없음"이라고 쓰시오.)

┤ 보기 ├
① 인화하기 쉽다.
② 연소범위의 하한이 낮아서 공기 중 소량 누설되어도 연소가 가능하다.
③ 발생된 증기는 대부분 공기보다 무겁다.
④ 대부분 물보다 가볍고 물에 녹지 않는다.
⑤ 전기도체이므로 정전기가 축적되기 쉬워 정전기 발생에 주의가 필요하다.

정답 ①, ②, ③, ④

해설 ⑤ 전기부도체이므로 정전기가 축적되기 쉬워 정전기 발생에 주의가 필요하다.

06 제4류 위험물 화재에 적응성 있는 소화약제를 쓰시오.

정답 포, 불활성 가스(이산화탄소), 할론, 분말소화약제

해설 **제4류 위험물의 소화방법**
• 봉상 주수소화는 절대 금지한다.
• 포, 불활성 가스(이산화탄소), 할론, 분말소화약제로 질식소화한다.
• 물에 의한 분무소화(질식소화)도 효과적이다.
• 수용성 위험물은 알코올형 포소화약제를 사용한다.

07 에틸알코올을 이용하여 디에틸에테르를 제조하는 반응식을 쓰시오.

정답 $2C_2H_5OH \rightarrow C_2H_5OC_2H_5 + H_2O$

해설 에탄올을 축합하여 디에틸에테르를 제조한다.

$$CH_3 - CH_2 - (OH \quad H) - O - CH_2CH_3$$
$$\downarrow$$
$$CH_3 - CH_2 - O - CH_2CH_3 + H_2O$$

08 디에틸에테르의 연소반응식을 쓰시오.

정답 $C_2H_5OC_2H_5 + 6O_2 \rightarrow 4CO_2 + 5H_2O$

09 디에틸에테르의 위험도를 구하시오.

> **정답**   27.24

> **해설**   디에틸에테르의 연소범위는 1.7~48%이다.
>
> $$위험도 = \frac{U - L}{L} = \frac{48 - 1.7}{1.7} = 27.24$$

10 연소하여 청색 불꽃을 내며, 이산화황을 발생시키는 제4류 위험물의 연소반응식을 쓰시오.

> **정답** $CS_2 + 3O_2 \rightarrow CO_2 + 2SO_2$

> **해설**   문제의 위험물은 이황화탄소이다.

11 [보기]에서 설명하는 위험물의 연소반응식을 쓰시오.

┌─ 보기 ├─────────────────────────────────────
- 제4류 위험물이다.   • 은거울반응을 한다.
- 인화점이 -38℃이다.   • 환원되어 에탄올이 된다.
└───

> **정답** $2CH_3CHO + 5O_2 \rightarrow 4CO_2 + 4H_2O$

> **해설**   [보기]의 위험물은 아세트알데히드이다.

12 아세트알데히드의 산화반응식, 환원반응식을 쓰시오.

> **정답**   • 산화반응식 : $2CH_3CHO + O_2 \rightarrow 2CH_3COOH$
>   • 환원반응식 : $CH_3CHO + H_2 \rightarrow C_2H_5OH$

13 산화프로필렌에 대한 다음의 물음에 답하시오.

> 1) 구조식을 쓰시오.
> 2) 인화점을 쓰시오.

정답

1)

2) -37℃

14 제4류 위험물 중 지정수량이 50L인 물질 3가지를 쓰시오.

정답   디에틸에테르, 이황화탄소, 아세트알데히드, 산화프로필렌, 이소펜탄(이들 중 3가지만 선택하여 작성)

15 가솔린의 품명을 쓰시오.

정답   제1석유류

16 벤젠에 대한 다음의 물음에 답하시오.

> 1) 구조식을 그리시오.
> 2) 인화점을 쓰시오.
> 3) 착화점을 쓰시오.

정답   1) ⬡

2) -11℃
3) 498℃

17 [보기]에서 설명하는 위험물의 연소반응식을 쓰시오.

> ┤ 보기 ├
> • 제4류 위험물이다.   • BTX에 포함되는 물질이다.
> • 인화점이 4℃이다.

정답 $C_6H_5CH_3 + 9O_2 \rightarrow 7CO_2 + 4H_2O$

해설 [보기]의 위험물은 톨루엔이다.

18 메틸에틸케톤의 구조식을 쓰시오.

정답
```
    H  O  H  H
    |  ‖  |  |
H - C - C - C - C - H
    |     |  |
    H     H  H
```

19 제4류 위험물로 휘발성이 크며, 과일냄새가 나고, 인화점이 −3℃인 무색액체의 위험물의 구조식을 쓰시오.

정답
```
    H  O     H  H
    |  ‖     |  |
H - C - C - O - C - C - H
    |        |  |
    H        H  H
```

해설 문제에서 설명하는 위험물은 초산에틸이다.

20 포름산에틸이 가수분해하여 생성되는 위험물 2가지의 명칭을 쓰시오.

정답 포름산, 에탄올

해설 $HCOOC_2H_5 + H_2O \rightarrow HCOOH$(의산, 포름산)$ + C_2H_5OH$(에탄올, 에틸알코올)

21 [보기]에서 설명하는 위험물의 명칭과 구조식을 쓰시오.

┤ 보기 ├
- 제4류 위험물이다.
- 물과 유기용제에 잘 녹고, 유기용제로 사용한다.
- 요오드포름 반응을 한다.
- 지정수량이 400L이다.
- 피부에 접촉 시 탈지작용을 한다.

정답
- 명칭 : 아세톤
- 구조식 :

$$H-\overset{\overset{\textstyle H}{|}}{\underset{\underset{\textstyle H}{|}}{C}}-\overset{\overset{\textstyle O}{\|}}{C}-\overset{\overset{\textstyle H}{|}}{\underset{\underset{\textstyle H}{|}}{C}}-H$$

22 [보기]에서 설명하는 위험물의 구조식을 쓰시오.

┤ 보기 ├
- 제4류 위험물이다.
- 물에 녹아 약알칼리성을 나타낸다.
- 지정수량이 400L이다.
- 수용액 상태에서도 인화의 위험이 있다.

정답

해설   [보기]에서 설명하는 위험물은 피리딘이다.

23 제4류 위험물이며 증기가 공기보다 가벼운 위험물을 쓰시오.

정답   시안화수소(HCN)

해설   시안화수소의 증기비중은 $\dfrac{1+12+14}{29}=0.93$ 이다. 증기비중이 1보다 작으므로 시안화수소의 증기는 공기보다 가볍다.

24 제4류 위험물이며 럼주향이 나고, 독성의 증기를 내는 지정수량 400L의 위험물을 쓰시오.

정답   의산메틸(포름산메틸, HCOOCH₃)

25 제4류 위험물 중 알코올류에 해당하는 위험물의 명칭을 3가지 쓰시오.

정답 메틸알코올, 에틸알코올, 프로필알코올

26 제4류 위험물 중 '목정'이라고 부르며, 실명의 위험이 있는 위험물에 대한 다음의 물음에 답하시오.

1) 시성식을 쓰시오.
2) 인화점을 쓰시오.
3) 연소반응식을 쓰시오.

정답 1) CH_3OH
2) $11℃$
3) $2CH_3OH + 3O_2 \rightarrow 2CO_2 + 4H_2O$

27 에틸알코올의 인화점을 쓰시오.

정답 $13℃$

28 2-프로판올이 산화되어 생성되는 물질의 명칭을 쓰시오.

정답 아세톤

해설 $C_3H_7OH \rightarrow 2CH_3COCH_3 + H_2$

29 크실렌의 이성질체 3가지의 구조식을 그리고, 명칭을 함께 표시하시오.

정답

o-크실렌   m-크실렌   p-크실렌

30 벤젠의 수소 하나가 염소 하나로 치환된 위험물의 인화점을 쓰시오.

정답 27℃

해설 문제에서 설명하는 위험물은 클로로벤젠(C_6H_5Cl)이다.

31 [보기]에서 설명하는 위험물의 구조식을 쓰시오.

┤ 보기 ├

• 제4류 위험물이다.
• 폴리스티렌수지의 원료이다.

• 지정수량이 1,000L이다.

정답 CH=CH$_2$

해설 [보기]에서 설명하는 위험물은 스티렌이다.

32 식초의 원료이며, 인화점이 40℃인 위험물의 구조식을 그리시오.

정답

```
    H   O
    |   ||
H - C - C - O - H
    |
    H
```

해설 문제에서 설명하는 위험물은 아세트산이다.

33 히드라진의 가열분해 반응식을 쓰시오.

정답 $2N_2H_4 \rightarrow 2NH_3 + N_2 + H_2$

34 m-크레졸의 구조식을 쓰시오.

정답 OH

CH$_3$

35 [보기]에서 설명하는 위험물의 구조식을 쓰시오.

┌─ 보기 ├───
• 제4류 위험물이다.   • 지정수량이 4,000L이다.
• 인화점이 111℃이다.   • 부동액의 원료이다.
└──

정답
```
      H  H
      │  │
  H − C − C − H
      │  │
      OH OH
```

해설 [보기]에서 설명하는 위험물은 에틸렌글리콜이다.

36 제4류 위험물 중 3가 알코올이며, 인화점이 160℃인 위험물의 구조식을 쓰시오.

정답
$$CH_2 - OH$$
$$|$$
$$CH - OH$$
$$|$$
$$CH_2 - OH$$

해설 문제에서 설명하는 위험물은 글리세린이다.

37 요오드값의 정의를 쓰시오.

정답 유지 100g에 흡수되는 요오드 g수이다.

해설 **요오드값**
• 유지 100g에 흡수되는 요오드 g수로, 유지에 포함된 불포화지방산의 이중결합수를 나타내는 수치이다.
• 요오드값은 불포화도와 이중결합 수에 비례한다.
• 요오드값이 클수록 자연발화의 위험이 높아 섬유 등에 스며들지 않도록 한다.
• 요오드값이 클수록 공기 중에 산화되어 피막을 만드는 경향이 크다(쉽게 굳는다).

38 동식물유류를 분리하는 기준을 쓰시오.

정답 요오드값

39 동식물유류를 분류하는 표의 다음의 빈칸을 채우시오.

종류	요오드값	불포화도	예시
			아마인유, 들기름, 동유(오동유), 정어리유, 해바라기유, 상어유, 대구유 등
			참기름, 쌀겨기름, 옥수수기름, 콩기름, 청어유, 면실유, 채종유 등
			팜유, 쇠기름, 돼지기름, 고래기름, 피마자유, 야자유, 올리브유, 땅콩기름(낙화생유) 등

정답

종류	요오드값	불포화도	예시
건성유	130 이상	큼	아마인유, 들기름, 동유(오동유), 정어리유, 해바라기유, 상어유, 대구유 등
반건성유	100~130	보통	참기름, 쌀겨기름, 옥수수기름, 콩기름, 청어유, 면실유, 채종유 등
불건성유	100 이하	작음	팜유, 쇠기름, 돼지기름, 고래기름, 피마자유, 야자유, 올리브유, 땅콩기름(낙화생유) 등

40 동식물유류 중 건성유에 해당하는 위험물 3가지를 쓰시오.

정답 아마인유, 들기름, 동유(오동유), 정어리유, 해바라기유, 상어유, 대구유(이들 중 3가지만 작성)

5류 위험물(자기반응성 물질)

1. 품명, 지정수량, 위험등급

품명		지정수량	위험등급
1. 유기과산화물		10kg	I
2. 질산에스테르류			
3. 니트로화합물		200kg	II
4. 니트로소화합물			
5. 아조화합물			
6. 디아조화합물			
7. 히드라진 유도체			
8. 히드록실아민		100kg	
9. 히드록실아민염류			
10. 그 밖에 행정안전부령으로 정하는 것	1. 금속의 아지화합물	10kg, 100kg, 200kg	I, II
	2. 질산구아니딘		
11. 제1호 내지 제10호의 1에 해당하는 어느 하나 이상을 함유한 것			

2. 제5류 위험물의 성질

(1) 성질

① 외부로부터 산소의 공급 없이도 가열·충격 등에 의해 연소폭발을 일으킬 수 있는 자기연소를 일으킨다.

② 연소속도가 대단히 빠르고 폭발적이다.

③ 물에 녹지 않고, 물과의 반응 위험성이 크지 않다.

④ 비중이 1보다 크다.

⑤ 모두 가연성 물질이고 연소할 때 다량의 가스를 발생시킨다.

⑥ 시간의 경과에 따라 자연발화의 위험성이 있다.

⑦ 대부분이 유기화합물(히드라진유도체 제외)이므로 가열, 충격, 마찰 등으로 폭발의 위험이 있다.

⑧ 대부분이 질소를 함유한 유기질소화합물(유기과산화물 제외)이다.

(2) 위험성

① 외부의 산소공급 없이도 자기연소 하므로 연소속도가 빠르고 폭발적이다.

② 강산화제, 강산류와 혼합한 것은 발화를 촉진시키고 위험성도 증가한다.

③ 아조화합물, 디아조화합물, 히드라진유도체는 고농도인 경우 충격에 민감하여 연소 시 순간적인 폭발로 이어질 수 있다.

④ 니트로화합물은 화기 · 가열 · 충격 · 마찰에 민감하여 폭발위험이 있다.

(3) 저장 · 취급방법

① 점화원으로부터 멀리 저장한다.

② 가열 · 충격 · 마찰 · 타격 등을 피해야 한다.

③ 강산화제, 강산류, 기타 물질이 혼입되지 않도록 해야 한다.

④ 화재 발생 시 소화가 곤란하므로 소분하여 저장한다.

(4) 소화방법

① 화재 초기에는 다량의 물로 주수소화한다(화재 초기 이외는 소화가 어렵다).

② 소화가 어려울 경우에는 가연물이 모두 연소할 때까지 화재의 확산을 막아야 한다.

③ 물질 자체가 산소를 함유하고 있으므로 질식소화는 효과적이지 않다.

3. 제5류 위험물의 종류별 특성

(1) 유기과산화물(지정수량 : 10kg)

종류	특징	
과산화벤조일 $[(C_6H_5CO)_2O_2]$ (벤조일퍼옥사이드, BPO)	구조식	
	• 무색, 무미 결정 • 융점 : 약 103℃(융점 이상이 되면 흰 연기를 내며 분해) • 약한 아몬드 냄새 • 벤젠에 녹고, 알코올에 약간 녹음 • 물에 녹지 않음 • 건조 상태에서 위험성이 증가하므로 수분이 10% 이하가 되지 않게 보관 필요 • 불활성 희석제[프탈산디메틸($C_{10}H_{10}O_4$), 프탈산디부틸($C_{16}H_{22}O_4$)]를 첨가하여 폭발성을 낮춤	
과산화메틸에틸케톤 (MEKPO) ($C_8H_{16}O_4$)	구조식	
	• 무색 액체 • 톡 쏘는 냄새 • 상온에서는 안정적, 40℃에서 분해 시작, 110℃ 이상에서 급격히 분해	

종류	특징	
과산화초산 (CH_3COOOH)	구조식	(구조식 그림)
	자극성의 역한 냄새	
아세틸퍼옥사이드 $[(CH_3CO)_2O_2]$	구조식	(구조식 그림)
	인화점 : 45℃	

(2) 질산에스테르류(지정수량 : 10kg)

종류	특징
니트로셀룰로오스 ($C_{24}H_{36}N_8O_{38}$) (질화면, 질산섬유소) (NC)	• 백색 또는 담황색의 면상 물질 • 착화점 : 180℃ • 아세톤에 녹음 • 물에 녹지 않음 • 건조 상태 시 발화 위험 • 물 또는 30% 알코올로 습윤시켜 저장 • 셀룰로오스에 혼산(진한 질산 : 진한 황산=3:1)을 반응시켜 제조 • 질화도(질산기 함유 비율)에 따라 강면약/약면약 구분 • 질소 11%의 니트로셀룰로오스를 장뇌, 알코올에 녹인 것이 셀룰로이드 • 젤라틴다이너마이트(노벨)=니트로셀룰로오스+니트로글리세린
니트로글리세린 ($C_3H_5(ONO_2)_3$) (NG)	구조식 $$CH_2 - O - NO_2$$ $$CH - O - NO_2$$ $$CH_2 - O - NO_2$$
	• 무색투명 액체(공업용 : 담황색) • 유독성 • 물에 잘 녹지 않음 • 알코올, 벤젠, 에테르 등 유기용매에 잘 녹음 • 고체 상태에서는 둔감하나 액체 상태(융점 약 14℃)에서는 충격, 마찰에 폭발할 위험이 있음 • 8℃에서 동결(겨울철 동결 위험) • 장기간 보관 시 공기 속 수분과 작용하여 가수분해 • 다이너마이트=니트로글리세린+규조토 • 제조 : 글리세린에 혼산(진한 질산+진한 황산)을 반응시켜 제조
	반응식 : 제조, 분해 반응식 제조 : CH_2-OH, $CH-OH$, CH_2-OH $+ 3HNO_3$ $\xrightarrow{H_2SO_4}$ CH_2-O-NO_2, $CH-O-NO_2$, CH_2-O-NO_2 $+ 3H_2O$ 분해 : $4C_3H_5(ONO_2)_3 \rightarrow 12CO_2 + 10H_2O + 6N_2 + O_2$

종류	특징	
니트로글리콜 $(C_2H_4N_2O_6)$	구조식	$$\begin{array}{ccc} & H\ H & H\ H \\ H-C-C-H \\ & O\quad O \\ & \mid\quad \mid \\ & NO_2\ NO_2 \end{array}$$
	• 무색, 무취 액체 • 어는점 : −22℃ • 잘 얼지 않는 다이너마이트 제조 시 니트로글리세린 일부를 대체하여 첨가	
질산메틸 (CH_3ONO_2)	구조식	$$\begin{array}{c} H \\ \mid \\ H-C-O-NO_2 \\ \mid \\ H \end{array}$$
	• 무색 액체 • 물에 녹지 않음 • 알코올, 에테르에 녹음	
질산에틸 $(C_2H_5ONO_2)$	구조식	$$\begin{array}{c} H\ H \\ \mid\ \mid \\ H-C-C-O-NO_2 \\ \mid\ \mid \\ H\ H \end{array}$$
	• 무색 액체 • 물에 녹지 않음 • 알코올, 에테르에 녹음	
셀룰로이드	니트로셀룰로오스와 장뇌를 혼합한 일종의 플라스틱	

(3) 니트로화합물(지정수량 : 200kg)

종류	특징		
트리니트로톨루엔 $[C_6H_2CH_3(NO_2)_3]$ (TNT)	구조식		

구조식 그림: 벤젠고리에 CH_3, O_2N, NO_2, NO_2

비중	융점	발화점
1.66	81℃	475℃

• 담황색 결정
• 물에 녹지 않음
• 아세톤, 알코올, 벤젠, 에테르에 잘 녹음
• 상온, 건조 상태에서 자연분해 하지 않음
• 마찰에는 둔감, 가열 · 타격 · 충격에는 폭발
• 직사광선 노출 시 다갈색으로 변함
• 톨루엔에 질산과 황산의 혼산을 반응시켜 제조
• 폭약의 원료

종류	특징	
트리니트로톨루엔 [C₆H₂CH₃(NO₂)₃] (TNT)	반응식	• 제조 : [톨루엔]　[질산]　[황산]　　[TNT]　　[물] • 분해 : $2C_6H_2CH_3(NO_2)_3 \rightarrow 12CO + 2C + 3N_2 + 5H_2$
트리니트로페놀 [C₆H₂OH(NO₂)₃] (피크린산) (피크르산) (TNP)	구조식	
		융점 | 발화점 121℃ | 300℃ • 순수한 것은 백색 결정, 공업용은 황색 결정 • 쓴맛, 유독성 • 온수, 알코올, 에테르, 벤젠에 잘 녹음 • 냉수에 잘 안 녹음 • 상온, 건조 상태에서 자연분해 하지 않음 • 단독으로 있을 경우 안정, 가연물과의 혼합은 폭발 • 납과 화합하여 예민한 금속염 만듦 • 폭약, 살충제, 로켓연료의 산화제 등에 이용
	반응식	제조 : [페놀]　[질산]　[황산]　　[피크린산]　　[물]
테트릴 (C₇H₅N₅O₈)	구조식	
		• 담황색 주상결정(순수한 것은 백색) • 아세톤, 벤젠 등 유기용제에 녹음 • 물에 안 녹음
디니트로벤젠 [C₆H₄(NO₂)₂]	구조식	
	고체	

※ 표 내용 정리

융점 / 발화점

융점	발화점
121℃	300℃

종류	특징	
디니트로톨루엔 [$C_6H_3CH_3(NO_2)_2$]	구조식	
	담황색 결정	
디니트로페놀 [$C_6H_3OH(NO_2)_2$]	구조식	
	고체	
디니트로아닐린 [$C_6H_3NH_2(NO_2)_2$]	구조식	
	고체	

(4) 니트로소화합물(지정수량 : 200kg)

① 구조 : 니트로소기(-NO)를 가진 화합물이다.

② 종류 : 디니트로소펜타메틸렌테트라민, 디니트로소레조르시놀, 파라디니트로소벤젠

(5) 아조화합물(지정수량 : 200kg)

① 구조 : 아조기(-N = N-)가 탄소와 결합되어 있는 화합물이다.

② 종류 : 아조벤젠, 히드록시아조벤젠

(6) 디아조화합물(지정수량 : 200kg)

① 구조 : 디아조기(-N≡N)가 탄소와 결합되어 있는 화합물이다.

② 종류 : 디아조메탄, 디아조디니트로페놀

(7) 히드라진유도체(지정수량 : 200kg)

① 구조 : 히드라진(N_2H_4)으로부터 유도된 화합물이다(산소를 포함하지 않는다).

② 종류 : 염산히드라진, 황산히드라진, 메틸히드라진, 페닐히드라진

(8) 히드록실아민, 히드록실아민염류(지정수량 : 100kg)

① 히드록실아민(NH_2OH) : 무색투명 액체

② 히드록실아민염류 : 염산히드록실아민, 황산히드록실아민

(9) 그 밖에 행정안전부령으로 정하는 것

① 금속의 아지화합물 : 아지드화나트륨(NaN_3), 아지드화납(질화납)($Pb(N_3)_2$), 아지드화은(AgN_3)

② 질산구아니딘($CH_6N_4O_3$)

01 다음 품명에 알맞은 지정수량을 쓰시오.

1) 디아조화합물	2) 히드라진유도체
3) 유기과산화물	4) 니트로소화합물
5) 질산에스테르류	6) 니트로화합물
7) 히드록실아민염류	

정답 1) 200kg, 2) 200kg, 3) 10kg, 4) 200kg, 5) 10kg, 6) 200kg, 7) 100kg

해설 **제5류 위험물**

품명		지정수량	위험등급
1. 유기과산화물		10kg	I
2. 질산에스테르류			
3. 니트로화합물		200kg	II
4. 니트로소화합물			
5. 아조화합물			
6. 디아조화합물			
7. 히드라진 유도체			
8. 히드록실아민		100kg	
9. 히드록실아민염류			
10. 그 밖에 행정안전부령으로 정하는 것	1. 금속의 아지화합물	10kg, 100kg, 200kg	I, II
	2. 질산구아니딘		
11. 제1호 내지 제10호의 1에 해당하는 어느 하나 이상을 함유한 것			

02 과산화초산 10kg, 질산메틸 20kg, 아조벤젠 100kg, 히드록실아민 50kg을 저장하고 있는 경우의 지정수량 배수를 구하시오.

정답 4배

해설 • 과산화초산 지정수량 : 10kg
• 질산메틸 지정수량 : 10kg
• 아조벤젠 지정수량 : 200kg
• 히드록실아민 지정수량 : 100kg
• 지정수량의 배수 = 위험물 저장수량/위험물 지정수량
• 지정수량 배수의 합 = 10/10 + 20/10 + 100/200 + 50/100 = 4배

03 제5류 위험물 중 위험등급 I 에 해당하는 품명을 모두 쓰시오. (단, 해당 사항이 없으면 "해당 사항 없음"이라고 쓰시오.)

정답   유기과산화물, 질산에스테르류

해설   **제5류 위험물**

품명		지정수량	위험등급
1. 유기과산화물		10kg	I
2. 질산에스테르류			
3. 니트로화합물		200kg	II
4. 니트로소화합물			
5. 아조화합물			
6. 디아조화합물			
7. 히드라진 유도체			
8. 히드록실아민		100kg	
9. 히드록실아민염류			
10. 그 밖에 행정안전부령으로 정하는 것	1. 금속의 아지화합물	10kg, 100kg, 200kg	I, II
	2. 질산구아니딘		
11. 제1호 내지 제10호의 1에 해당하는 어느 하나 이상을 함유한 것			

04 [보기]에서 제5류 위험물의 공통성질로 옳지 않은 것만을 골라 번호를 쓰고, 옳게 고쳐서 쓰시오. (단, 해당되는 것이 없으면 "없음"이라고 쓰시오.)

┤ 보기 ├
① 외부로부터 산소의 공급 없이도 가열 · 충격 등에 의해 연소폭발을 일으킬 수 있는 자기연소를 일으킨다.
② 연소속도가 대단히 빠르고 폭발적이다.
③ 물에 녹지 않고, 물과의 반응 위험성이 크지 않다.
④ 비중이 1보다 작다.
⑤ 모두 가연성 물질이고 연소할 때 다량의 가스를 발생시킨다.
⑥ 시간의 경과에 따라 자연발화의 위험성이 있다.
⑦ 모두 유기화합물이므로 가열, 충격, 마찰 등으로 폭발의 위험이 있다.
⑧ 모두 질소를 함유한 유기질소화합물이다.

정답   ④ 비중이 1보다 크다.
⑦ 대부분이 유기화합물(히드라진유도체 제외)이므로 가열, 충격, 마찰 등으로 폭발의 위험이 있다.
⑧ 대부분이 질소를 함유한 유기질소화합물(유기과산화물 제외)이다.

05 제5류 위험물 화재의 소화방법을 쓰시오.

정답 화재 초기에는 다량의 물로 주수소화한다.

해설 **제5류 위험물의 소화방법**
- 화재 초기에는 다량의 물로 주수소화한다(화재 초기 이외는 소화가 어렵다).
- 소화가 어려울 경우에는 가연물이 모두 연소할 때까지 화재의 확산을 막아야 한다.
- 물질 자체가 산소를 함유하고 있으므로 질식소화는 효과적이지 않다.

06 [보기]에서 설명하는 위험물의 구조식을 쓰시오.

┤ 보기 ├
- 제5류 위험물이다.
- 약한 아몬드 냄새가 난다.
- 약 103℃에서 흰 연기를 내며 분해한다.

정답

해설 [보기]의 위험물은 과산화벤조일이다.

07 과산화벤조일의 희석제로 사용하는 물질 2가지의 명칭을 쓰시오.

정답 프탈산디메틸, 프탈산디부틸

08 과산화메틸에틸케톤의 구조식을 쓰시오.

정답

09 과산화초산의 구조식을 쓰시오.

정답

10 [보기]에서 설명하는 위험물의 지정수량을 쓰시오.

> ┤ 보기 ├
> • 제5류 위험물이다.　　　　　　　　　• 백색 또는 담황색의 면상물질이다.
> • 착화점이 180℃이다.　　　　　　　　• 질화도에 따라 강면약, 약면약으로 구분한다.

　정답　10kg

　해설　[보기]의 위험물은 니트로셀룰로오스이다. 니트로셀룰로오스의 품명은 질산에스테르이다.

11 다이너마이트의 원료로, 겨울철 동결될 위험이 있는 위험물의 구조식을 그리시오.

　정답　$CH_2 - O - NO_2$
　　　　　$|$
　　　　　$CH - O - NO_2$
　　　　　$|$
　　　　　$CH_2 - O - NO_2$

　해설　문제에서 설명하는 위험물은 니트로글리세린이다.

12 니트로글리세린의 분해반응식을 쓰시오.

　정답　$4C_3H_5(ONO_2)_3 \rightarrow 12CO_2 + 10H_2O + 6N_2 + O_2$

13 니트로글리세린의 제조방법을 쓰시오.

　정답　글리세린에 진한질산과 진한 황산을 반응시켜(니트로화하여) 제조한다.

　해설　**니트로글리세린의 제조 반응식**

$$CH_2 - OH \atop CH - OH \atop CH_2 - OH \quad + 3HNO_3 \quad \xrightarrow{H_2SO_4} \quad CH_2 - O - NO_2 \atop CH - O - NO_2 \atop CH_2 - O - NO_2 \quad + 3H_2O$$

14 잘 얼지 않는 다이너마이트를 제조하기 위해 니트로글리세린의 일부를 대체하여 첨가하는 위험물의 구조식을 그리시오.

정답

```
    H   H
    |   |
H – C – C – H
    |   |
    O   O
    |   |
   NO₂ NO₂
```

해설 문제에서 설명하는 위험물은 니트로글리콜이다(어는점 : -22℃).

15 제5류 위험물인 질산에틸의 구조식을 그리시오.

정답

```
    H   H
    |   |
H – C – C – O – NO₂
    |   |
    H   H
```

16 [보기]에서 설명하는 위험물의 분해반응식을 쓰시오.

┤ 보기 ├
- 담황색의 결정이다.
- 비중이 1.66, 융점이 81℃이다.
- 직사광선 노출 시 다갈색으로 변한다.
- 톨루엔에 질산과 황산의 혼산을 반응시켜 제조한다.

정답 $2C_6H_2CH_3(NO_2)_3 \rightarrow 12CO + 2C + 3N_2 + 5H_2$

해설 [보기]의 위험물은 트리니트로톨루엔이다.

17 트리니트로톨루엔의 제조방법을 쓰시오.

정답 톨루엔에 진한질산과 진한황산을 반응시켜(니트로화하여) 제조한다.

해설 **트리니트로톨루엔의 제조 반응식**

- 제조 :

18 피크린산의 분자량을 구하시오.

정답 229

해설 • 피크린산(트리니트로페놀)의 구조

$$\underset{\displaystyle NO_2}{O_2N \overset{\displaystyle OH}{\bigcirc} NO_2}$$

• 분자량 $= 12 \times 6 + 14 \times 3 + 16 \times 7 + 1 \times 3 = 229$

19 피크린산의 발화점을 쓰시오.

정답 300℃

20 다음 위험물의 시성식을 쓰시오.

1) 디니트로아닐린	2) 디니트로페놀

정답 1) $C_6H_3NH_2(NO_2)_2$
　　　　2) $C_6H_3OH(NO_2)_2$

해설 **위험물의 구조식**

1) 디니트로아닐린

$$\underset{}{\overset{\displaystyle NH_2}{\bigcirc}} \underset{NO_2}{\overset{NO_2}{}}$$

2) 디니트로페놀

$$\underset{O_2N}{\overset{\displaystyle OH}{\bigcirc}} NO_2$$

21 [보기]에서 지정수량이 100kg인 것을 모두 쓰시오.

┤ 보기 ├
- 염산히드록실아민
- 파라디니트로소벤젠
- 과산화벤조일
- 디아조메탄
- 테트릴

정답 염산히드록실아민

해설 **위험물의 지정수량**

위험물	염산히드록실아민	디아조메탄	파라디니트로소벤젠	테트릴	과산화벤조일
품명	히드록실아민염류	디아조화합물	니트로소화합물	니트로화합물	유기과산화물
지정수량	100kg	200kg	200kg	200kg	10kg

22 [보기]의 위험물을 발화점이 낮은 것부터 높은 것 순서대로 나열하여 쓰시오.

┤ 보기 ├
- 니트로셀룰로오스
- 트리니트로톨루엔
- 피크린산

정답 니트로셀룰로오스, 피크린산, 트리니트로톨루엔

해설 **위험물의 발화점**

위험물	니트로셀룰로오스	피크린산	트리니트로톨루엔
발화점	180℃	300℃	475℃

6류 위험물(산화성 액체)

1. 품명, 지정수량, 위험등급

품명		지정수량	위험등급
1. 과염소산			
2. 과산화수소			
3. 질산		300kg	I
4. 그 밖에 행정안전부령으로 정하는 것			
5. 제1호 내지 제4호의 1에 해당하는 어느 하나 이상을 함유한 것	할로겐간화합물		

2. 품명 정의

① 과산화수소 : **농도**가 **36wt%** 이상인 것
② 질산 : **비중**이 **1.49** 이상인 것

3. 제6류 위험물의 성질

(1) 성질

① 부식성 및 유독성이 강한 강산화제이다.
② 산소를 많이 포함하여 다른 가연물의 연소를 돕는다.
③ 비중이 1보다 크며, 물에 잘 녹는다.
④ 가연물 및 분해를 촉진하는 약품과 접촉하면 분해 폭발한다.
⑤ 물과 접촉 시 발열한다.
⑥ 과산화수소를 제외하고 강산성 물질이다.

(2) 위험성

① 자신은 불연성 물질이지만 산화성이 커 다른 물질의 연소를 돕는다.
② 강환원제, 일반 가연물, 유기물과 혼합한 것은 접촉발화하거나 가열 등에 의해 위험한 상태가 된다.
③ 과산화수소를 제외하고 물과 접촉하면 심하게 발열한다.

(3) 저장 · 취급방법

① 물 · 가연물 · 유기물 · 고체의 산화제(제1류)와 접촉을 피해야 한다.
② 내산성 저장용기를 사용한다.

(4) 소화방법

① 마른 모래, 포 소화기를 사용한다.

② 소량 누출 또는 과산화수소 화재 시에는 다량의 물로 주수소화한다.

4. 제6류 위험물의 종류별 특성

(1) 과염소산(지정수량 : 300kg)

종류	특징	
과염소산 ($HClO_4$)	• 무색 · 무취의 액체 • 융점 : −112℃ • 독성이 강함 • 물과 접촉 시 심하게 발열 • 폭발위험이 없음 • 흡습성 우수(탈수제로 이용) • 공기 중 방치 시 분해 • 염소산 중 가장 강한 산 (산의 세기 : $HClO_4 > HClO_3 > HClO_2 > HClO$ 산소의 함유량이 많을수록 세다.)	
	반응식	분해 : $HClO_4 \rightarrow HCl + 2O_2$

(2) 과산화수소(지정수량 : 300kg)

종류	특징	
과산화수소 (H_2O_2)	• 무색 액체 • 물보다 점성이 약간 큼 • 물, 알코올, 에테르에 녹음 • 벤젠, 석유에 녹지 않음 • 일광에 의해 분해하므로 갈색 병에 보관 • 이산화망간(정촉매, MnO_2)이 분해 촉진 • 분해방지 안정제 : 인산, 요산 등을 사용 • 보관용기는 구멍 뚫린 마개 사용(용기 내압상승 방지) • 표백, 살균 작용(분해되며 발생기산소[O] 발생) • 농도 3wt% 수용액 : 소독약 • 농도 60wt% 이상 : 충격 · 마찰에 의해 단독으로 분해폭발 • 히드라진과 반응하여 분해폭발	
	반응식	• 분해 : $2H_2O_2 \rightarrow 2H_2O + O_2$ • 히드라진 : $2H_2O_2 + N_2H_4 \rightarrow 4H_2O + N_2$

(3) 질산(지정수량 : 300kg)

종류	특징	
질산 (HNO₃)	• 무색 액체 • 휘발성, 부식성, 강한 산화성, 흡습성 • 금(Au), 백금(Pt) 등을 제외한 대부분의 금속을 부식 • 직사광선에 의해 분해하므로 빛을 차단하여 보관 • 물과 접촉 시 심하게 발열 • 황, 목탄분, 탄소 등의 물질과 혼합 시 폭발 • 진한 질산은 Al, Co, Fe, Ni와 반응하여 부동태(금속 표면에 산화피막을 입혀 더 이상 산화되지 않는 상태)를 형성 • 단백질(피부)과 반응하면 황색으로 변함(크산토프로테인＝잔토프로테인반응, 단백질 검출반응, 단백질 발색반응) • 왕수(염산 : 질산＝3:1) 제조에 이용 • 발연질산 : 진한 질산에 이산화질소를 녹인 물질 • 질산을 분해하면 이산화질소(NO_2 : 적갈색, 유독성) 증기 생성	
	반응식	분해 : $4HNO_3 \rightarrow 4NO_2 + 2H_2O + O_2$

01 다음 품명에 알맞은 지정수량을 쓰시오.

> 1) 할로겐간 화합물　　　　　　　　2) 질산
> 3) 과염소산　　　　　　　　　　　4) 과산화수소

정답　1) 300kg, 2) 300kg, 3) 300kg, 4) 300kg

해설　제6류 위험물의 지정수량은 모두 300kg이다.

02 제6류 위험물 중 질산의 위험등급을 쓰시오.

정답　Ⅰ등급

해설　제6류 위험물의 위험등급은 모두 Ⅰ등급이다.

03 과산화수소가 위험물이 될 수 있는 조건을 쓰시오.

정답　농도가 36wt%(중량퍼센트) 이상인 것이 위험물이다.

04 질산이 위험물이 될 수 있는 조건을 쓰시오.

정답　비중이 1.49 이상인 것이 위험물이다.

05 [보기]에서 제6류 위험물의 공통성질로 옳지 않은 것만을 골라 번호를 쓰고, 옳게 고쳐서 쓰시오. (해당되는 것이 없으면 "없음"이라고 쓰시오.)

┤ 보기 ├
① 부식성 및 유독성이 강한 강산화제이다.
② 산소를 많이 포함하여 다른 가연물의 연소를 돕는다.
③ 비중이 1보다 작으며, 물에 잘 녹는다.
④ 가연물 및 분해를 촉진하는 약품과 접촉하면 분해 폭발한다.
⑤ 물과 접촉 시 발열한다.

정답 ③ 비중이 1보다 크며, 물에 잘 녹는다.

06 제6류 위험물 화재의 소화방법을 쓰시오.

정답 물을 이용한 주수소화 또는 포 소화기, 마른 모래를 사용하여 소화한다.

해설 **제6류 위험물의 소화방법**
- 마른 모래, 포 소화기를 사용한다.
- 소량 누출 또는 과산화수소 화재 시에는 다량의 물로 주수소화한다.

07 [보기]에서 설명하는 위험물의 화학식을 쓰시오.

┤ 보기 ├
- 독성이 강한 제6류 위험물이다.
- 흡습성이 우수하여 탈수제로 이용한다.
- 물과 접촉 시 심하게 발열하고, 산화성이 크다.
- 폭발위험이 없다.

정답 $HClO_4$

해설 [보기]의 위험물은 과염소산이다.

08 [보기]의 물질 중 산의 세기를 비교하여 가장 센 산부터 약한 순으로 나열하시오.

┤ 보기 ├
- $HClO$
- $HClO_3$
- $HClO_2$
- $HClO_4$

정답 $HClO_4 > HClO_3 > HClO_2 > HClO$

해설 산소의 함유량이 많을수록 센 산이다.

09 [보기]에서 설명하는 위험물의 분해방지안정제 2가지의 명칭을 쓰시오.

> ┤ 보기 ├
> - 물보다 점성이 약간 큰 무색 액체이다.
> - 일광에 의해 분해하므로 갈색 병에 보관한다.
> - 분해되며 발생기산소를 발생하여 표백, 살균작용을 한다.
> - 농도 3%는 소독약으로 이용한다.

정답 인산, 요산

해설 [보기]의 위험물은 과산화수소이다.

10 과산화수소와 히드라진의 반응식을 쓰시오.

정답 $2H_2O_2 + N_2H_4 \rightarrow 4H_2O + N_2$

11 과산화수소가 충격에 의해 단독으로 분해폭발할 수 있는 농도를 쓰시오.

정답 60중량% 이상

해설 과산화수소 농도가 60wt%(중량%) 이상이 되면 충격·마찰에 의해 단독으로 분해폭발할 수 있다.

12 [보기]에서 설명하는 위험물의 분해반응식을 쓰시오.

> ┤ 보기 ├
> - 왕수 제조에 이용한다.   - 크산토프로테인 반응을 한다.
> - 금속을 부식시킨다.

정답 $4HNO_3 \rightarrow 4NO_2 + 2H_2O + O_2$

해설 [보기]의 위험물은 질산이다.

13 진한 질산과 Fe이 반응하여 형성하는 것을 무엇이라 하는지 쓰시오.

정답 부동태

해설 부동태란 금속 표면에 산화피막을 입혀 더 이상 산화되지 않는 상태를 말한다.

14 질산의 보관방법을 쓰시오.

정답 직사광선에 의해 분해하므로 빛을 차단하여 보관한다.

위험물기능사 실기 한권완성
Craftsman Hazardous material

PART

03

화재예방 및 소화방법

CHAPTER 01 연소 · 화재 · 소화이론

<table>
<tr><td>SECTION 1</td><td>연소이론</td></tr>
</table>

1. 연소의 정의

물질이 빛이나 열 또는 불꽃을 내면서 빠르게 산소와 결합하는 반응으로 가연물이 공기 중의 산소 또는 산화제와 반응하여 열과 빛을 발생하면서 산화하는 현상이다.

2. 연소의 3요소

① 연소가 되기 위한 필수 조건으로 가연물, 산소공급원, 점화원을 말한다.

② 연소의 3요소 중 하나라도 빠지면 연소가 이루어지지 않는다.

가연물	• 불에 잘 타거나 또는 그러한 성질을 가지고 있는 물질 • 가연물, 이연물, 환원물
산소공급원	• 연소반응이 일어나도록 산소를 공급해주는 물질 • 산소, 공기, 조연성가스, 제1 · 5 · 6류 위험물
점화원	가연물이 연소를 시작할 때 필요한 열에너지 또는 불씨 등

| 연소의 3요소 |

※ 연소의 4요소 : 가연물, 산소공급원, 점화원, 순조로운 연쇄반응

3. 연소범위(폭발범위)

① 연소가 가능한 가연물과 공기의 혼합비율의 범위이다.

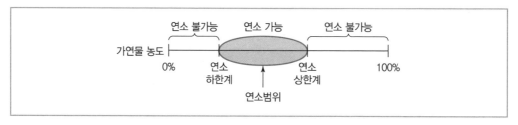

※ 연소범위는 물질마다 다르다.

② 연소한계

연소하한계(L)	• 공기 중의 산소농도에 비하여 가연성 기체의 수가 너무 적어서 연소가 일어날 수 없는 한계 • 연료 부족, 산소 과잉
연소상한계(U)	• 산소에 비하여 가연성 기체의 수가 너무 많아서 연소가 일어날 수 없는 한계 • 연료 과잉, 산소 부족

③ 혼합기체의 폭발범위(연소범위)

폭발하한계(L)	$\dfrac{100}{L} = \dfrac{\text{A의 농도(\%)}}{\text{A의 폭발하한}} + \dfrac{\text{B의 농도(\%)}}{\text{B의 폭발하한}} + \dfrac{\text{C의 농도(\%)}}{\text{C의 폭발하한}} + \cdots$
폭발상한계(U)	$\dfrac{100}{U} = \dfrac{\text{A의 농도(\%)}}{\text{A의 폭발상한}} + \dfrac{\text{B의 농도(\%)}}{\text{B의 폭발상한}} + \dfrac{\text{C의 농도(\%)}}{\text{C의 폭발상한}} + \cdots$

예제 디에틸에테르(연소범위 1.7~48%) 70%와 아세트알데히드(연소범위 4~60%) 20%와 벤젠(연소범위 1.4~8%) 10%로 이루어진 혼합기체의 연소범위 구하기

• 연소하한계(L) : $\dfrac{100}{L} = \dfrac{70}{1.7} + \dfrac{20}{4} + \dfrac{10}{1.4} \Rightarrow L = \dfrac{100}{\dfrac{70}{1.7} + \dfrac{20}{4} + \dfrac{10}{1.4}} = 1.9$

• 연소상한계(U) : $\dfrac{100}{U} = \dfrac{70}{48} + \dfrac{20}{60} + \dfrac{10}{8} \Rightarrow U = \dfrac{100}{\dfrac{70}{48} + \dfrac{20}{60} + \dfrac{10}{8}} = 32.9$

∴ 혼합기체의 연소범위 : 1.9~32.9%

4. 위험도

① 가연성가스 또는 증기의 위험도를 나타내는 척도이다.

$$H = \dfrac{U - L}{L}$$

여기서, H : 위험도

U : 연소상한계(폭발상한계)

L : 연소하한계(폭발하한계)

② 연소하한계가 낮고 연소범위가 넓을수록 위험도가 크다.

5. 연소의 형태

① 기체의 연소

예혼합연소	• 미리 기체 연료와 공기를 혼합하여 버너로 공급하여 연소시키는 방식이다. • 공기와 연료를 미리 혼합해 두어서 연소반응이 신속히 행해질 수 있다. 예 LPG 차량의 엔진실 연소
확산연소	• 연료와 공기를 혼합시키지 않고, 연료만 버너로부터 분출시켜 연소에 필요한 공기는 모두 화염의 주변에서 확산에 의해 공기와 연료를 서서히 혼합시키면서 연소시키는 방식이다. • 기체 연료의 연소법으로 많이 이용한다(가스레인지). 예 메탄, 암모니아, 아세틸렌, 일산화탄소, 수소 등
폭발연소 **(비정상연소)**	• 밀폐용기 안에 많은 양의 가연성 가스와 산소가 혼합되어 있을 때 점화되어 일시에 폭발적으로 연소하는 현상이다.

② 액체의 연소

증발연소	• 가연성 물질을 가열했을 때 열분해를 일으키지 않고 액체 표면에서 그대로 증발한 가연성 증기가 공기와 혼합해서 연소하는 것이다. 예 알코올, 석유(휘발유, 등유, 경유), 아세톤 등 가연성 액체
분해연소	• 점도가 높고 비휘발성인 액체가 고온에서 열분해에 의해 가스로 분해되고, 그 분해되어 발생한 가스가 공기와 혼합하여 연소하는 현상이다. 예 중유, 아스팔트 등
분무연소 **(액적연소)**	• 버너 등을 사용하여 연료유를 기계적으로 무수히 작은 오일 방울로 미립화(분무)하여 증발 표면적을 증가시킨 채 연소시키는 것이다. 예 벙커C유 등

③ 고체의 연소

증발연소	• 가연성 물질(고체)을 가열했을 때 열분해를 일으키지 않고 액체로, 그 액체가 기체 상태로 변하여 그 기체가 연소하는 현상이다. 예 유황, 나프탈렌, 왁스, 파라핀(양초) 등
분해연소	• 가연성 물질(고체)의 열분해에 의해 발생한 가연성 가스가 공기와 혼합하여 연소하는 현상이다. 예 목재, 석탄, 종이, 플라스틱, 섬유, 고무 등
표면연소 **(무연연소)**	• 가연성 고체가 그 표면에서 산소와 발열 반응을 일으켜 타는 연소형식이다. • 열분해에 의한 가연성 가스를 발생하지 않는다. 예 숯, 코크스, 목탄, 금속분
자기연소 **(내부연소)**	• 공기 중의 산소가 필요하지 않고, 가연물 자체적으로 지닌 산소를 이용하여 내부연소하는 형태이다. 예 제5류 위험물(니트로셀룰로오스, 셀룰로이드, TNT 등)

화재이론

1. 화재

사람의 의도에 반하여 발생하며 소화할 필요가 있는 연소현상이다.

2. 가연물에 따른 화재의 분류

구분	화재 종류	표시색	가연물
A급 화재	일반화재	백색	종이, 나무, 폴리에틸렌, 석탄 등
B급 화재	유류화재	황색	기름, 톨루엔 등
C급 화재	전기화재	청색	전기기기 등
D급 화재	금속화재	무색	금속분말 등
K급 화재(F급 화재)	주방화재	–	식용유 등

암기필수 – 화재별 가연물 및 표시색 연상방법

구분	암기법	가연물(타는 물질)	화재종류	표시색
A급 화재	A4 용지	**A4 용지**	일반화재	**A4용지**＝백색
B급 화재	Bus	**기름**	유류화재	**기름**＝황색
C급 화재	Computer	**전기기기**	전기화재	**블루**스크린(컴퓨터 고장)
D급 화재	Diamond	**(귀)금속**	금속화재	다이아몬드＝무색

소화이론

1. 소화

연소의 반대 개념으로, 연소의 4요소(가연물, 산소공급원, 점화원, 연쇄반응) 중 하나 이상 또는 전부를 제거할 시 소화되는 원리이다.

2. 소화의 종류

소화의 종류		제거되는 연소 구성요소(연소의 4요소)
제거소화	⇔	가연물
질식소화	⇔	산소공급원
냉각소화	⇔	점화원(열)
억제소화(부촉매소화)	⇔	연쇄반응

적중 핵심예상문제

01 연소의 3요소를 쓰시오.

정답 　가연물, 산소공급원, 점화원

02 다음의 혼합기체의 폭발범위를 구하시오.

기체물질	A	B	C
농도 비율	50%	30%	20%
폭발범위	5~15%	3~12%	2~10%

정답 　3.33~12.77%

해설 　• 혼합기체의 폭발하한(L) : $\dfrac{100}{L} = \dfrac{50}{5} + \dfrac{30}{3} + \dfrac{20}{2}$

$\therefore L = \dfrac{100}{\dfrac{50}{5} + \dfrac{30}{3} + \dfrac{20}{2}} = 3.33$

• 혼합기체의 폭발상한(U) : $\dfrac{100}{U} = \dfrac{50}{15} + \dfrac{30}{12} + \dfrac{20}{10}$

$\therefore U = \dfrac{100}{\dfrac{50}{15} + \dfrac{30}{12} + \dfrac{20}{10}} = 12.77$

03 아세톤의 위험도를 구하시오. (단, 아세톤의 연소범위는 2~13vol%이다.)

정답 　5.5

해설 　위험도 = (U-L)/L = (13-2)/2 = 5.5

04 이황화탄소의 연소범위가 1~44%라고 할 때 위험도를 구하시오.

정답 　43

해설 　위험도 = (U-L)/L = (44-1)/1 = 43

05 에틸알코올의 위험도를 구하시오.

정답 7.94

해설 위험도 = (U-L)/L = (27.7-3.1)/3.1 = 7.94

06 벤젠의 위험도를 구하시오. (단, 벤젠의 연소범위는 1.4~8%이다.)

정답 4.71

해설 위험도 = (U-L)/L = (8-1.4)/1.4 = 4.71

07 제5류 위험물의 연소형태를 쓰시오.

정답 자기연소

해설 **고체의 연소형태**

증발연소	유황, 나프탈렌, 왁스, 파라핀(양초) 등
분해연소	목재, 석탄, 종이, 플라스틱, 섬유, 고무 등
표면연소(무연연소)	숯, 코크스, 목탄, 금속분
자기연소(내부연소)	제5류 위험물(니트로셀룰로오스, 셀룰로이드, TNT 등)

08 제2류 위험물 중 아연분의 연소형태를 쓰시오.

정답 표면연소

해설 **고체의 연소형태**

증발연소	유황, 나프탈렌, 왁스, 파라핀(양초) 등
분해연소	목재, 석탄, 종이, 플라스틱, 섬유, 고무 등
표면연소(무연연소)	숯, 코크스, 목탄, 금속분
자기연소(내부연소)	제5류 위험물(니트로셀룰로오스, 셀룰로이드, TNT 등)

09 제4류 위험물 중 벙커C유의 연소형태를 쓰시오.

정답 분무연소(액적연소)

해설 **액체의 연소형태**

증발연소	알코올, 석유(휘발유, 등유, 경유), 아세톤 등 가연성 액체
분해연소	중유, 아스팔트 등
분무연소(액적연소)	벙커C유 등

10 제거소화는 연소의 3요소 중 어떠한 것을 제거한 것인지 쓰시오.

정답 가연물

해설 **소화의 종류와 연소의 3요소(4요소)**

소화의 종류		제거되는 연소 구성요소(연소의 4요소)
제거소화	⇔	가연물
질식소화	⇔	산소공급원
냉각소화	⇔	점화원(열)
억제소화(부촉매소화)	⇔	연쇄반응

CHAPTER 02 소화약제 · 소화설비

SECTION 1 **소화약제 · 소화설비**

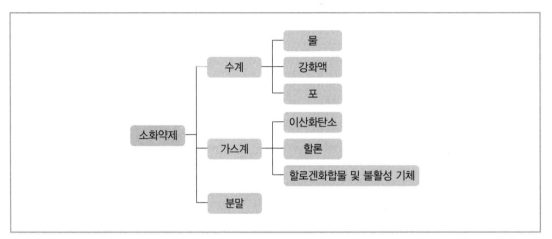

| 소화약제의 종류 |

1. 물 소화약제

(1) 소화약제 특성

① 소화효과 : **냉각효과**, 질식효과, 희석효과, 유화효과

② 방사방법

주수방법	모양	적응화재	주 소화효과	설비
봉상주수	긴 봉	A급	냉각효과, 타격효과	옥내 · 외 소화전
적상주수	물방울	A급	냉각효과, 질식효과	스프링클러설비
무상주수	안개	A · B · C급	질식효과, 냉각효과, 유화효과	미분무 · 물분무설비

(2) 소화설비 설치기준

① 옥내소화전설비

구분	기준
설치장소	• 옥내소화전의 개폐밸브 및 호스접속구는 바닥면으로부터 **1.5m 이하**의 높이에 설치한다. • 옥내소화전은 제조소 등의 건축물의 층마다 당해 층의 각 부분에서 하나의 호스접속구까지의 수평거리가 **25m 이하**가 되도록 설치한다. • 옥내소화전은 각층의 출입구 부근에 **1개 이상** 설치한다.
수원의 수량	7.8m^3×설치개수(최대 5개)
방수량	260L/min 이상
방수압력	350kPa 이상

② 옥외소화전설비

구분	기준
설치장소	• 방호대상물의 각 부분(건축물은 **1층** 및 **2층**만 해당)에서 하나의 호스접속구까지의 수평거리가 **40m 이하**가 되도록 설치한다. • 설치개수가 1개일 때는 **2개**로 설치한다.
수원의 수량	13.5m^3×설치개수(최대 4개)
방수량	450L/min 이상
방수압력	350kPa 이상

③ 스프링클러설비

㉠ 스프링클러 헤드

구분	기준
설치 위치	• 헤드는 방호대상물의 **천장** 또는 건축물의 **최상부** 부근에 설치한다. • 방호대상물의 각 부분에서 하나의 스프링클러헤드까지의 수평거리가 **1.7m**(살수밀도의 기준을 충족하는 경우에는 **2.6m**) **이하**가 되도록 설치한다. • 방호대상물의 모든 표면이 헤드의 유효사정 내에 있도록 설치한다.
개방형 헤드	• 반사판으로부터 **하방 0.45m**, **수평방향 0.3m**의 공간을 보유한다. • 스프링클러헤드는 헤드의 축심이 당해 헤드의 부착면에 대하여 **직각**이 되도록 설치한다.
폐쇄형 헤드	• 가연성 물질 수납부 : 반사판으로부터 **하방 0.9m**, **수평방향 0.4m**의 공간을 보유한다. • 개구부 : 개구부 상단으로부터 높이 **0.15m 이내**의 벽면에 설치한다. • 급배기 덕트의 긴 변 길이가 **1.2m**를 초과할 때 : 덕트 **아래면**에 설치한다.

㉡ 방사기준

구분		기준
방사구역		150m^2 이상(단, 방호대상물의 바닥면적이 150m^2 미만인 경우 : 당해 바닥면적)
수원의 수량	개방형 헤드	2.4m^3×헤드 개수
	폐쇄형 헤드	2.4m^3×30(단, 헤드 개수가 30 미만이면, 당해 설치개수를 곱함)
방수량		80L/min 이상
방수압력		100kPa 이상

④ 물분무소화설비

구분	기준
방사구역	150m² 이상(단, 방호대상물의 바닥면적이 150m² 미만인 경우 : 당해 바닥면적)
수원의 수량	$\dfrac{20L}{m^2 \cdot min} \times$ 방사구역 표면적(m²)×30min 이상
방수압력	350kPa 이상

2. 강화액 소화약제

① 소화효과 : **냉각효과, 동결방지효과**, 부촉매효과 등

② 구성성분 : 물, 탄산칼륨(K_2CO_3)

③ 특징 : pH 12 이상의 강알칼리 용액

3. 산 · 알칼리 소화약제

① 소화효과 : **냉각효과**

② 반응식

$$2NaHCO_3 \ + \ H_2SO_4 \ \rightarrow \ Na_2SO_4 \ + \ 2CO_2 \ + \ 2H_2O$$
[탄산수소나트륨]　　[황산]　　[황산나트륨]　[이산화탄소]　　[물]

※ 반응으로 생성된 이산화탄소(압력원)를 통해 약제를 방사한다.

4. 포 소화약제

(1) 소화약제 특성

① 소화효과 : **질식효과**, 냉각효과

② 적응화재 : A · B급

③ 종류 : 화학포, 기계포

　㉠ 화학포

$$6NaHCO_3 \ + \ Al_2(SO_4)_3 \cdot 18H_2O \ \rightarrow \ 3Na_2SO_4 \ + \ 2Al(OH)_3 \ + \ 6CO_2 \ + \ 18H_2O$$
[탄산수소나트륨]　　　[황산알루미늄+물]　　　[황산나트륨]　　[수산화알루미늄]　[이산화탄소]　　　[물]

　㉡ 기계포

　　• 수성막포 : 분말소화제와 병용(트윈 에이전트 시스템)하여 사용

　　• 내알코올포 : 수용성 액체 화재에 사용(보통의 포소화약제는 수용성 알코올과 만나면 포가
　　　파괴되므로, 알코올형 화재에는 내알코올 포소화약제를 사용)

(2) 소화설비 설치기준

① 포헤드 방식

구분	기준
방사구역	100m² 이상(단, 방호대상물의 바닥면적이 100m² 미만인 경우 : 당해 바닥면적)
설치 헤드 수	방호대상물의 표면적 **9m²**당 **1**개 이상의 헤드를 설치한다.
1m²당 방사량	6.5L/min 이상

② 포모니터노즐 방식

구분	기준
설치 위치	• 옥외저장탱크 또는 이송취급소의 펌프설비 등이 안벽, 부두, 해상구조물, 그 밖의 이와 유사한 장소에 설치되어 있는 경우에 당해 장소의 끝선(해면과 접하는 선)으로부터 **수평거리 15m 이내**의 해면 및 주입구 등 위험물취급설비의 모든 부분이 수평방사거리 내에 있도록 설치한다. • 설치개수가 1개인 경우에는 2개로 설치한다.
수평방사거리	30m 이상
방사량	1,900L/min 이상

5. 이산화탄소 소화약제

(1) 소화약제 특성

① 소화효과 : **질식효과**, 냉각효과, 피복효과

② 적응화재 : B · C급

③ 특징 : 액화탄산가스가 줄톰슨 효과에 의해 드라이아이스(고체 CO_2)가 되어 방출된다.

④ 이산화탄소의 최소소화농도

$$\text{vol\% } CO_2 = \frac{21 - \text{vol\%}O_2}{21} \times 100\%$$

(2) 소화설비 설치기준

① 저장용기의 충전비

종류	충전비
고압식	1.5 이상 1.9 이하
저압식	1.1 이상 1.4 이하

② 분사헤드 방사압력

종류	방사압력
고압식(상온 용기 저장)	2.1MPa 이상
저압식(−18℃ 이하 용기 저장)	1.05MPa 이상

③ 분사헤드 방사시간

종류	방사시간
전역방출방식	소화약제의 양을 **60초** 이내에 균일하게 방사한다.
국소방출방식	소화약제의 양을 **30초** 이내에 균일하게 방사한다.

6. 할론 소화약제

(1) 소화약제 특성

① 소화효과 : **부촉매(억제)효과**, 질식효과, 냉각효과

② 적응화재 : B · C급

③ 명명법 : Halon No.의 번호는 C(탄소), F(불소), Cl(염소), Br(브롬), I(요오드)의 원자개수 순으로 구성된다(마지막 숫자가 0이면 생략).

Halon(1)(2)(3)(4)(5)

- (1) : "C"의 개수
- (2) : "F"의 개수
- (3) : "Cl"의 개수
- (4) : "Br"의 개수
- (5) : "I"의 개수(0일 경우 생략)

④ 종류

Halon No.	C	F	Cl	Br	분자식
1301	1	3	0	1	CF_3Br
1211	1	2	1	1	CF_2ClBr
1011	1	0	1	1	CH_2ClBr
2402	2	4	0	2	$C_2F_4Br_2$
1040	1	0	4	0	CCl_4

(2) 소화설비 설치기준

구분	기준
방사시간	소화약제의 양을 30초 이내에 균일하게 방사한다.
방사압력	• 할론2402 : 0.1MPa 이상 • 할론1211 : 0.2MPa 이상 • 할론1301 : 0.9MPa 이상
1m²당 방사량	6.5L/min 이상

7. 불활성가스 소화약제

① 소화효과 : **질식효과**, 냉각효과

② 적응화재 : B · C급

③ 명명법 : IG No.의 번호는 N_2(질소), Ar(아르곤), CO_2(이산화탄소)의 농도 순으로 구성된다.

> IG-(1)(2)(3)
> - (1) : N_2 농도
> - (2) : Ar 농도
> - (3) : CO_2 농도

④ 종류

불활성가스 소화약제	N_2	Ar	CO_2	구성성분
IG-01	0	1	0	Ar
IG-100	1	0	0	N_2
IG-55	5	5	0	N_2 50%, Ar 50%
IG-541	5	4	1	N_2 52%, Ar 40%, CO_2 8%

8. 분말 소화약제

(1) 소화약제 특성

① 소화효과 : **질식효과**, 부촉매(억제)효과, 냉각효과

② 적응화재 : B · C급(단, 3종 분말은 A · B · C급)

③ 종류

종류	주성분	적응화재	착색
제1종 분말	$NaHCO_3$ (탄산수소나트륨)	B · C · K급	백색
제2종 분말	$KHCO_3$ (탄산수소칼륨)	B · C급	담회색
제3종 분말	$NH_4H_2PO_4$ (제1인산암모늄)	A · B · C급	담홍색
제4종 분말	$KHCO_3+(NH_2)_2CO$ (탄산수소칼륨+요소)	B · C급	회색

④ 열분해 반응식

종류		열분해 반응식
제1종 분말	1차 열분해(270℃)	$2NaHCO_3 \rightarrow Na_2CO_3 + CO_2 + H_2O$
	2차 열분해(850℃)	$2NaHCO_3 \rightarrow Na_2O + 2CO_2 + H_2O$
	※ 탄산나트륨(Na_2CO_3) : 식용유와 반응하여 비누화반응을 일으켜 질식소화효과와 억제효과를 나타내므로 K급 화재에도 적용이 가능하다.	
제2종 분말	1차 열분해(190℃)	$2KHCO_3 \rightarrow K_2CO_3 + CO_2 + H_2O$
	2차 열분해(890℃)	$2KHCO_3 \rightarrow K_2O + 2CO_2 + H_2O$
제3종 분말	1차 열분해(190℃)	$NH_4H_2PO_4 \rightarrow H_3PO_4 + NH_3$
	완전열분해	$NH_4H_2PO_4 \rightarrow HPO_3 + NH_3 + H_2O$
	※ 메타인산(HPO_3) : 일반 가연물질(종이 등) 표면에 부착성 좋은 막을 형성하여 공기 중의 산소를 차단하는 방진작용을 하여 A급 화재에도 적용이 가능하다.	
제4종 분말	$2KHCO_3 + (NH_2)_2CO \rightarrow K_2CO_3 + 2NH_3 + 2CO_2$	

(2) 소화설비 설치기준

구분	기준
방사시간	소화약제의 양을 30초 이내에 균일하게 방사한다.
방사압력	0.1MPa 이상

9. 수동식소화기

종류	능력단위	설치장소
대형	• A급 화재 : 10단위 이상 • B급 화재 : 20단위 이상	• 방호대상물의 각 부분으로부터 하나의 대형 수동식소화기까지의 보행거리가 30m 이하가 되도록 설치한다.
소형	능력단위가 1 단위 이상이고 대형소화기의 능력단위 미만	• 방호대상물의 각 부분으로부터 하나의 소형 수동식소화기까지의 보행거리가 20m 이하가 되도록 설치한다. • 제조소등에 전기설비(전기배선, 조명기구 등은 제외)가 설치된 경우 당해 장소의 면적 $100m^2$마다 1개 이상 설치한다.

적중 핵심예상문제

01 물을 이용하여 소화할 때, A · B · C급 화재에 적응성 있도록 하는 방법을 쓰시오.

> **정답** 무상주수한다.

> **해설** **물의 방사방법에 따른 적응화재**
>
> | 주수방법 | 모양 | 적응화재 | 주 소화효과 | 설비 |
> |---|---|---|---|---|
> | 봉상주수 | 긴 봉 | A급 | 냉각효과, 타격효과 | 옥내 · 외 소화전 |
> | 적상주수 | 물방울 | A급 | 냉각효과, 질식효과 | 스프링클러설비 |
> | 무상주수 | 안개 | A · B · C급 | 질식효과, 냉각효과, 유화효과 | 미분무 · 물분무설비 |

02 단층건물의 제조소에 옥내소화전설비 7개를 설치한 경우 수원의 수량(m^3)을 구하시오.

> **정답** $39m^3$

> **해설** 옥내소화전설비의 수원의 수량 $= 7.8m^3 \times$ 설치개수(최대 5개) $= 7.8m^3 \times 5 = 39m^3$

03 옥내소화전설비 설치기준에 맞도록 다음의 빈칸을 채우시오.

> • 옥내소화전의 개폐밸브 및 호스접속구는 바닥면으로부터 (①)의 높이에 설치한다.
> • 옥내소화전은 제조소 등의 건축물의 층마다 당해 층의 각 부분에서 하나의 호스접속구까지의 수평거리가 (②)가 되도록 설치한다.
> • 옥내소화전은 각층의 출입구 부근에 1개 이상 설치한다.
> • 방수압력은 (③)kPa 이상으로 한다.

> **정답** ① 1.5m 이하, ② 25m 이하, ③ 350

04 제조소 외부에 옥외소화전설비 5개를 설치한 경우 수원의 수량(m^3)을 구하시오.

> **정답** $54m^3$

> **해설** 옥외소화전설비의 수원의 수량 $= 13.5m^3 \times$ 설치개수(최대 4개) $= 13.5m^3 \times 4 = 54m^3$

05 옥외소화전설비의 방수량은 1분당 몇 L인지 쓰시오.

정답   450

해설   • 옥내소화전설비의 방수량 = 260L/min
       • 옥외소화전설비의 방수량 = 450L/min

06 스프링클러설비 개방형 헤드의 설치기준으로 알맞도록 다음 빈칸을 채우시오.

- 헤드는 방호대상물의 천장 또는 건축물의 최상부 부근에 설치한다.
- 방호대상물의 각 부분에서 하나의 스프링클러헤드까지의 수평거리가 (①)m(살수밀도의 기준을 충족하는 경우에는 (②)m) 이하가 되도록 설치한다.
- 방호대상물의 모든 표면이 헤드의 유효사정 · 반사판으로부터 하방 (③)m, 수평방향 (④)m의 공간을 보유한다. 내에 있도록 설치한다.
- 스프링클러헤드는 헤드의 축심이 당해 헤드의 부착면에 대하여 (⑤)°가 되도록 설치한다.

정답   ① 1.7, ② 2.6, ③ 0.45, ④ 0.3, ⑤ 90

07 방호대상물의 바닥면적이 200m²일 때, 물분무소화설비의 방사구역 면적기준을 쓰시오.

정답   150m² 이상

해설   물분무소화설비의 방사구역 : 150m² 이상(단, 방호대상물의 바닥면적이 150m² 미만인 경우 : 당해 바닥면적)

08 한랭지에서도 사용할 수 있는 소화기의 명칭을 쓰시오.

정답   강화액소화기

해설   강화액소화기는 −30~−20℃에서도 동결되지 않기 때문에 한랭지역 화재 시 사용한다.

09 강화액소화약제에 들어가는 금속염류의 명칭을 쓰시오.

정답   탄산칼륨

해설   물에 탄산칼륨(K_2CO_3)을 녹여 어는점을 낮추었다.

10 산 · 알칼리 소화약제의 화학반응식을 쓰시오.

정답 $2NaHCO_3 + H_2SO_4 \rightarrow Na_2SO_4 + 2CO_2 + 2H_2O$

해설   탄산수소나트륨 용액에 황산을 가하여 생성된 물과 이산화탄소로 소화한다.

11 화학포 소화약제의 반응식을 쓰시오.

정답 $6NaHCO_3 + Al_2(SO_4)_3 \cdot 18H_2O \rightarrow 3Na_2SO_4 + 2Al(OH)_3 + 6CO_2 + 18H_2O$

해설   탄산수소나트륨과 황산알루미늄의 화학반응에 의해 발생한 이산화탄소 가스의 압력에 의해 포가 발생한다.

12 이산화탄소 소화설비에서 액화탄산가스가 드라이아이스로 방출되는 원리를 설명하는 효과의 명칭을 쓰시오.

정답   줄톰슨 효과

해설   액화탄산가스가 줄톰슨 효과에 의해 드라이아이스(고체 CO_2)가 되어 방출된다.

13 이산화탄소 소화설비의 분사헤드에서 소화약제의 양을 몇 초 이내에 균일하게 방사해야 하는지 쓰시오. (단, 전역방출방식이다.)

정답   60초

해설   전역방출방식은 60초, 국소방출방식은 30초 이내에 균일하게 방사한다.

14 다음 할론 소화약제의 Halon No.를 쓰시오.

| 1) CF_2BrCl | 2) CF_3Br | 3) $C_2F_4Br_2$ |

정답   1) 1211, 2) 1301, 3) 2402

해설   **할론 소화약제의 명명법**
Halon(1)(2)(3)(4)(5)
(1) : "C"의 개수
(2) : "F"의 개수
(3) : "Cl"의 개수
(4) : "Br"의 개수
(5) : "I"의 개수(0일 경우 생략)

15 다음 할론 소화약제의 방사압력 기준을 쓰시오.

1) 할론2402	2) 할론1301	3) 할론1211

정답 1) 0.1MPa 이상, 2) 0.9MPa 이상, 3) 0.2MPa 이상

16 불활성가스 소화약제 IG-541의 구성성분 3가지를 쓰시오.

정답 질소, 아르곤, 이산화탄소

해설 IG-541 : N_2 52%+Ar 40%+CO_2 8%

17 다음 분말 소화약제의 열분해반응식을 쓰시오.

1) 제1종(270℃ 기준)	2) 제2종(190℃ 기준)
3) 제3종(190℃ 기준)	4) 제4종

정답
1) $2NaHCO_3 \rightarrow Na_2CO_3 + CO_2 + H_2O$
2) $2KHCO_3 \rightarrow K_2CO_3 + CO_2 + H_2O$
3) $NH_4H_2PO_4 \rightarrow H_3PO_4 + NH_3$
4) $2KHCO_3 + (NH_2)_2CO \rightarrow K_2CO_3 + 2NH_3 + 2CO_2$

18 분말 소화약제 중 A · B · C급 화재에 적응성이 있는 종류의 착색을 쓰시오.

정답 담홍색

해설 **분말 소화약제의 종류**

종류	주성분	적응화재	착색
제1종 분말	$NaHCO_3$ (탄산수소나트륨)	B · C · K급	백색
제2종 분말	$KHCO_3$ (탄산수소칼륨)	B · C급	담회색
제3종 분말	$NH_4H_2PO_4$ (제1인산암모늄)	A · B · C급	담홍색
제4종 분말	$KHCO_3 + (NH_2)_2CO$ (탄산수소칼륨+요소)	B · C급	회색

19 수동식소화기 설치기준으로 알맞도록 빈칸을 채우시오.

> • 대형 수동식소화기는 방호대상물의 각 부분으로부터 하나의 대형 수동식소화기까지의 보행거리가 (①)m 이하가 되도록 설치한다.
> • 소형 수동식소화기는 방호대상물의 각 부분으로부터 하나의 소형 수동식소화기까지의 보행거리가 (②)m 이하가 되도록 설치한다.
> • 소형 수동식소화기는 제조소등에 전기설비(전기배선, 조명기구 등은 제외)가 설치된 경우 당해 장소의 면적 (③)m²마다 1개 이상 설치

정답 ① 30, ② 20, ③ 100

20 대형 수동식소화기의 능력단위 기준을 쓰시오.

정답 A급 화재 10단위 이상, B급 화재 20단위 이상

21 소형 수동식소화기의 능력단위 기준을 쓰시오.

정답 능력단위가 1단위 이상이고 대형소화기의 능력단위 미만(A급 화재 10단위 미만, B급 화재 20단위 미만)

1. 소요단위 · 능력단위

(1) 소요단위

① 정의 : 소화설비의 설치대상이 되는 건축물 그 밖의 공작물의 규모 또는 위험물의 양의 기준단위

② 계산 : 1 소요단위의 기준

구분	외벽이 내화구조인 것	외벽이 내화구조가 아닌 것
제조소 · 취급소용 건축물	연면적 $100m^2$	연면적 $50m^2$
저장소용 건축물	연면적 $150m^2$	연면적 $75m^2$
위험물	지정수량의 10배	

※ 옥외에 설치된 공작물 : 외벽이 내화구조인 것으로 간주하고 공작물의 최대수평투영면적을 연면적으로 간주하여 소요단위 산정

(2) 능력단위

소요단위에 대응하는 소화설비의 소화능력의 기준단위

소화설비	용량	능력단위
소화전용물통	8L	0.3
수조(소화전용물통 3개 포함)	80L	1.5
수조(소화전용물통 6개 포함)	190L	2.5
마른 모래(삽 1개 포함)	50L	0.5
팽창질석 또는 팽창진주암(삽 1개 포함)	160L	1.0

2. 적응성 있는 소화설비

소화설비의 구분		건축물·그 밖의 공작물	전기설비	제1류 위험물		제2류 위험물			제3류 위험물		제4류 위험물	제5류 위험물	제6류 위험물
				알칼리금속과산화물등	그 밖의 것	철분·금속분·마그네슘등	인화성고체	그 밖의 것	금수성물품	그 밖의 것			
옥내소화전 또는 옥외소화전설비		○			○		○	○		○		○	○
스프링클러설비		○			○		○	○		○	△	○	○
물분무등소화설비	물분무소화설비	○	○		○		○	○		○	○	○	○
	포소화설비	○			○		○	○		○	○	○	○
	불활성가스소화설비		○				○				○		
	할로겐화합물소화설비		○				○				○		
	분말소화설비 인산염류등	○	○		○		○	○			○		○
	분말소화설비 탄산수소염류등		○	○		○	○		○		○		
	분말소화설비 그 밖의 것			○		○			○				
대형·소형수동식소화기	봉상수(棒狀水)소화기	○			○		○	○		○		○	○
	무상수(霧狀水)소화기	○	○		○		○	○		○		○	○
	봉상강화액소화기	○			○		○	○		○		○	○
	무상강화액소화기	○	○		○		○	○		○	○	○	○
	포소화기	○			○		○	○		○	○	○	○
	이산화탄소소화기		○				○				○		△
	할로겐화합물소화기		○				○				○		
	분말소화기 인산염류소화기	○	○		○		○	○			○		○
	분말소화기 탄산수소염류소화기		○	○		○	○		○		○		
	분말소화기 그 밖의 것			○		○			○				
기타	물통 또는 수조	○			○		○	○		○		○	○
	건조사			○	○	○	○	○	○	○	○	○	○
	팽창질석 또는 팽창진주암			○	○	○	○	○	○	○	○	○	○

- ○ : 소화설비가 적응성이 있음
- △ : 제4류 위험물을 저장 또는 취급하는 장소의 살수기준면적에 따라 스프링클러설비의 살수밀도가 기준 이상인 경우에는 당해 스프링클러설비가 제4류 위험물에 대하여 적응성이 있음, 제6류 위험물을 저장 또는 취급하는 장소로서 폭발의 위험이 없는 장소에 한하여 이산화탄소소화기가 제6류 위험물에 대하여 적응성이 있음

3. 소화난이도등급

(1) 소화난이도등급 I

제조소등의 구분	제조소등의 규모, 저장 또는 취급하는 위험물의 품명 및 최대수량 등
제조소 일반취급소	연면적 1,000m² 이상인 것
	지정수량의 100배 이상인 것(고인화점위험물만을 100℃ 미만의 온도에서 취급하는 것 및 화약류의 위험물을 취급하는 것은 제외)
	지반면으로부터 6m 이상의 높이에 위험물 취급설비가 있는 것(고인화점위험물만을 100℃ 미만의 온도에서 취급하는 것은 제외)
	일반취급소로 사용되는 부분 외의 부분을 갖는 건축물에 설치된 것(내화구조로 개구부 없이 구획된 것, 고인화점위험물만을 100℃ 미만의 온도에서 취급하는 것, 화학실험의 일반취급소는 제외)
주유취급소	주유취급소의 직원 외의 자가 출입하는 면적의 합이 500m²를 초과하는 것
옥내 저장소	지정수량의 150배 이상인 것(고인화점위험물만을 저장하는 것 및 화약류의 위험물을 저장하는 것은 제외)
	연면적 150m²를 초과하는 것(150m² 이내마다 불연재료로 개구부 없이 구획된 것 및 인화성고체 외의 제2류 위험물 또는 인화점 70℃ 이상의 제4류 위험물만을 저장하는 것은 제외)
	처마높이가 6m 이상인 단층건물의 것
	옥내저장소로 사용되는 부분 외의 부분이 있는 건축물에 설치된 것(내화구조로 개구부 없이 구획된 것 및 인화성 고체 외의 제2류 위험물 또는 인화점 70℃ 이상의 제4류 위험물만을 저장하는 것은 제외)
옥외 탱크저장소	액표면적이 40m² 이상인 것(제6류 위험물을 저장하는 것 및 고인화점위험물만을 100℃ 미만의 온도에서 저장하는 것은 제외)
	지반면으로부터 탱크 옆판의 상단까지 높이가 6m 이상인 것(제6류 위험물을 저장하는 것 및 고인화점위험물만을 100℃ 미만의 온도에서 저장하는 것은 제외)
	지중탱크 또는 해상탱크로서 지정수량의 100배 이상인 것(제6류 위험물을 저장하는 것 및 고인화점위험물만을 100℃ 미만의 온도에서 저장하는 것은 제외)
	고체위험물을 저장하는 것으로서 지정수량의 100배 이상인 것
옥내 탱크저장소	액표면적이 40m² 이상인 것(제6류 위험물을 저장하는 것 및 고인화점위험물만을 100℃ 미만의 온도에서 저장하는 것은 제외)
	바닥면으로부터 탱크 옆판의 상단까지 높이가 6m 이상인 것(제6류 위험물을 저장하는 것 및 고인화점위험물만을 100℃ 미만의 온도에서 저장하는 것은 제외)
	탱크전용실이 단층건물 외의 건축물에 있는 것으로서 인화점 38℃ 이상 70℃ 미만의 위험물을 지정수량의 5배 이상 저장하는 것(내화구조로 개구부 없이 구획된 것은 제외)
옥외 저장소	덩어리 상태의 유황을 저장하는 것으로서 경계표시 내부의 면적(2 이상의 경계표시가 있는 경우에는 각 경계표시의 내부의 면적을 합한 면적)이 100m² 이상인 것
	인화성 고체, 제1석유류, 알코올류의 위험물을 저장하는 것으로서 지정수량의 100배 이상인 것
암반탱크 저장소	액표면적이 40m² 이상인 것(제6류 위험물을 저장하는 것 및 고인화점위험물만을 100℃ 미만의 온도에서 저장하는 것은 제외)
	고체위험물만을 저장하는 것으로서 지정수량의 100배 이상인 것
이송취급소	**모든 대상**

(2) 소화난이도등급 II

제조소등의 구분	제조소등의 규모, 저장 또는 취급하는 위험물의 품명 및 최대수량 등
제조소 일반취급소	연면적 600m² 이상인 것
	지정수량의 **10배 이상**인 것(고인화점위험물만을 100℃ 미만의 온도에서 취급하는 것 및 화약류의 위험물을 취급하는 것은 제외)
	소화난이도등급 I 에 해당하지 않는 일반취급소(고인화점위험물만을 100℃ 미만의 온도에서 취급하는 것은 제외)
옥내저장소	단층건물 이외의 것
	다층건물 또는 소규모 옥내저장소
	지정수량의 **10배 이상**인 것(고인화점위험물만을 저장하는 것 및 화약류의 위험물을 저장하는 것은 제외)
	연면적 150m² 초과인 것
	복합용도 건축물의 옥내저장소로서 소화난이도등급 I 에 해당하지 아니하는 것
옥외 탱크저장소 옥내 탱크저장소	소화난이도등급 I 에 해당하지 않는 것(고인화점위험물만을 100℃ 미만의 온도로 저장하는 것 및 제6류 위험물만을 저장하는 것은 제외)
옥외저장소	덩어리 상태의 유황을 저장하는 것으로서 경계표시 내부의 면적(2 이상의 경계표시가 있는 경우에는 각 경계표시의 내부의 면적을 합한 면적)이 5m² 이상 100m² 미만인 것
	인화성고체, 제1석유류, 알코올류의 위험물을 저장하는 것으로서 지정수량의 10배 이상 100배 미만인 것
	지정수량의 100배 이상인 것(덩어리 상태의 유황 또는 고인화점위험물을 저장하는 것은 제외)
주유취급소	**옥내주유취급소**로서 소화난이도등급 I 의 제조소등에 해당하지 아니하는 것
판매취급소	제2종 판매취급소

(3) 소화난이도등급 III

제조소등의 구분	제조소등의 규모, 저장 또는 취급하는 위험물의 품명 및 최대수량 등
제조소 일반취급소	화약류의 위험물을 취급하는 것
	화약류의 위험물 외의 것을 취급하는 것으로서 소화난이도등급 I 또는 소화난이도등급 II 의 제조소등에 해당하지 아니하는 것
옥내저장소	화약류의 위험물을 취급하는 것
	화약류의 위험물 외의 것을 취급하는 것으로서 소화난이도등급 I 또는 소화난이도등급 II 의 제조소등에 해당하지 아니하는 것
지하탱크저장소 간이탱크저장소 이동탱크저장소	모든 대상
옥외저장소	덩어리 상태의 유황을 저장하는 것으로서 경계표시 내부의 면적(2 이상의 경계표시가 있는 경우에는 각 경계표시의 내부의 면적을 합한 면적)이 5m² 미만인 것
	덩어리 상태의 유황 외의 것을 저장하는 것으로서 소화난이도등급 I 또는 소화난이도등급 II 의 제조소등에 해당하지 아니하는 것
주유취급소	옥내주유취급소 외의 것으로서 소화난이도등급 I 의 제조소등에 해당하지 아니하는 것
제1종 판매취급소	모든 대상

01 1소요단위에 해당하는 수치로 알맞도록 빈칸을 채우시오.

> 1) 외벽이 비내화구조인 저장소 : 연면적 (　　)m²
> 2) 외벽이 비내화구조인 제조소 및 취급소 : 연면적 (　　)m²
> 3) 외벽이 내화구조인 저장소 : 연면적 (　　)m²
> 4) 외벽이 내화구조인 제조소 및 취급소 : 연면적 (　　)m²
> 5) 위험물 : 지정수량의 (　　)배

정답 1) 75, 2) 50, 3) 150, 4) 100, 5) 10

해설 **1소요단위의 기준**

구분	외벽이 내화구조인 것	외벽이 내화구조가 아닌 것
제조소 · 취급소용 건축물	연면적 100m²	연면적 50m²
저장소용 건축물	연면적 150m²	연면적 75m²
위험물	지정수량의 10배	

※ 옥외에 설치된 공작물 : 외벽이 내화구조인 것으로 간주하고 공작물의 최대수평투영면적을 연면적으로 간주하여 소요단위 산정

02 연면적이 300m²인 옥내저장소의 소요단위를 구하시오. (단, 외벽은 내화구조가 아니다.)

정답 4단위

해설 • 1소요단위의 기준

구분	외벽이 내화구조인 것	외벽이 내화구조가 아닌 것
제조소 · 취급소용 건축물	연면적 100m²	연면적 50m²
저장소용 건축물	연면적 150m²	연면적 75m²
위험물	지정수량의 10배	

※ 옥외에 설치된 공작물 : 외벽이 내화구조인 것으로 간주하고 공작물의 최대수평투영면적을 연면적으로 간주하여 소요단위 산정

• $300m^2 \times \dfrac{1단위}{75m^2} = 4단위$

03 아세트산 20,000L의 소요단위를 구하시오.

정답 1단위

해설
- 아세트산(제4류 위험물, 제2석유류, 수용성) 지정수량 : 2,000L
- 소요단위 $= \dfrac{20,000L}{2,000L \times 10} = 1$단위

04 6,000kg의 BrF_5의 소요단위를 구하시오.

정답 2단위

해설
- BrF_5(제6류 위험물, 할로겐간화합물) 지정수량 : 300kg
- 소요단위 $= \dfrac{6,000kg}{300kg \times 10} = 2$단위

05 마른 모래(삽 1개 포함) 50L의 능력단위를 쓰시오.

정답 0.5단위

해설 **소화설비의 능력단위**

소화설비	용량	능력단위
소화전용물통	8L	0.3
수조(소화전용물통 3개 포함)	80L	1.5
수조(소화전용물통 6개 포함)	190L	2.5
마른 모래(삽 1개 포함)	50L	0.5
팽창질석 또는 팽창진주암(삽 1개 포함)	160L	1.0

06 소화전용 물통 8L의 능력단위를 쓰시오.

정답 0.3단위

해설 **소화설비의 능력단위**

소화설비	용량	능력단위
소화전용물통	8L	0.3
수조(소화전용물통 3개 포함)	80L	1.5
수조(소화전용물통 6개 포함)	190L	2.5
마른 모래(삽 1개 포함)	50L	0.5
팽창질석 또는 팽창진주암(삽 1개 포함)	160L	1.0

07 팽창질석(삽 1개 포함) 160L의 능력단위를 쓰시오.

| 정답 | 1.0단위 |

해설 **소화설비의 능력단위**

소화설비	용량	능력단위
소화전용물통	8L	0.3
수조(소화전용물통 3개 포함)	80L	1.5
수조(소화전용물통 6개 포함)	190L	2.5
마른 모래(삽 1개 포함)	50L	0.5
팽창질석 또는 팽창진주암(삽 1개 포함)	160L	1.0

08 소화설비의 적응성이 있는 경우 빈칸에 ○를 쓰시오.

대상물 구분 / 소화설비의 구분	건축물·그 밖의 공작물	전기설비	제1류 위험물 알칼리금속과산화물등	제1류 위험물 그 밖의 것	제2류 위험물 철분·금속분·마그네슘등	제2류 위험물 인화성고체	제2류 위험물 그 밖의 것	제3류 위험물 금수성물품	제3류 위험물 그 밖의 것	제4류 위험물	제5류 위험물	제6류 위험물
옥내소화전 또는 옥외소화전설비												
스프링클러설비												
물분무등소화설비 — 물분무소화설비												
물분무등소화설비 — 포소화설비												
물분무등소화설비 — 불활성가스소화설비												
물분무등소화설비 — 할로겐화합물소화설비												
물분무등소화설비 — 분말소화설비 — 인산염류등												
물분무등소화설비 — 분말소화설비 — 탄산수소염류등												
물분무등소화설비 — 분말소화설비 — 그 밖의 것												
대형·소형수동식소화기 — 봉상수(棒狀水)소화기												
대형·소형수동식소화기 — 무상수(霧狀水)소화기												
대형·소형수동식소화기 — 봉상강화액소화기												
대형·소형수동식소화기 — 무상강화액소화기												
대형·소형수동식소화기 — 포소화기												
대형·소형수동식소화기 — 이산화탄소소화기												
대형·소형수동식소화기 — 할로겐화합물소화기												
대형·소형수동식소화기 — 분말소화기 — 인산염류소화기												
대형·소형수동식소화기 — 분말소화기 — 탄산수소염류소화기												
대형·소형수동식소화기 — 분말소화기 — 그 밖의 것												
기타 — 물통 또는 수조												
기타 — 건조사												
기타 — 팽창질석 또는 팽창진주암												

정답 적응성 있는 소화설비

소화설비의 구분	건축물·그 밖의 공작물	전기설비	제1류 위험물		제2류 위험물			제3류 위험물		제4류 위험물	제5류 위험물	제6류 위험물
			알칼리금속과산화물등	그 밖의 것	철분·금속분·마그네슘등	인화성고체	그 밖의 것	금수성물품	그 밖의 것			
옥내소화전 또는 옥외소화전설비	○			○		○	○		○		○	○
스프링클러설비	○			○		○	○		○	△	○	○
물분무등소화설비 — 물분무소화설비	○	○		○		○	○		○	○	○	○
물분무등소화설비 — 포소화설비	○			○		○	○		○	○	○	○
물분무등소화설비 — 불활성가스소화설비		○				○				○		
물분무등소화설비 — 할로겐화합물소화설비		○				○				○		
물분무등소화설비 — 분말소화설비 — 인산염류등	○	○		○		○				○		○
물분무등소화설비 — 분말소화설비 — 탄산수소염류등		○	○		○	○		○		○		
물분무등소화설비 — 분말소화설비 — 그 밖의 것			○		○			○				
대형·소형수동식소화기 — 봉상수(棒狀水)소화기	○			○		○	○		○		○	○
대형·소형수동식소화기 — 무상수(霧狀水)소화기	○	○		○		○	○		○		○	○
대형·소형수동식소화기 — 봉상강화액소화기	○			○		○	○		○		○	○
대형·소형수동식소화기 — 무상강화액소화기	○	○		○		○	○		○	○	○	○
대형·소형수동식소화기 — 포소화기	○			○		○	○		○	○	○	○
대형·소형수동식소화기 — 이산화탄소소화기		○				○				○		△
대형·소형수동식소화기 — 할로겐화합물소화기		○				○				○		
대형·소형수동식소화기 — 분말소화기 — 인산염류소화기	○	○		○		○				○		○
대형·소형수동식소화기 — 분말소화기 — 탄산수소염류소화기		○	○		○	○		○		○		
대형·소형수동식소화기 — 분말소화기 — 그 밖의 것			○		○			○				
기타 — 물통 또는 수조	○			○		○	○		○		○	○
기타 — 건조사			○	○	○	○	○	○	○	○	○	○
기타 — 팽창질석 또는 팽창진주암			○	○	○	○	○	○	○	○	○	○

- ○ : 소화설비가 적응성이 있음
- △ : 제4류 위험물을 저장 또는 취급하는 장소의 살수기준면적에 따라 스프링클러설비의 살수밀도가 기준 이상인 경우에는 당해 스프링클러설비가 제4류 위험물에 대하여 적응성이 있음, 제6류 위험물을 저장 또는 취급하는 장소로서 폭발의 위험이 없는 장소에 한하여 이산화탄소소화기가 제6류 위험물에 대하여 적응성이 있음

09 소화난이도 I 인 제조소의 기준으로 알맞도록 빈칸을 채우시오.

- 연면적(①)m² 이상인 것
- 지정수량의 (②)배 이상인 것(고인화점위험물만을 100℃ 미만의 온도에서 취급하는 것 및 화약류의 위험물을 취급하는 것은 제외)
- 지반면으로부터 (③)m 이상의 높이에 위험물 취급설비가 있는 것(고인화점위험물만을 100℃ 미만의 온도에서 취급하는 것은 제외)

정답   ① 1,000, ② 100, ③ 6

10 옥내주유취급소의 소화난이도등급을 쓰시오.

정답   II등급

해설   **주유취급소의 소화난이도등급**

소화난이도등급	주유취급소
I	주유취급소의 직원 외의 자가 출입하는 면적의 합이 500m²를 초과하는 것
II	옥내 주유취급소로서 소화난이도등급 I 의 제조소 등에 해당하지 아니하는 것
III	옥내주유취급소 외의 것으로서 소화난이도등급 I 의 제조소등에 해당하지 아니하는 것

CHAPTER 03

경보 · 피난설비

1. 경보설비

(1) 종류

종류	설명
자동화재탐지설비	화재 초기 단계에서 발생하는 열이나 연기를 자동적으로 검출하여, 건물 내의 관계자에게 발화 장소를 알리고 동시에 경보를 내보내는 설비
자동화재속보설비	화재감지기가 연기나 열 등을 감지하면 자동으로 경보를 울림과 동시에 119에 신고해주는 설비
비상경보설비	화재 발생 시 음향 · 음성에 의해 건물 안의 사람들에게 정확한 통보유도를 하기 위한 설비
확성장치, 비상방송설비	비상시 피난유도를 목적으로 방송설비에 의해 건물 내의 전 구역에 화재발생을 알리는 설비

(2) 제조소등의 경보설비 설치기준

제조소등의 구분	제조소등의 규모, 저장 또는 취급하는 위험물의 종류 및 최대수량 등	경보설비
① 제조소 및 일반취급소	• 연면적이 500m² 이상인 것 • 옥내에서 지정수량의 100배 이상을 취급하는 것(고인화점위험물만을 100℃ 미만의 온도에서 취급하는 것은 제외) • 일반취급소로 사용되는 부분 외의 부분이 있는 건축물에 설치된 일반취급소(일반취급소와 일반취급소 외의 부분이 내화구조의 바닥 또는 벽으로 개구부 없이 구획된 것은 제외)	자동화재탐지설비
② 옥내저장소	• 지정수량의 100배 이상을 저장 또는 취급하는 것(고인화점위험물만을 저장 또는 취급하는 것은 제외한다) • 저장창고의 연면적이 150m²를 초과하는 것[연면적 150m² 이내마다 불연재료의 격벽으로 개구부 없이 완전히 구획된 저장창고와 제2류 위험물(인화성 고체 제외) 또는 제4류 위험물(인화점이 70℃ 미만인 것은 제외)만을 저장 또는 취급하는 저장창고는 그 연면적이 500m² 이상인 것] • 처마 높이가 6m 이상인 단층 건물의 것 • 옥내저장소로 사용되는 부분 외의 부분이 있는 건축물에 설치된 옥내저장소[옥내저장소와 옥내저장소 외의 부분이 내화구조의 바닥 또는 벽으로 개구부 없이 구획된 것과 제2류(인화성 고체는 제외) 또는 제4류의 위험물(인화점이 70℃ 미만인 것은 제외)만을 저장 또는 취급하는 것은 제외]	
③ 옥내탱크저장소	단층 건물 외의 건축물에 설치된 옥내탱크저장소로서 소화난이도등급 Ⅰ에 해당하는 것	
④ 주유취급소	**옥내주유취급소**	

제조소등의 구분	제조소등의 규모, 저장 또는 취급하는 위험물의 종류 및 최대수량 등	경보설비
⑤ 옥외탱크저장소	특수인화물, 제1석유류 및 알코올류를 저장 또는 취급하는 탱크의 용량이 **1,000만 리터** 이상인 것	• 자동화재탐지설비 • 자동화재속보설비
⑥ ①부터 ⑤까지의 규정에 따른 자동화재탐지설비 설치 대상 제조소등에 해당하지 않는 제조소등(이송취급소는 제외한다)	지정수량의 **10배 이상**을 저장 또는 취급하는 것	자동화재탐지설비, 비상경보설비, 확성장치 또는 비상방송설비 중 1종 이상
⑦ 이송취급소		• 비상벨장치 • 확성장치

(3) 자동화재탐지설비 경계구역 설치기준

① 하나의 경계구역의 면적은 $600m^2$ 이하(주요한 출입구에서 그 내부의 전체를 볼 수 있는 경우는 $1,000m^2$ **이하**)로 한다.

② 경계구역 한 변의 길이는 **50m 이하**(광전식분리형 감지기를 설치할 경우에는 **100m 이하**)로 한다.

③ 건축물의 2 이상의 층에 걸치지 아니하도록 설치한다(단, 하나의 경계구역의 면적이 $500m^2$ 이하이면서 당해 경계구역이 두 개의 층에 걸치는 경우이거나 계단 · 경사로 · 승강기의 승강로 그 밖에 이와 유사한 장소에 연기감지기를 설치하는 경우에는 그러하지 아니하다).

2. 피난설비

(1) 종류

종류	예시
피난기구	피난사다리, 구조대, 완강기, 간이완강기 등
인명구조기구	방열복, 방화복(안전모, 보호장갑, 안전화 포함), 공기호흡기, 인공소생기
유도등	피난유도선, 피난구유도등, 통로유도등, 객석유도등, 유도표지
비상조명등	비상조명등

(2) 주유취급소의 유도등 설치기준

① 주유취급소 중 건축물의 2층 이상의 부분을 점포 · 휴게음식점 · 전시장의 용도로 사용하는 것에 있어서는 당해 건축물의 2층 이상으로부터 주유취급소의 부지 밖으로 통하는 출입구와 당해 출입구로 통하는 통로 · 계단 및 출입구에 유도등을 설치한다.

② 옥내주유취급소에 있어서는 당해 사무소 등의 출입구 및 피난구와 당해 피난구로 통하는 통로 · 계단 및 출입구에 유도등을 설치한다.

적중 핵심예상문제

01 위험물제조소등에 설치해야 하는 경보설비의 종류 3가지만 쓰시오.

정답 자동화재탐지설비, 자동화재속보설비, 비상경보설비, 확성장치, 비상방송설비(이들 중 3가지만 작성)

02 제조소에서 경비설비로 자동화재탐지설비를 설치해야 하는 기준으로 알맞도록 다음 빈칸을 채우시오.

- 연면적이 (①)m² 이상인 것
- 옥내에서 지정수량의 (②)배 이상을 취급하는 것(고인화점위험물만을 100℃ 미만의 온도에서 취급하는 것은 제외)
- 일반취급소로 사용되는 부분 외의 부분이 있는 건축물에 설치된 일반취급소(일반취급소와 일반취급소 외의 부분이 내화구조의 바닥 또는 벽으로 개구부 없이 구획된 것은 제외)

정답 ① 500, ② 100

03 옥내저장소에서 경비설비로 자동화재탐지설비를 설치해야 하는 기준으로 알맞도록 다음 빈칸을 채우시오.

- 지정수량의 (①)배 이상을 저장 또는 취급하는 것(고인화점위험물만을 저장 또는 취급하는 것은 제외한다)
- 저장창고의 연면적이 (②)m²를 초과하는 것[연면적 (②)m² 이내마다 불연재료의 격벽으로 개구부 없이 완전히 구획된 저장창고와 제2류 위험물(인화성 고체 제외) 또는 제4류 위험물(인화점이 70℃ 미만인 것은 제외)만을 저장 또는 취급하는 저장창고는 그 연면적이 500m² 이상인 것]
- 처마 높이가 (③)m 이상인 단층 건물의 것
- 옥내저장소로 사용되는 부분 외의 부분이 있는 건축물에 설치된 옥내저장소[옥내저장소와 옥내저장소 외의 부분이 내화구조의 바닥 또는 벽으로 개구부 없이 구획된 것과 제2류(인화성 고체는 제외) 또는 제4류 위험물(인화점이 70℃ 미만인 것은 제외)만을 저장 또는 취급하는 것은 제외]

정답 ① 100, ② 150, ③ 6

04 옥내주유취급소에서 설치해야 하는 경보설비를 모두 쓰시오. (단, 해당 사항 없으면 "해당 사항 없음"이라고 쓰시오.)

> **정답** 자동화재탐지설비

> **해설** 옥내주유취급소는 경보설비로 자동화재탐지설비를 설치하여야 한다.

05 연면적 100m²이며, 옥내에서 지정수량 10배 이상의 위험물을 취급하는 제조소에 설치해야 하는 경보설비를 쓰시오. (단, 해당 사항 없으면 "해당 사항 없음"이라고 쓰시오.)

> **정답** 자동화재탐지설비, 비상경보설비, 확성장치 또는 비상방송설비(이들 중 1가지 이상 작성)

> **해설** 자동화재탐지설비, 비상경보설비, 확성장치 또는 비상방송설비 중 1종 이상 설치한다.

06 제4류 위험물을 이송하는 이송취급소에서 설치해야 하는 경보설비를 모두 쓰시오. (단, 해당 사항 없으면 "해당 사항 없음"이라고 쓰시오.)

> **정답** 비상벨장치, 확성장치

> **해설** 이송취급소는 경보설비로 비상벨장치, 확성장치를 설치한다.

07 제1석유류 1,000만 리터를 저장하는 옥외저장탱크에 설치하는 경보설비를 모두 쓰시오. (단, 해당 사항 없으면 "해당 사항 없음"이라고 쓰시오.)

> **정답** 자동화재탐지설비, 자동화재속보설비

> **해설** 특수인화물, 제1석유류 및 알코올류를 저장 또는 취급하는 탱크의 용량이 1,000만 리터 이상인 것은 경보설비로 자동화재탐지설비, 자동화재속보설비를 설치한다.

08 자동화재탐지설비의 하나의 경계구역 면적 기준을 쓰시오. (단, 주요한 출입구에서 그 내부 전체가 보이지 않는다.)

> **정답** 600m² 이하

> **해설** 하나의 경계구역의 면적은 600m² 이하(주요한 출입구에서 그 내부의 전체를 볼 수 있는 경우는 1,000m² 이하)로 한다.

09 자동화재탐지설비 경계구역의 한 변의 길이 기준을 쓰시오. (단, 광전식분리형 감지기를 설치하였다.)

정답　100m 이하

해설　경계구역 한 변의 길이는 50m 이하(광전식분리형 감지기를 설치할 경우에는 100m 이하)로 한다.

10 주유취급소 2층 전시장으로부터 주유취급소의 부지 밖으로 통하는 출입구에 설치해야 하는 피난설비를 쓰시오.

정답　유도등

해설　주유취급소 중 건축물의 2층 이상의 부분을 점포 · 휴게음식점 · 전시장의 용도로 사용하는 것에 있어서는 당해 건축물의 2층 이상으로부터 주유취급소의 부지 밖으로 통하는 출입구와 당해 출입구로 통하는 통로 · 계단 및 출입구에 유도등을 설치한다.

위험물기능사 실기 한권완성
Craftsman Hazardous material

PART

04

위험물안전관리기준

CHAPTER 01 정의 및 적용

1. 제조소등

(1) 구분

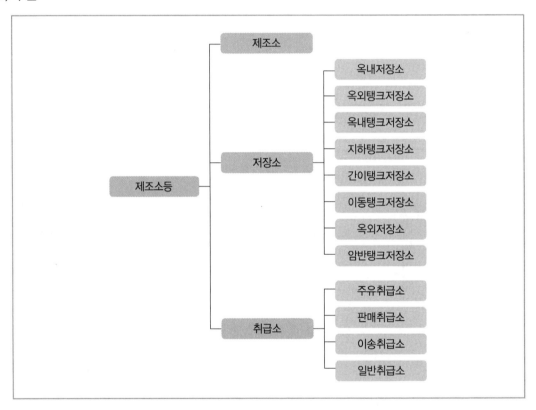

(2) 정의

① 제조소 : 위험물을 제조할 목적으로 지정수량 이상의 위험물을 취급하기 위하여 허가를 받은 장소

② 저장소 : 지정수량 이상의 위험물을 저장하기 위한 장소로서 허가를 받은 장소

저장소의 종류	정의
옥내저장소	옥내에 위험물을 저장하는 장소
옥외저장소	옥외에 위험물을 저장하는 장소
옥내탱크저장소	옥내에 있는 탱크에 위험물을 저장하는 장소

저장소의 종류	정의
옥외탱크저장소	옥외에 있는 탱크(지하탱크, 간이탱크, 이동탱크, 암반탱크 제외)에 위험물을 저장하는 장소
지하탱크저장소	지하에 매설한 탱크에 위험물을 저장하는 장소
암반탱크저장소	암반 내의 공간을 이용한 탱크에 액체의 위험물을 저장하는 장소
간이탱크저장소	간이탱크에 위험물을 저장하는 장소
이동탱크저장소	차량에 고정된 탱크에 위험물을 저장하는 장소

③ 취급소 : 지정수량 이상의 위험물을 제조 외의 목적으로 취급하기 위한 대통령령이 정하는 장소로
서 허가를 받은 장소

저장소의 종류	정의
주유취급소	고정된 주유설비에 의하여 자동차 · 항공기 또는 선박 등의 연료탱크에 직접 주유하기 위하여 위험물을 취급하는 장소
판매취급소	점포에서 위험물을 용기에 담아 판매하기 위하여 지정수량의 40배 이하의 위험물을 취급하는 장소
이송취급소	배관 및 이에 부속된 설비에 의하여 위험물을 이송하는 장소
일반취급소	주유취급소, 판매취급소, 이송취급소 외의 위험물을 취급하는 장소

CHAPTER 02 위험물 규제의 행위기준

1. 위험물의 유별 저장 · 취급 공통기준

위험물의 유별	저장 · 취급 공통기준
제1류 (산화성 고체)	• 가연물과의 접촉 · 혼합이나 분해를 촉진하는 물품과의 접근 또는 과열 · 충격 · 마찰 등을 피한다. • 알칼리금속의 과산화물 : 물과의 접촉을 피한다.
제2류 (가연성 고체)	• 산화제와의 접촉 · 혼합이나 불티 · 불꽃 · 고온체와의 접근 또는 과열을 피한다. • 철분 · 금속분 · 마그네슘 : 물이나 산과의 접촉을 피한다. • 인화성 고체 : 함부로 증기를 발생시키지 않는다.
제3류 (자연발화성 및 금수성 물질)	• 자연발화성물질 : 불티 · 불꽃 또는 고온체와의 접근 · 과열 또는 공기와의 접촉을 피한다. • 금수성물질 : 물과의 접촉을 피한다.
제4류 (인화성 액체)	• 불티 · 불꽃 · 고온체와의 접근 또는 과열을 피하고, 함부로 증기를 발생시키지 않는다.
제5류 (자기반응성 물질)	• 불티 · 불꽃 · 고온체와의 접근이나 과열 · 충격 또는 마찰을 피한다.
제6류 (산화성 액체)	• 가연물과의 접촉 · 혼합이나 분해를 촉진하는 물품과의 접근 또는 과열을 피한다.

2. 저장기준

(1) 옥내저장소 · 옥외저장소에서 유별이 다른 위험물을 1m 이상의 간격을 두고 함께 저장할 수 있는 경우

① 제1류 위험물(알칼리금속의 과산화물 또는 이를 함유한 것을 제외한다)과 제5류 위험물을 저장하는 경우

② 제1류 위험물과 제6류 위험물을 저장하는 경우

③ 제1류 위험물과 제3류 위험물 중 자연발화성 물질(황린 또는 이를 함유한 것에 한한다)을 저장하는 경우

④ 제2류 위험물 중 인화성 고체와 제4류 위험물을 저장하는 경우

⑤ 제3류 위험물 중 알킬알루미늄등과 제4류 위험물(알킬알루미늄 또는 알킬리튬을 함유한 것에 한한다)을 저장하는 경우

⑥ 제4류 위험물 중 유기과산화물 또는 이를 함유하는 것과 제5류 위험물 중 유기과산화물 또는 이를 함유한 것을 저장하는 경우

참고 – 암기법 **유별이 다른 위험물을 1m 이상의 간격을 두고 함께 저장할 수 있는 경우**

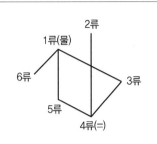

① 1류와 함께 저장하는 것은 "물"로 소화가 가능한지 고려
   예 1류 – 6류
   1류(알칼리금속의 과산화물 제외) – 5류
   1류 – 3류(황린)
② 4류와 함께 저장하는 것은 "같은 용어"가 포함되어야 함
   예 4류("인화성" 액체) – 2류("인화성" 고체)
   4류("알킬" 알루미늄, "알킬" 리튬) – 3류("알킬" 알루미늄 등)
   4류("유기과산화물") – 5류("유기과산화물")

(2) 옥내저장소 · 옥외저장소에서 위험물 용기를 겹쳐쌓는 기준(초과 금지 기준)

구분	높이
기계에 의하여 하역하는 구조로 된 용기만을 겹쳐 쌓는 경우	6m
제4류 위험물 중 제3석유류, 제4석유류 및 동식물유류를 수납하는 용기만을 겹쳐 쌓는 경우	4m
그 밖의 경우	3m

(3) 산화프로필렌, 디에틸에테르, 아세트알데히드의 저장기준(온도 기준)

저장탱크	저장기준(온도기준)	
압력탱크 (옥외 · 옥내 · 지하저장탱크)	40℃ 이하	
압력탱크 외의 탱크 (옥외 · 옥내 · 지하저장탱크)	산화프로필렌, 디에틸에테르 등	30℃ 이하
	아세트알데히드	15℃ 이하
이동저장탱크	보냉장치 있음	당해 위험물의 비점 이하
	보냉장치 없음	40℃ 이하

3. 취급기준

(1) 주유취급소

자동차 등에 **인화점 40℃ 미만의 위험물**을 주유할 때에는 자동차 등의 **원동기를 정지**시킨다.

(2) 판매취급소

판매취급소에서는 도료류, 제1류 위험물 중 **염소산염류** 및 염소산염류만을 함유한 것, **유황** 또는 인화점이 **38℃ 이상인 제4류 위험물**을 배합실에서 배합하는 경우 외에는 위험물을 배합하거나 옮겨 담는 작업을 하지 않는다.

4. 운반기준

(1) 운반 용기 수납율

고체위험물	운반 용기 내용적의 **95%** 이하의 수납율
액체위험물	운반 용기 내용적의 **98%** 이하의 수납율(55℃에서 누설되지 않도록 충분한 공간용적 유지)
자연발화성물질 중 알킬알루미늄 등	운반 용기의 내용적의 **90%** 이하의 수납율(50℃에서 **5%** 이상의 공간용적 유지)

(2) 위험물의 피복 기준

피복 기준	대상
차광성 피복	• 제1류 위험물 • 제3류 위험물 중 자연발화성 물질 • 제4류 위험물 중 특수인화물 • 제5류 위험물 • 제6류 위험물
방수성 피복	• 제1류 위험물 중 알칼리금속의 과산화물 • 제2류 위험물 중 철분 · 금속분 · 마그네슘 • 제3류 위험물 중 금수성 물질
보냉컨테이너 수납	• 제5류 위험물 중 55℃ 이하의 온도에서 분해될 우려가 있는 것

(3) 유별을 달리하는 위험물의 혼재기준

위험물의 구분	제1류	제2류	제3류	제4류	제5류	제6류
제1류		×	×	×	×	○
제2류	×		×	○	○	×
제3류	×	×		○	×	×
제4류	×	○	○		○	×
제5류	×	○	×	○		×
제6류	○	×	×	×	×	

[비고]
1. "×" 표시는 혼재할 수 없음을 표시한다.
2. "○" 표시는 혼재할 수 있음을 표시한다.
3. 이 표는 지정수량의 1/10 이하의 위험물에 대하여는 적용하지 아니한다.

> **참고** - 암기법 **유별을 달리하는 위험물의 혼재기준**
>
>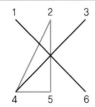
>
> • 전화기 키패드처럼 1~6까지 쓴다.
> • "X"를 그린다.
> • "직각삼각형"을 그린다.

(4) 위험물과 혼재가 가능한 고압가스

① 내용적이 120L 미만의 용기에 충전한 불활성가스

② 내용적이 120L 미만의 용기에 충전한 액화석유가스·압축천연가스(제4류 위험물과 혼재하는 경우에 한함)

(5) 위험물 운반용기 겹쳐 쌓은 높이 기준

3m 이하

(6) 위험물 운반용기 외부 표시사항

① 위험물의 품명·위험등급·화학명 및 수용성("수용성" 표시는 제4류 위험물로서 수용성만)

② 위험물의 수량

③ 위험물에 따른 주의사항

유별		외부 표시 주의사항
제1류	알칼리금속의 과산화물	• 화기·충격주의 • 물기엄금 • 가연물 접촉주의
	그 밖의 것	• 화기·충격주의 • 가연물 접촉주의
제2류	철분·금속분·마그네슘	• 화기주의 • 물기엄금
	인화성 고체	• 화기엄금
	그 밖의 것	• 화기주의
제3류	자연발화성 물질	• 화기엄금 • 공기접촉엄금
	금수성 물질	• 물기엄금
제4류		• 화기엄금
제5류		• 화기엄금 • 충격주의
제6류		• 가연물 접촉주의

5. 운송기준

(1) 운송책임자의 감독·지원을 받아 운송하는 위험물

① 알킬알루미늄

② 알킬리튬

③ 알킬알루미늄 또는 알킬리튬을 함유하는 위험물

(2) 위험물안전카드를 휴대해야 하는 위험물

① 제1류 위험물

② 제2류 위험물

③ 제3류 위험물

④ 제4류 위험물(특수인화물, 제1석유류에 한함)

⑤ 제5류 위험물

⑥ 제6류 위험물

(3) 이동탱크저장소로 위험물 장거리 운송 시 준수 기준

① 장거리 운송 시 2명 이상의 운전자로 한다.

　※ 장거리 기준 : 고속국도 340km 이상, 그 밖의 도로 200km 이상

② 장거리 운송 시 1명의 운전자로 할 수 있는 경우

- **운송책임자**를 동승시킨 경우
- 운송하는 위험물이 **제2류 위험물, 제3류 위험물(칼슘 또는 알루미늄의 탄화물) 또는 제4류 위험물(특수인화물 제외)**인 경우
- 운송 도중에 **2시간 이내마다 20분 이상씩 휴식**하는 경우

적중 핵심예상문제

01 위험물안전관리법령상 저장소의 종류 8가지를 쓰시오.

정답 옥내저장소, 옥외저장소, 옥내탱크저장소, 옥외탱크저장소, 지하탱크저장소, 암반탱크저장소, 간이탱크저장소, 이동탱크저장소

해설 **저장소의 종류**

저장소의 종류	정의
옥내저장소	옥내에 위험물을 저장하는 장소
옥외저장소	옥외에 위험물을 저장하는 장소
옥내탱크저장소	옥내에 있는 탱크에 위험물을 저장하는 장소
옥외탱크저장소	옥외에 있는 탱크(지하탱크, 간이탱크, 이동탱크, 암반탱크 제외)에 위험물을 저장하는 장소
지하탱크저장소	지하에 매설한 탱크에 위험물을 저장하는 장소
암반탱크저장소	암반 내의 공간을 이용한 탱크에 액체의 위험물을 저장하는 장소
간이탱크저장소	간이탱크에 위험물을 저장하는 장소
이동탱크저장소	차량에 고정된 탱크에 위험물을 저장하는 장소

02 위험물안전관리법령상 취급소의 종류 4가지를 쓰시오.

정답 주유취급소, 판매취급소, 이송취급소, 일반취급소

해설 **취급소의 종류**

저장소의 종류	정의
주유취급소	고정된 주유설비에 의하여 자동차·항공기 또는 선박 등의 연료탱크에 직접 주유하기 위하여 위험물을 취급하는 장소
판매취급소	점포에서 위험물을 용기에 담아 판매하기 위하여 지정수량의 40배 이하의 위험물을 취급하는 장소
이송취급소	배관 및 이에 부속된 설비에 의하여 위험물을 이송하는 장소
일반취급소	주유취급소, 판매취급소, 이송취급소 외의 위험물을 취급하는 장소

03 다음의 저장 · 취급 기준을 가진 위험물의 유별을 쓰시오.

가연물과의 접촉 · 혼합이나 분해를 촉진하는 물품과의 접근 또는 과열 · 충격 · 마찰 등을 피한다.

정답 제1류 위험물

해설 • 가연물과의 접촉 · 혼합이나 분해를 촉진하는 물품과의 접근 또는 과열을 피하여야 한다.
→ 제1류, 제6류 위험물
• 충격 · 마찰을 피하여야 한다.
→ 제1류, 제5류 위험물

04 다음의 저장 · 취급 기준을 가진 위험물의 유별을 쓰시오.

불티 · 불꽃 · 고온체와의 접근 또는 과열을 피하고, 함부로 증기를 발생시키지 아니하여야 한다.

정답 제4류 위험물

해설 • 불티 · 불꽃 · 고온체와의 접근 또는 과열을 피하여야 한다.
→ 제2류, 제3류 자연발화성 물질, 제4류, 제5류 위험물
• 함부로 증기를 발생시키지 아니하여야 한다.
→ 제2류 인화성 고체, 제4류 위험물
• 제2류 인화성 고체의 저장 · 취급기준 : 산화제와의 접촉 · 혼합이나 불티 · 불꽃 · 고온체와의 접근 또는 과열을 피하며, 함부로 증기를 발생시키지 아니하여야 한다.

05 윤활유를 저장하는 옥외저장소에서 적절한 조치를 하였을 때, 함께 저장할 수 있는 다른 유별과 품명을 함께 쓰시오.

정답 제2류 위험물의 인화성 고체

해설 **유별이 다른 위험물을 1m 이상의 간격을 두고 함께 저장할 수 있는 경우**

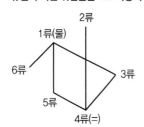

① 1류와 함께 저장하는 것은 "물"로 소화가 가능한지 고려
예 1류 – 6류
1류(알칼리금속의 과산화물 제외) – 5류
1류 – 3류(황린)
② 4류와 함께 저장하는 것은 "같은 용어"가 포함되어야 함
예 4류("인화성" 액체) – 2류("인화성" 고체)
4류("알킬" 알루미늄, "알킬" 리튬) – 3류("알킬" 알루미늄 등)
4류("유기과산화물") – 5류("유기과산화물")

06 염소산염류를 저장하는 옥내저장소에서 적절한 조치를 하였을 때, 함께 저장할 수 있는 다른 유별을 모두 쓰시오. (단, 유별의 일부 위험물만 해당할 시 해당 위험물 또는 품명도 함께 쓰시오.)

> **정답** 제3류 위험물의 황린, 제5류 위험물, 제6류 위험물

> **해설** **유별이 다른 위험물을 1m 이상의 간격을 두고 함께 저장할 수 있는 경우**

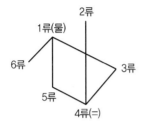

① 1류와 함께 저장하는 것은 "물"로 소화가 가능한지 고려
　예 1류 – 6류
　　 1류(알칼리금속의 과산화물 제외) – 5류
　　 1류 – 3류(황린)
② 4류와 함께 저장하는 것은 "같은 용어"가 포함되어야 함
　예 4류("인화성" 액체) – 2류("인화성" 고체)
　　 4류("알킬" 알루미늄, "알킬" 리튬) – 3류("알킬" 알루미늄 등)
　　 4류("유기과산화물") – 5류("유기과산화물")

---

07 옥내저장소에서 기계에 의하여 하역하는 구조로 된 용기만을 겹쳐 쌓는 경우의 높이 기준을 쓰시오.

> **정답** 6m 이하로 겹쳐 쌓는다.

> **해설** **옥내저장소 · 옥외저장소에서 위험물 용기를 겹쳐쌓는 기준(초과 금지 기준)**

구분	높이
기계에 의하여 하역하는 구조로 된 용기만을 겹쳐 쌓는 경우	6m
제4류 위험물 중 제3석유류, 제4석유류 및 동식물유류를 수납하는 용기만을 겹쳐 쌓는 경우	4m
그 밖의 경우	3m

---

08 옥외저장소에서 동식물유류를 수납하는 용기만을 겹쳐 쌓는 경우의 높이 기준을 쓰시오.

> **정답** 4m 이하로 겹쳐 쌓는다.

> **해설** **옥내저장소 · 옥외저장소에서 위험물 용기를 겹쳐쌓는 기준(초과 금지 기준)**

구분	높이
기계에 의하여 하역하는 구조로 된 용기만을 겹쳐 쌓는 경우	6m
제4류 위험물 중 제3석유류, 제4석유류 및 동식물유류를 수납하는 용기만을 겹쳐 쌓는 경우	4m
그 밖의 경우	3m

09 보냉장치가 있는 이동저장탱크에 저장하는 아세트알데히드등의 저장 온도기준을 쓰시오.

정답 당해 위험물의 비점 이하

해설 **산화프로필렌, 디에틸에테르, 아세트알데히드의 저장기준(온도기준)**

저장탱크	저장기준(온도기준)	
압력탱크 (옥외 · 옥내 · 지하저장탱크)	40℃ 이하	
압력탱크 외의 탱크 (옥외 · 옥내 · 지하저장탱크)	산화프로필렌, 디에틸에테르 등	30℃ 이하
	아세트알데히드	15℃ 이하
이동저장탱크	보냉장치 있음	당해 위험물의 비점 이하
	보냉장치 없음	40℃ 이하

10 보냉장치가 없는 이동저장탱크에 저장하는 디에틸에테르의 저장 온도기준을 쓰시오.

정답 40℃ 이하

해설 **산화프로필렌, 디에틸에테르, 아세트알데히드의 저장기준(온도기준)**

저장탱크	저장기준(온도기준)	
압력탱크 (옥외 · 옥내 · 지하저장탱크)	40℃ 이하	
압력탱크 외의 탱크 (옥외 · 옥내 · 지하저장탱크)	산화프로필렌, 디에틸에테르 등	30℃ 이하
	아세트알데히드	15℃ 이하
이동저장탱크	보냉장치 있음	당해 위험물의 비점 이하
	보냉장치 없음	40℃ 이하

11 위험물안전관리법령상 저장기준에 알맞도록 다음 빈칸을 채우시오.

저장탱크	저장기준(온도기준)	
압력탱크 (옥외 · 옥내 · 지하저장탱크)	(①)℃ 이하	
압력탱크 외의 탱크 (옥외 · 옥내 · 지하저장탱크)	산화프로필렌, 디에틸에테르 등	(②)℃ 이하
	아세트알데히드	(③)℃ 이하
이동저장탱크	보냉장치 있음	당해 위험물의 (④) 이하
	보냉장치 없음	(⑤)℃ 이하

정답 ① 40, ② 30, ③ 15, ④ 비점, ⑤ 40

12 위험물 취급기준에서 어떤 위험물을 자동차에 주유할 때 원동기를 정지시켜야 하는지 위험물의 조건을 쓰시오.

> **정답** 인화점 40℃ 미만의 위험물

> **해설** 자동차 등에 인화점 40℃ 미만의 위험물을 주유할 때에는 자동차 등의 원동기를 정지시켜야 한다.

13 위험물 판매취급소의 취급기준으로 알맞도록 다음 빈칸을 채우시오.

판매취급소에서는 도료류, 제1류 위험물 중 (①) 및 (①)만을 함유한 것, (②) 또는 인화점이 38℃ 이상인 제4류 위험물을 배합실에서 배합하는 경우 외에는 위험물을 배합하거나 옮겨 담는 작업을 하지 아니할 것

> **정답** ① 염소산염류, ② 유황

> **해설** 판매취급소에서는 도료류, 제1류 위험물 중 염소산염류 및 염소산염류만을 함유한 것, 유황 또는 인화점이 38℃ 이상인 제4류 위험물을 배합실에서 배합하는 경우 외에는 위험물을 배합하거나 옮겨 담는 작업을 하지 않는다.

14 위험물 운반기준에 알맞도록 다음 빈칸을 채우시오.

고체위험물	운반 용기 내용적의 (①)% 이하의 수납율
액체위험물	운반 용기 내용적의 (②)% 이하의 수납율 ((③)℃에서 누설되지 아니하도록 충분한 공간용적 유지)
자연발화성물질 중 알킬알루미늄등	운반 용기의 내용적의 (④)% 이하의 수납율 ((⑤)℃에서 (⑥)% 이상의 공간용적 유지)

> **정답** ① 95, ② 98, ③ 55, ④ 90, ⑤ 50, ⑥ 5

15 위험물안전관리법령상 차광성피복을 해야 하는 위험물의 유별을 모두 쓰시오. (단, 유별의 일부 위험물만 해당할 시 해당 위험물 또는 품명도 함께 쓰시오.)

> **정답** • 제1류 위험물
> • 제3류 위험물 중 자연발화성 물질
> • 제4류 위험물 중 특수인화물
> • 제5류 위험물
> • 제6류 위험물

16 위험물안전관리법령상 방수성피복을 해야 하는 위험물의 유별을 모두 쓰시오. (단, 유별의 일부 위험물만 해당할 시 해당 위험물 또는 품명도 함께 쓰시오.)

정답
- 제1류 위험물 중 알칼리금속의 과산화물
- 제2류 위험물 중 철분·금속분·마그네슘
- 제3류 위험물 중 금수성 물질

17 위험물안전관리법령상 보냉컨테이너에 수납하여야 하는 위험물의 조건을 쓰시오.

정답 제5류 위험물 중 55℃ 이하의 온도에서 분해될 우려가 있는 것

18 제2류 위험물에 대해 같이 적재하여 운반 시 혼재 불가능한 유별을 모두 쓰시오. (단, 위험물은 지정수량의 10배 이상이다.)

정답 제1류, 제3류, 제6류 위험물

해설 **위험물 유별 혼재기준(지정수량 1/10 초과 기준)**

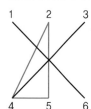

19 다음 각 위험물에 대해 같이 적재하여 운반 시 혼재 가능한 유별을 모두 쓰시오. (단, 위험물은 지정수량의 10배 이상이다.)

1) 제1류 위험물
2) 제2류 위험물
3) 제3류 위험물

정답
1) 제6류 위험물
2) 제4류, 제5류 위험물
3) 제4류 위험물

해설 **위험물 유별 혼재기준(지정수량 1/10 초과 기준)**

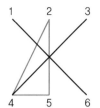

20 제4류 위험물을 운반할 때, 혼재 가능한 고압가스를 모두 쓰시오.

정답 내용적이 120L 미만의 용기에 충전한 불활성가스, 내용적이 120L 미만의 용기에 충전한 액화석유가스 · 압축천연가스

해설 **위험물과 혼재가 가능한 고압가스**
• 내용적이 120L 미만의 용기에 충전한 불활성가스
• 내용적이 120L 미만의 용기에 충전한 액화석유가스 · 압축천연가스(제4류 위험물과 혼재하는 경우에 한함)

21 위험물을 운반할 때 겹쳐 쌓을 수 있는 높이 기준을 쓰시오.

정답 3m 이하

22 위험물 운반용기 외부에 표시하여야 하는 항목을 3가지 쓰시오.

정답 위험물의 품명, 위험등급, 화학명, 수용성(제4류 위험물로서 수용성만), 위험물의 수량, 위험물에 따른 주의사항(이들 중 3가지만 작성)

해설 **위험물 운반용기 외부 표시사항**
1. 위험물의 품명 · 위험등급 · 화학명 및 수용성("수용성" 표시는 제4류 위험물로서 수용성만)
2. 위험물의 수량
3. 위험물에 따른 주의사항

23 위험물 운반용기 외부표시사항 중 위험물에 따른 주의사항으로 알맞도록 빈칸을 채우시오.

유별		외부 표시 주의사항
제1류	알칼리금속의 과산화물	
	그 밖의 것	
제2류	철분 · 금속분 · 마그네슘	
	인화성 고체	
	그 밖의 것	
제3류	자연발화성 물질	
	금수성 물질	
제4류		
제5류		
제6류		

정답

유별		외부 표시 주의사항
제1류	알칼리금속의 과산화물	• 화기 · 충격주의 • 물기엄금 • 가연물 접촉주의
	그 밖의 것	• 화기 · 충격주의 • 가연물 접촉주의
제2류	철분 · 금속분 · 마그네슘	• 화기주의 • 물기엄금
	인화성 고체	• 화기엄금
	그 밖의 것	• 화기주의
제3류	자연발화성 물질	• 화기엄금 • 공기접촉엄금
	금수성 물질	• 물기엄금
제4류		• 화기엄금
제5류		• 화기엄금 • 충격주의
제6류		• 가연물 접촉주의

24 위험물 운송기준으로 알맞도록 다음 빈칸을 채우시오.

- 운송책임자의 감독·지원을 받아 운송하는 위험물 : (①), (②), (①) 또는 (②)을(를) 함유하는 위험물
- 위험물안전카드를 휴대해야 하는 위험물 : 모든 위험물(단, 제(③)류 위험물에 있어서는 (④), (⑤)에 한한다.)

정답　① 알킬알루미늄, ② 알킬리튬, ③ 4, ④ 특수인화물, ⑤ 제1석유류
　　　　※ ①과 ②, ④와 ⑤의 순서는 각각 바뀌어도 상관없다.

25 위험물 장거리 운송에 대한 기준으로 알맞도록 다음 빈칸을 채우시오.

- 장거리 운송의 기준은 고속국도 (①)km 이상, 그 밖의 도로 (②)km 이상이다.
- 장거리 운송 시 1명의 운전자로 할 수 있는 경우는 (③)(을)를 동승시킨 경우이거나, 운송하는 위험물이 제(④)류 위험물, 제(⑤)류 위험물(칼슘 또는 알루미늄의 탄화물) 또는 제(⑥)류 위험물(특수인화물 제외)인 경우이거나, 운송 도중에 (⑦)시간 이내마다 (⑧)분 이상씩 휴식하는 경우이다.

정답　① 340, ② 200, ③ 운송책임자, ④ 2, ⑤ 3, ⑥ 4, ⑦ 2, ⑧ 20

CHAPTER 03 위험물 규제의 시설기준

제조소

1. 안전거리

(1) 안전거리 규제 대상

제조소(6류 제조소 제외), 옥내저장소, 옥외저장소, 옥외탱크저장소, 일반취급소

(2) 안전거리 기준

건축물	안전거리
사용전압이 7,000V 초과 35,000V 이하의 특고압가공전선	3m 이상
사용전압이 35,000V를 초과하는 특고압가공전선	5m 이상
건축물 그 밖의 공작물로서 주거용으로 사용되는 것	10m 이상
고압가스, 액화석유가스, 도시가스를 저장ㆍ취급하는 시설	20m 이상
학교ㆍ병원ㆍ극장 그 밖에 다수인을 수용하는 시설	30m 이상
유형문화재와 기념물 중 지정문화재	50m 이상

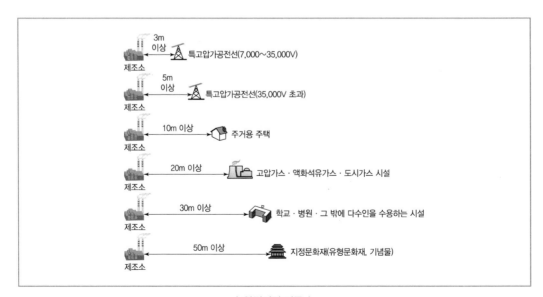

| 안전거리 기준 |

(3) 지정수량 이상의 히드록실아민등(히드록실아민, 히드록실아민염류)을 취급하는 제조소의 안전거리

$$D = 51.1 \sqrt[3]{N}$$

여기서, D : 안전거리(m)

N : 해당 제조소에서 취급하는 히드록실아민등의 지정수량 배수

2. 보유공지

(1) 설치목적

① 위험물 시설의 화염이 인근의 시설이나 건축물 등으로 확대되는 것을 방지하기 위한 완충공간을 확보한다.

② 위험물 시설 주변에 장애물이 없도록 공간을 확보하여 소화활동과 피난이 수월하도록 한다.

(2) 제조소의 보유공지

취급 위험물의 최대수량	공지 너비
지정수량의 10배 이하	3m 이상
지정수량의 10배 초과	5m 이상

3. 표지 및 게시판

(1) 규격 · 색상기준

표지 · 게시판	규격	색상기준
표지	**위험물 제조소** 30cm 이상 60cm 이상	• 백색바탕 • 흑색문자
게시판	위험물의 류별 제4류 위험물의 품명 제1석유류(수용성) 저장최대수량 50kℓ 지정수량의 배수 125배 위험물안전관리자 ○ ○ ○ 30cm 이상 60cm 이상	• 백색바탕 • 흑색문자

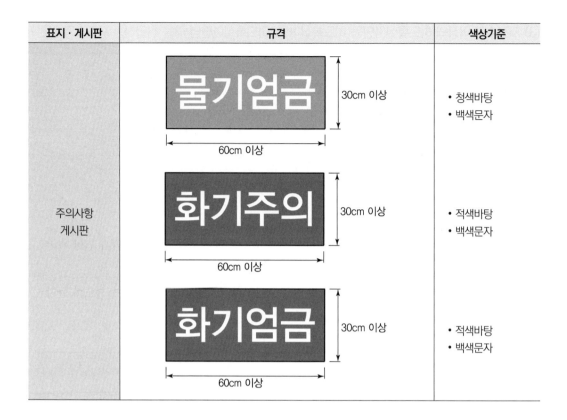

표지 · 게시판	규격	색상기준
주의사항 게시판	물기엄금 30cm 이상 / 60cm 이상	• 청색바탕 • 백색문자
	화기주의 30cm 이상 / 60cm 이상	• 적색바탕 • 백색문자
	화기엄금 30cm 이상 / 60cm 이상	• 적색바탕 • 백색문자

(2) 게시판 상세 내용

① 게시판 기재 항목

- 저장 · 취급하는 위험물의 유별 · 품명
- 저장 · 취급 최대수량
- 지정수량의 배수
- 안전관리자의 성명 또는 직명

② 위험물에 따른 주의사항 게시판 선택

위험물 종류	주의사항 게시판
• 제1류 위험물 중 알칼리금속의 과산화물과 이를 함유한 것 • 제3류 위험물 중 금수성물질	물기엄금
• 제2류 위험물(인화성 고체 제외)	화기주의
• 제2류 위험물 중 인화성 고체 • 제3류 위험물 중 자연발화성 물질 • 제4류 위험물 • 제5류 위험물	화기엄금

4. 건축물의 구조

① 지하층이 없는 구조

② 벽·기둥·바닥·보·서까래·계단 : **불연재료**로 한다.

③ 연소 우려가 있는 외벽 : 출입구 외의 개구부가 없는 **내화구조**의 벽

④ 지붕 : 폭발력이 위로 방출될 정도의 가벼운 **불연재료**

⑤ 출입구·비상구 : 갑종방화문 또는 을종방화문(단, 연소의 우려가 있는 외벽에 설치하는 출입구에는 수시로 열 수 있는 **자동폐쇄식의 갑종방화문**을 설치)

⑥ 유리(창·출입구) : **망입유리**

⑦ 바닥 : 위험물이 스며들지 못하는 재료로, 적당한 경사를 두어 그 최저부에 **집유설비** 설치

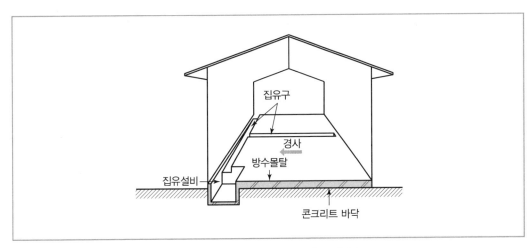

| 액체의 위험물을 취급하는 건축물 바닥 |

참고 – 연소의 우려가 있는 외벽

다음에 정한 선을 기산점으로 하여 3m(제조소등이 2층 이상인 경우에는 5m) 이내에 있는 제조소등의 외벽을 말한다.
• 제조소등이 설치된 부지경계선
• 제조소등에 인접한 도로중심선
• 제조소등의 외벽과 동일부지 내의 다른 건축물의 외벽 간의 중심선

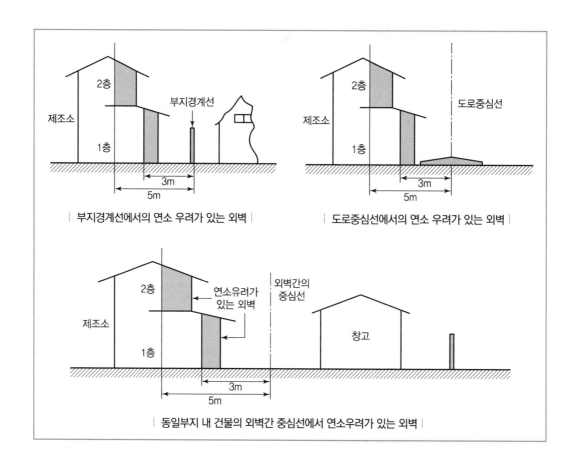

| 부지경계선에서의 연소 우려가 있는 외벽 |

| 도로중심선에서의 연소 우려가 있는 외벽 |

| 동일부지 내 건물의 외벽간 중심선에서 연소우려가 있는 외벽 |

5. 채광 · 조명 · 환기설비

(1) 채광설비

불연재료 및 채광면적 최소

(2) 조명설비

① 가연성가스 등이 체류할 우려가 있는 장소 : 방폭등

② 전선 : 내화 · 내열전선

③ 점멸스위치 : 출입구 바깥부분에 설치

(3) 환기설비

① 환기방식 : 자연배기방식

② 환기구 : 지붕 위 또는 지상 2m 이상의 높이에 회전식 고정벤틸레이터 또는 루프팬 방식(roof fan : 지붕에 설치하는 배기장치)으로 설치

③ 급기구

- 급기구는 낮은 곳에 설치하고, 가는 눈의 구리망 등으로 인화방지망을 설치
- 급기구가 설치된 실의 바닥면적 150m^{2}마다 1개 이상 설치
- 급기구의 크기 : 800cm^2 이상
- 바닥면적이 150m^2 미만인 경우의 급기구 크기

바닥면적	급기구의 면적
60m^2 미만	150cm^2 이상
60m^2 이상 90m^2 미만	300cm^2 이상
90m^2 이상 120m^2 미만	450cm^2 이상
120m^2 이상 150m^2 미만	600cm^2 이상

6. 배출설비

(1) 배출방식

국소방식(전역방식이 유효한 경우에는 전역방식 선택)

(2) 배출능력

배출방식	배출능력
국소방식	1시간당 배출장소 용적의 20배 이상
전역방식	바닥면적 1m^{2}당 18m^3 이상

(3) 급기구

급기구는 높은 곳에 설치하고, 가는 눈의 구리망 등으로 인화방지망을 설치

(4) 배출구

① 지상 2m 이상으로서 연소의 우려가 없는 장소에 설치
② 배출 덕트가 관통하는 벽 부분의 바로 가까이에 화재 시 자동으로 폐쇄되는 방화댐퍼를 설치

(5) 배풍기

① 강제배기방식으로 설치
② 옥내 덕트의 내압이 대기압 이상이 되지 아니하는 위치에 설치

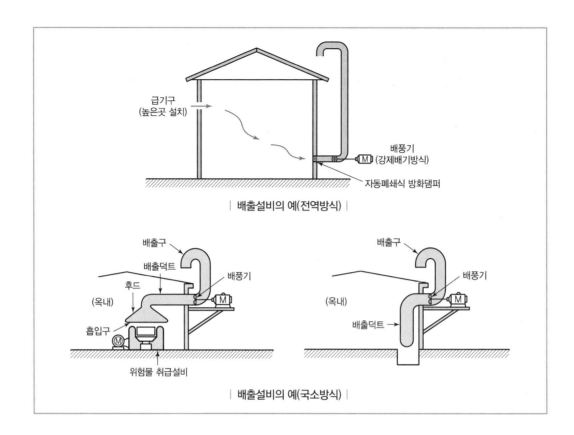

| 배출설비의 예(전역방식) |

| 배출설비의 예(국소방식) |

7. 옥외설비의 바닥

(1) 방유턱(담)

바닥의 둘레에 높이 0.15m 이상의 턱을 설치하여 위험물이 외부로 흘러나가지 않도록 한다.

(2) 집유설비

콘크리트 등 위험물이 스며들지 아니하는 재료로 바닥을 경사지게 하고, 최저부에 집유설비를 설치한다.

(3) 유분리장치

위험물(온도 20℃의 물 100g에 용해되는 양이 1g 미만인 것에 한한다)을 취급하는 설비에 있어서는 당해 위험물이 직접 배수구에 흘러 들어가지 아니하도록 집유설비에 유분리장치를 설치한다.

(4) 방유제(방유턱) 용량

제조소 탱크 위치	방유제 용량
옥외	당해 탱크 중 용량이 최대인 것의 50%에 나머지 탱크용량 합계의 10%를 가산한 양 이상
옥내	위험물의 양이 최대인 탱크의 양 이상

※ 방유제의 용량은 당해 방유제의 내용적에서 용량이 최대인 탱크 외의 탱크의 방유제 높이 이하 부분의 용적, 당해 방유제 내에 있는 모든 탱크의 지반면 이상 부분의 기초의 체적, 간막이 둑의 체적 및 당해 방유제 내에 있는 배관 등의 체적을 뺀 것으로 한다.

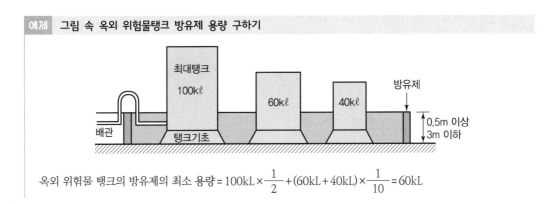

예제 그림 속 옥외 위험물탱크 방유제 용량 구하기

옥외 위험물 탱크의 방유제의 최소 용량 $= 100\text{kL} \times \dfrac{1}{2} + (60\text{kL} + 40\text{kL}) \times \dfrac{1}{10} = 60\text{kL}$

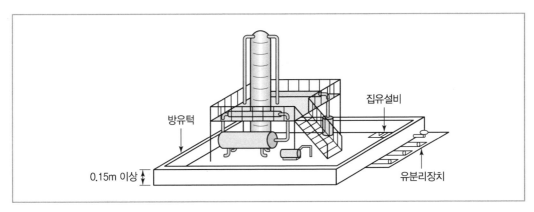

| 옥외설비 바닥 |

8. 기타설비

(1) 정전기 제거 방법

① **접지**에 의한 방법
② 공기 중의 상대습도를 **70%** 이상으로 하는 방법
③ 공기를 **이온화**하는 방법

(2) 피뢰설비

설치대상 : 지정수량의 **10배** 이상의 위험물을 취급하는 제조소(**제6류** 위험물을 취급하는 위험물제조소를 **제외**)

(3) 압력계 및 안전장치

① 압력계

② 안전장치

　　㉠ 자동적으로 압력의 상승을 정지시키는 장치

　　㉡ 감압측에 안전밸브를 부착한 감압밸브

　　㉢ 안전밸브를 겸하는 경보장치

　　㉣ **파괴판**(위험물의 성질에 따라 안전밸브의 작동이 곤란한 가압설비에 한하여 설치)

9. 위험물에 따른 제조소의 특례

위험물	특례
알킬알루미늄등 (알킬알루미늄, 알킬리튬)	• **누설범위를 국한**시킬 수 있는 설비와 누설된 알킬알루미늄 등을 안전한 장소에 설치된 저장실에 유입시킬 수 있는 설비를 갖출 것 • **불활성기체**를 봉입하는 장치를 갖출 것
아세트알데히드등 (아세트알데히드, 산화프로필렌)	• 설비를 **은 · 수은 · 동 · 마그네슘** 또는 이들을 성분으로 하는 합금으로 만들지 아니할 것 • **불활성기체 또는 수증기**를 봉입하는 장치를 갖출 것 • **냉각장치 또는 보냉장치 및 불활성기체**를 봉입하는 장치를 갖출 것
히드록실아민	• 히드록실아민 등의 **온도** 및 **농도**의 상승에 의한 위험한 반응을 방지하기 위한 조치를 강구할 것 • **철이온** 등의 혼입에 의한 위험한 반응을 방지하기 위한 조치를 강구할 것

적중 핵심예상문제

01 제조소에서 다음의 시설물까지 확보해야 하는 안전거리 기준을 쓰시오. (단, 제4류 위험물을 취급하는 제조소이다.)

> 1) 지정문화재
> 2) 병원
> 3) 사용전압 30,000V의 특고압가공전선
> 4) 학교
> 5) 주택
> 6) 액화석유가스 시설

정답 1) 50m 이상, 2) 30m 이상, 3) 3m 이상, 4) 30m 이상, 5) 10m 이상, 6) 20m 이상

해설 **제조소등의 안전거리**

02 800kg의 히드록실아민을 취급하는 제조소의 안전거리를 구하시오.

정답 102.2m 이상

해설
- 히드록실아민의 지정수량 : 100kg
- 지정수량 배수 = $\dfrac{800\text{kg}}{100\text{kg}}$ = 8배
- 히드록실아민등을 취급하는 제조소의 안전거리 $D = 51.1\sqrt[3]{N} = 51.1 \times (8)^{\frac{1}{3}} = 102.2\text{m}$

03 위험물제조소에서 1,000kg의 황화린을 취급할 때 확보해야 하는 보유공지(m)를 구하시오.

정답 3m 이상

해설 • 지정수량 배수 = $\dfrac{1,000\text{kg}}{100\text{kg}}$ = 10배

• 제조소의 보유공지

취급 위험물의 최대수량	공지 너비
지정수량의 10배 이하	3m 이상
지정수량의 10배 초과	5m 이상

04 다음의 위험물제조소에 설치하는 표지 · 게시판에서의 바탕과 문자의 색을 쓰시오.

1) 위험물제조소 표지
2) 위험물 게시판(유별, 품명 등)
3) 주의사항 게시판(물기엄금)
4) 주의사항 게시판(화기주의)

정답 1) 백색바탕, 흑색문자
2) 백색바탕, 흑색문자
3) 청색바탕, 백색문자
4) 적색바탕, 백색문자

05 다음의 위험물제조소에 설치하는 표지 · 게시판의 크기 기준으로 알맞도록 빈칸을 채우시오.

1) 표지 : 한 변의 길이가 (   )m 이상, 다른 한 변의 길이가 (   )m 이상인 직사각형으로 할 것
2) 위험물 게시판(유별, 품명 등) : 한 변의 길이가 (   )m 이상, 다른 한 변의 길이가 (   )m 이상인 직사각형으로 할 것
3) 주의사항 게시판(물기엄금) : 한 변의 길이가 (   )m 이상, 다른 한 변의 길이가 (   )m 이상인 직사각형으로 할 것

정답 1) 0.3, 0.6
2) 0.3, 0.6
3) 0.3, 0.6
※ 0.3과 0.6의 순서는 서로 바뀌어도 정답

06 다음은 위험물제조소의 게시판에 들어갈 항목이다. 누락된 항목을 쓰시오. (단, 누락된 항목이 없으면 "없음"이라고 쓰시오.)

위험물제조소	
화기엄금	
유별	○○○
품명	○○○
저장 · 취급최대수량	○○○
위험물안전관리자	○○○

정답 지정수량의 배수

해설 **게시판 기재 항목**
- 저장 · 취급하는 위험물의 유별 · 품명
- 저장 · 취급 최대수량
- 지정수량의 배수
- 안전관리자의 성명 또는 직명

07 위험물제조소 주의사항 게시판이 "물기엄금"일 때, 이 제조소에서 취급할 것으로 예상되는 위험물의 종류를 모두 쓰시오. (단, 유별과 품명(구분명)을 쓰시오.)

정답
- 제1류 위험물 중 알칼리금속의 과산화물
- 제3류 위험물 중 금수성물질

해설 **위험물에 따른 주의사항 게시판**

위험물 종류	주의사항 게시판
• 제1류 위험물 중 알칼리금속의 과산화물과 이를 함유한 것 • 제3류 위험물 중 금수성물질	물기엄금
• 제2류 위험물(인화성 고체 제외)	화기주의
• 제2류 위험물 중 인화성 고체 • 제3류 위험물 중 자연발화성 물질 • 제4류 위험물 • 제5류 위험물	화기엄금

08 위험물제조소 주의사항 게시판이 "화기엄금"일 때, 이 제조소에서 취급할 것으로 예상되는 위험물의 종류를 모두 쓰시오. (단, 유별과 품명(구분명)을 쓰시오.)

정답
- 제2류 위험물 중 인화성 고체
- 제3류 위험물 중 자연발화성 물질
- 제4류 위험물
- 제5류 위험물

해설 **위험물에 따른 주의사항 게시판**

위험물 종류	주의사항 게시판
• 제1류 위험물 중 알칼리금속의 과산화물과 이를 함유한 것 • 제3류 위험물 중 금수성물질	물기엄금
• 제2류 위험물(인화성 고체 제외)	화기주의
• 제2류 위험물 중 인화성 고체 • 제3류 위험물 중 자연발화성 물질 • 제4류 위험물 • 제5류 위험물	화기엄금

09 위험물제조소 주의사항 게시판이 "화기주의"일 때, 이 제조소에서 취급할 것으로 예상되는 위험물의 종류를 모두 쓰시오. (단, 유별과 품명(구분명)을 쓰시오.)

정답 제2류 위험물(인화성 고체 제외)

해설 **위험물에 따른 주의사항 게시판**

위험물 종류	주의사항 게시판
• 제1류 위험물 중 알칼리금속의 과산화물과 이를 함유한 것 • 제3류 위험물 중 금수성물질	물기엄금
• 제2류 위험물(인화성 고체 제외)	화기주의
• 제2류 위험물 중 인화성 고체 • 제3류 위험물 중 자연발화성 물질 • 제4류 위험물 • 제5류 위험물	화기엄금

10 위험물제조소의 급기구 기준으로 알맞도록 다음 빈칸을 채우시오.

- 급기구는 낮은 곳에 설치하고, 가는 눈의 구리망 등으로 (①)을 설치
- 급기구가 설치된 실의 바닥면적 (②)m²마다 1개 이상 설치
- 급기구의 크기 : (③)cm² 이상

정답 ① 인화방지망, ② 150, ③ 800

11 위험물제조소의 바닥면적이 100m²일 때, 급기구의 면적을 쓰시오.

정답 450cm² 이상

해설 **바닥면적이 150m² 미만인 경우의 급기구 크기**

바닥면적	급기구의 면적
60m² 미만	150cm² 이상
60m² 이상 90m² 미만	300cm² 이상
90m² 이상 120m² 미만	450cm² 이상
120m² 이상 150m² 미만	600cm² 이상

12 위험물제조소의 배출능력에 대한 기준으로 알맞도록 다음 빈칸을 채우시오.

국소방식의 배출능력은 (①)시간당 배출장소 용적의 (②)배 이상인 것으로 하여야 한다. 다만, 전역방식의 경우에는 바닥면적 1m²당 (③)m³ 이상으로 할 수 있다.

정답 ① 1, ② 20, ③ 18

13 위험물제조소 옥외설비의 방유제에 대한 다음의 물음에 답하시오.

1) 방유제의 높이 기준을 쓰시오.
2) 100kL, 60kL, 40kL의 탱크가 들어있는 방유제의 최소 용량을 구하시오.

정답 1) 0.15m 이상
2) 60kL

해설 2) 옥외 위험물 탱크의 방유제의 최소 용량 $= 100kL \times \dfrac{1}{2} + (60kL + 40kL) \times \dfrac{1}{10} = 60kL$

방유제(방유턱) 용량

제조소 탱크 위치	방유제 용량
옥외	당해 탱크 중 용량이 최대인 것의 50%에 나머지 탱크용량 합계의 10%를 가산한 양 이상
옥내	위험물의 양이 최대인 탱크의 양 이상

14 위험물제조소에서 정전기를 제거하는 방법 3가지를 쓰시오.

정답 접지, 공기 중 상대습도를 70% 이상으로 함, 공기를 이온화함

15 위험물제조소에서 피뢰설비를 설치해야 하는 제조소의 기준을 쓰시오.

> **정답** 지정수량 10배 이상의 위험물을 취급(제6류 위험물은 제외)

16 위험물제조소에서 위험물의 성질에 따라 안전밸브의 작동이 곤란한 가압설비에 한하여 설치하는 안전장치 명칭을 쓰시오.

> **정답** 파괴판

17 다음의 위험물제조소 특례기준을 보고 어떤 위험물을 취급하는 제조소인지 위험물 명칭을 하나만 쓰시오.

> • 누설범위를 국한시킬 수 있는 설비와 누설된 위험물을 안전한 장소에 설치된 저장실에 유입시킬 수 있는 설비를 갖출 것
> • 불활성기체를 봉입하는 장치를 갖출 것

> **정답** 알킬알루미늄, 알킬리튬(이들 중 1개만 작성)

18 다음의 위험물제조소 특례기준을 보고 어떤 위험물을 취급하는 제조소인지 위험물 명칭을 하나만 쓰시오.

> • 설비를 은·수은·동·마그네슘 또는 이들을 성분으로 하는 합금으로 만들지 아니할 것
> • 불활성기체 또는 수증기를 봉입하는 장치를 갖출 것
> • 냉각장치 또는 보냉장치 및 불활성기체를 봉입하는 장치를 갖출 것

> **정답** 아세트알데히드, 산화프로필렌(이들 중 1개만 작성)

19 다음의 위험물제조소 특례기준을 보고 어떤 위험물을 취급하는 제조소인지 위험물 명칭을 쓰시오.

> • 온도 및 농도의 상승에 의한 위험한 반응을 방지하기 위한 조치를 강구할 것
> • 철이온 등의 혼입에 의한 위험한 반응을 방지하기 위한 조치를 강구할 것

> **정답** 히드록실아민

20 위험물제조소 특례기준으로 알맞도록 빈칸을 채우시오.

> 1) 히드록실아민등을 취급하는 설비에는 히드록실아민등의 (   ) 및 (   )의 상승에 의한 위험한 반응을 방지하기 위한 조치를 강구할 것
>
> 2) 히드록실아민등을 취급하는 설비에는 (   ) 등의 혼입에 의한 위험한 반응을 방지하기 위한 조치를 강구할 것
>
> 3) 아세트알데히드등을 취급하는 설비를 은·수은·동·(   ) 또는 이들을 성분으로 하는 합금으로 만들지 아니할 것
>
> 4) 아세트알데히드등을 취급하는 설비에 불활성기체 또는 (   )(을)를 봉입하는 장치를 갖출 것

정답
1) 온도, 농도
2) 철이온
3) 마그네슘
4) 수증기

해설 **위험물에 따른 제조소의 특례**

위험물	특례
알킬알루미늄등 (알킬알루미늄, 알킬리튬)	• 누설범위를 국한시킬 수 있는 설비와 누설된 알킬알루미늄 등을 안전한 장소에 설치된 저장실에 유입시킬 수 있는 설비를 갖출 것 • 불활성기체를 봉입하는 장치를 갖출 것
아세트알데히드등 (아세트알데히드, 산화프로필렌)	• 설비를 은·수은·동·마그네슘 또는 이들을 성분으로 하는 합금으로 만들지 아니할 것 • 불활성기체 또는 수증기를 봉입하는 장치를 갖출 것 • 냉각장치 또는 보냉장치 및 불활성기체를 봉입하는 장치를 갖출 것
히드록실아민	• 히드록실아민등의 온도 및 농도의 상승에 의한 위험한 반응을 방지하기 위한 조치를 강구할 것 • 철이온 등의 혼입에 의한 위험한 반응을 방지하기 위한 조치를 강구할 것

SECTION 2	옥내저장소 · 옥외저장소

1. 옥내저장소

(1) 안전거리

제조소 규정에 준함

(2) 보유공지

① 보유공지 기준

저장 또는 취급하는 위험물의 최대수량	공지의 너비	
	벽 · 기둥 및 바닥이 내화구조로 된 건축물	그 밖의 건축물
지정수량의 5배 이하	–	0.5m 이상
지정수량의 5배 초과 10배 이하	1m 이상	1.5m 이상
지정수량의 10배 초과 20배 이하	2m 이상	3m 이상
지정수량의 20배 초과 50배 이하	3m 이상	5m 이상
지정수량의 50배 초과 200배 이하	5m 이상	10m 이상
지정수량의 200배 초과	10m 이상	15m 이상

② 동일 부지 내에 있는 옥내저장소 2개 사이의 거리

지정수량의 20배를 초과하는 옥내저장소와 동일한 부지 내에 있는 다른 옥내저장소와의 사이에는

규정된 공지 너비의 $\frac{1}{3}$(최소 3m)의 공지를 보유할 수 있다.

(3) 표지 및 게시판

제조소와 동일(단, 표지 이름만 "위험물옥내저장소"로 변경)

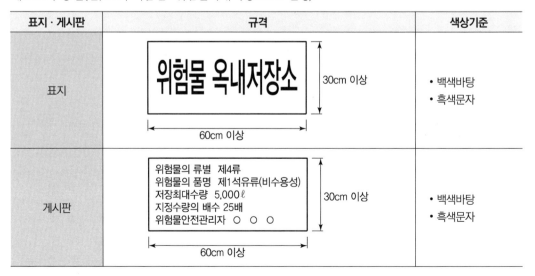

표지 · 게시판	규격	색상기준
표지	위험물 옥내저장소 30cm 이상 60cm 이상	• 백색바탕 • 흑색문자
게시판	위험물의 류별 제4류 위험물의 품명 제1석유류(비수용성) 저장최대수량 5,000ℓ 지정수량의 배수 25배 위험물안전관리자 ○ ○ ○ 30cm 이상 60cm 이상	• 백색바탕 • 흑색문자

표지 · 게시판	규격		색상기준
주의사항 게시판	**물기엄금** 30cm 이상 / 60cm 이상		• 청색바탕 • 백색문자
	화기주의 30cm 이상 / 60cm 이상		• 적색바탕 • 백색문자
	화기엄금 30cm 이상 / 60cm 이상		• 적색바탕 • 백색문자

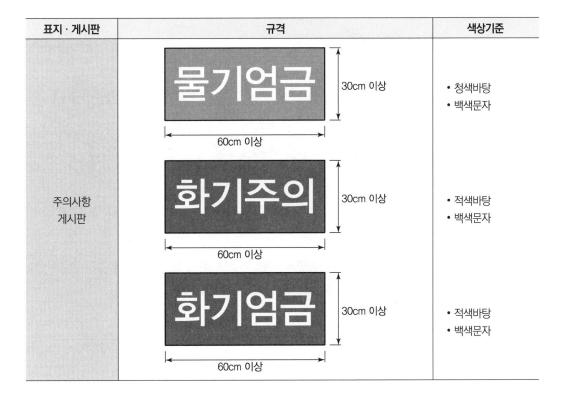

(4) 건축물의 구조

① 지면에서 처마까지의 높이가 6m 미만인 단층건물

> **참고** – 예외 : 처마높이를 20m 이하로 할 수 있는 경우(조건 모두 만족)

- 제2류 또는 제4류의 위험물만을 저장하는 창고
- 벽 · 기둥 · 보 및 바닥 : 내화구조
- 출입구 : 갑종방화문
- 피뢰침 설치(단, 안전상 지장이 없는 경우에는 설치 예외)

② 벽 · 기둥 · 바닥 : 내화구조[단, 지정수량의 **10배 이하**의 위험물 또는 제2류 위험물(**인화성 고체** 제외)과 제4류의 위험물(인화점이 **70℃ 미만**인 것 제외)만의 저장창고의 연소의 우려가 없는 벽 · 기둥 · 바닥은 **불연재료**로 할 수 있다.]

③ 보 · 서까래 : 불연재료

④ 지붕

저장창고	• 폭발력이 위로 방출될 정도의 가벼운 불연재료 • 천장 ×
제2류 위험물(분말상태 · 인화성 고체 제외)과 제6류 위험물만의 저장창고	내화구조의 지붕
제5류 위험물만의 저장창고	저장창고 내의 온도를 저온으로 유지하기 위하여 난연재료 또는 불연재료로 된 천장 설치 가능

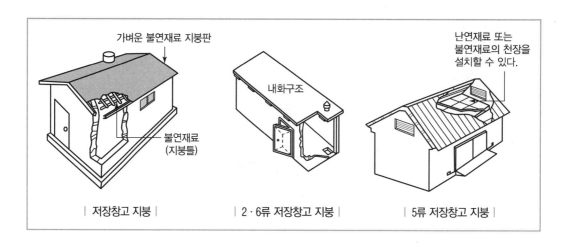

| 저장창고 지붕 | 2 · 6류 저장창고 지붕 | 5류 저장창고 지붕 |

⑤ 출입구 · 비상구 : **갑종방화문** 또는 **을종방화문**(단, 연소의 우려가 있는 외벽에 있는 출입구에는 수시로 열 수 있는 **자동폐쇄식의 갑종방화문**을 설치)

⑥ 유리(창 · 출입구) : **망입유리**

⑦ 바닥

　㉠ 바닥구조

바닥 구조	대상
위험물이 스며들지 아니하는 구조로, 적당한 경사를 두어 그 최저부에 집유설비 설치	액상 위험물
물이 스며 나오거나 스며들지 아니한 구조	• 제1류 위험물 중 알칼리금속의 과산화물 • 제2류 위험물 중 철분 · 금속분 · 마그네슘 • 제3류 위험물 중 금수성물질 • 제4류 위험물

　㉡ 바닥 면적기준(2 이상의 구획된 실은 각 실의 바닥면적의 합계)

위험물을 저장하는 창고의 종류	바닥면적
위험등급 I 위험물 전체와 **제4류 위험등급 II** 위험물 ① 위험등급 I 위험물 　• 제1류 위험물 중 아염소산염류, 염소산염류, 과염소산염류, 무기과산화물 　• 제3류 위험물 중 칼륨, 나트륨, 알킬알루미늄, 알킬리튬, 황린 　• 제4류 위험물 중 특수인화물 　• 제5류 위험물 중 유기과산화물, 질산에스테르류 　• 제6류 위험물 ② 위험등급 II 위험물(제4류) 　• 제4류 위험물 중 제1석유류, 알코올류	$1,000m^2$ 이하
그 외의 위험물을 저장하는 창고	$2,000m^2$ 이하
위험물을 내화구조의 격벽으로 완전히 구획된 실에 각각 저장하는 창고(바닥면적 $1,000m^2$ 이하의 위험물을 저장하는 실의 면적은 $500m^2$ 초과 금지)	$1,500m^2$ 이하

⑧ 채광·조명·환기설비 : 제조소 규정에 준함

⑨ 배출설비 : 인화점이 **70℃ 미만**인 위험물은 내부에 체류한 가연성의 증기를 지붕 위로 배출하는 설비를 갖춤

⑩ 피뢰침 : 지정수량의 **10배 이상**의 저장창고(**제6류 위험물 제외**)

⑪ 제5류 위험물(분해·발화 위험물)의 저장창고 : 위험물이 발화하는 온도에 달하지 아니하는 온도를 유지하는 구조로 하거나 비상전원을 갖춘 **통풍장치** 또는 **냉방장치** 등의 설비를 2 이상 설치

(5) 다층건물 옥내저장소의 기준

① 저장 위험물

- 제2류(인화성 고체 제외)
- 제4류(인화점 70℃ 미만 제외 : 3·4·동식물유류)

② 건축물의 구조

- 각층의 바닥 : 지면보다 높게
- 층고(바닥면으로부터 상층의 바닥까지의 높이) : **6m 미만**
- 하나의 저장창고의 바닥면적 합계 : **1,000m² 이하**
- 벽·기둥·바닥·보 : 내화구조
- 계단 : 불연재료
- 연소의 우려가 있는 외벽 : 출입구 외의 개구부를 갖지 아니하는 벽

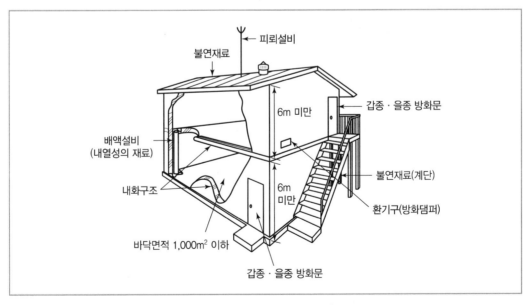

| 다층건물의 옥외저장소 구조 |

(6) 소규모 옥내저장소의 특례

① 저장 위험물 : 지정수량 **50배 이하**

② 건축물의 구조

- 처마높이 : **6m 미만**
- 하나의 저장창고 바닥면적 : **150m² 이하**
- 벽 · 기둥 · 바닥 · 보 · 지붕 : **내화구조**
- 출입구 : 수시로 개방할 수 있는 **자동폐쇄식의 갑종방화문**

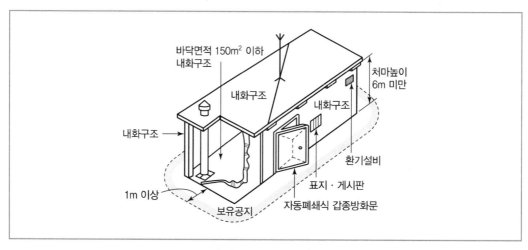

| 소규모 옥내저장소 |

(7) 지정과산화물 옥내저장소의 특례

① 저장 위험물

지정과산화물 : **제5류 위험물** 중 **유기과산화물** 또는 이를 함유하는 것으로서 **지정수량이 10kg**
인 것

② 건축물의 구조

- 격벽 : **150m² 이내**마다 격벽으로 구획

격벽두께	• 철근콘크리트조 또는 철골철근콘크리트조 : **30cm 이상** • 보강콘크리트블록조 : **40cm 이상**
돌출길이	• 저장창고의 양측의 외벽 : 1m 이상 • 상부의 지붕 : **50cm 이상**

- 외벽

외벽두께	• 철근콘크리트조 또는 철골철근콘크리트조 : **20cm 이상** • 보강콘크리트블록조 : **30cm 이상**

- 출입구 : 갑종방화문

• 창

위치	바닥면으로부터 **2m 이상**의 높이
면적	• 1개당 : **0.4m² 이내** • 벽면 하나에 두는 창의 면적 합계 : **벽면 면적의 $\frac{1}{80}$ 이내**

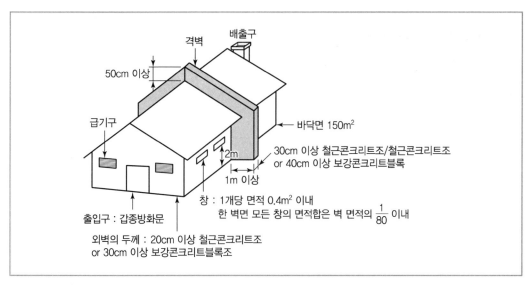

| 지정과산화물 옥내저장소 구조 |

2. 옥외저장소

(1) 옥외저장소에 저장할 수 있는 위험물

① **제2류 위험물 중 유황 또는 인화성 고체**(인화점이 0℃ 이상)

② **제4류 위험물 중 제1석유류(인화점이 0℃ 이상)·알코올류·제2석유류·제3석유류·제4석유류 및 동식물유류**

③ **제6류** 위험물

④ 제2류 위험물 및 제4류 위험물 중 시·도의 조례에서 정하는 위험물(「관세법」의 보세구역 안에 저장하는 경우에 한함)

⑤ 「국제해상위험물규칙」(IMDG Code)에 적합한 용기에 수납된 위험물

(2) 안전거리

제조소 규정에 준함

(3) 보유공지

① 보유공지 기준

저장 또는 취급하는 위험물의 최대수량	공지의 너비
지정수량의 10배 이하	3m 이상
지정수량의 10배 초과 20배 이하	5m 이상
지정수량의 20배 초과 50배 이하	9m 이상
지정수량의 50배 초과 200배 이하	12m 이상
지정수량의 200배 초과	15m 이상

② 보유공지를 $\frac{1}{3}$ 로 단축할 수 있는 위험물

- 제4류 위험물 중 제4석유류
- 제6류 위험물

(4) 표지 및 게시판

제조소와 동일(단, 표지 이름만 "위험물옥외저장소"로 변경)

(5) 구조

① 설치 위치 : 습기가 없고 배수가 잘되는 장소

② 경계표시(울타리) : 위험물을 저장하는 장소의 주위에 설치하여 명확하게 구분

③ 선반 : 높이 **6m 초과 금지**

④ 불연성 또는 난연성 천막 : **과산화수소, 과염소산** 저장 시 설치

(6) 덩어리 상태의 유황만을 지반면에 설치한 경계표시

① 면적

하나의 경계표시	100m^2 이하
2 이상의 경계표시 면적 합	1,000m^2 이하

② 인접한 경계표시간의 간격 : 보유공지 규정 너비의 $\frac{1}{2}$ 이상(단, 저장·취급 위험물의 최대수량이 지정수량의 200배 이상인 경우에는 10m 이상)

③ 높이 : **1.5m 이하**

④ 구조 : 불연재료, 유황이 새지 않는 구조

⑤ 천막 고정장치(유황 비산 방지) 설치 간격 : 경계표시의 길이 **2m**마다 한 개 이상

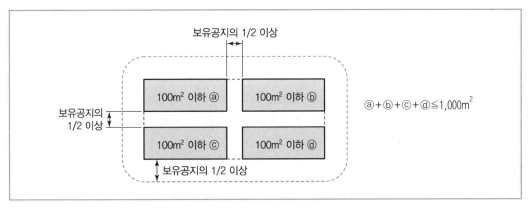

보유공지의 1/2 이상

보유공지의 1/2 이상

100m² 이하 ⓐ

100m² 이하 ⓑ

100m² 이하 ⓒ

100m² 이하 ⓓ

보유공지의 1/2 이상

$ⓐ+ⓑ+ⓒ+ⓓ≤1,000m^2$

| 덩어리 유황의 경계표시 규정 |

적중 핵심예상문제

01 위험물옥내저장소에서 인화성 고체를 16,000kg 저장하고 있다면 이 옥내저장소의 보유공지 너비는 몇 m 이상이어야 하는지 쓰시오. (단, 벽·기둥 및 바닥이 내화구조로 된 건축물이다.)

정답 2m 이상

해설
- 인화성 고체 지정수량 배수 = $\dfrac{16,000\text{kg}}{1,000\text{kg}}$ = 16배
- 옥내저장소의 보유공지

저장 또는 취급하는 위험물의 최대수량	공지의 너비	
	벽·기둥 및 바닥이 내화구조로 된 건축물	그 밖의 건축물
지정수량의 5배 이하	-	0.5m 이상
지정수량의 5배 초과 10배 이하	1m 이상	1.5m 이상
지정수량의 10배 초과 20배 이하	2m 이상	3m 이상
지정수량의 20배 초과 50배 이하	3m 이상	5m 이상
지정수량의 50배 초과 200배 이하	5m 이상	10m 이상
지정수량의 200배 초과	10m 이상	15m 이상

02 다음은 위험물옥내저장소의 게시판이다. 누락된 항목을 찾아 쓰시오. (단, 누락된 항목이 없으면 "없음"이라고 쓰시오.)

위험물 옥내저장소	
화기주의	
유별	○○○
저장최대수량	○○○
지정수량의 배수	○○○
위험물안전관리자	○○○

정답 품명

해설 **표지·게시판**
① 표지 : 위험물옥내저장소
② 게시판
  - 저장·취급하는 위험물의 유별·품명
  - 저장·취급 최대수량
  - 지정수량의 배수
  - 안전관리자의 성명 또는 직명
③ 위험물 주의사항 게시판
  - 물기엄금
  - 화기엄금
  - 화기주의

03 과망간산나트륨을 지정수량 20배로 저장하는 위험물옥내저장소에 대한 기준으로 알맞도록 다음 빈칸을 채우시오.

> 1) 저장창고는 지면에서 처마까지의 높이가 (   )m 미만인 단층 건물로 하고 그 바닥을 지반면보다 높게 하여
>   야 한다.
> 2) 하나의 저장창고의 바닥면적은 (   )m² 이하로 한다.
> 3) 저장창고의 벽·기둥 및 바닥은 (   )(으)로 한다.
> 4) 저장창고의 출입구에는 (   ) 또는 (   )을(를) 설치하되, 연소의 우려가 있는 외벽에 있는
>   출입구에는 수시로 열 수 있는 자동폐쇄식의 갑종방화문을 설치하여야 한다.

정답 1) 6
2) 2,000
3) 내화구조
4) 갑종방화문, 을종방화문

해설 **옥내저장소의 위치·구조·설비 기준**
1) 저장창고는 지면에서 처마까지의 높이가 6m 미만인 단층 건물로 하고 그 바닥을 지반면보다 높게 하여야 한다.
2) 하나의 저장창고의 바닥면적(2 이상의 구획된 실은 각 실의 바닥면적의 합계) 기준

위험물을 저장하는 창고의 종류	바닥면적
① 제1류 위험물 중 지정수량 50kg인 위험물(아염소산염류, 염소산염류, 과염소산염류, 무기 　과산화물) ② 제3류 위험물 중 지정수량 10kg(칼륨, 나트륨, 알킬알루미늄, 알킬리튬)인 위험물과 황린 ③ 제4류 위험물 중 특수인화물, 제1석유류, 알코올류 ④ 제5류 위험물 중 지정수량 10kg(유기과산화물, 질산에스테르류)인 위험물 ⑤ 제6류 위험물	1,000m² 이하
①~⑤ 외의 위험물을 저장하는 창고	2,000m² 이하
위험물을 내화구조의 격벽으로 완전히 구획된 실에 각각 저장하는 창고(①~⑤의 위험물을 저장하는 실의 면적은 500m² 초과 금지)	1,500m² 이하

3) 저장창고의 벽·기둥 및 바닥은 내화구조로 하고, 보와 서까래는 불연재료로 하여야 한다.
4) 저장창고의 출입구에는 갑종방화문 또는 을종방화문을 설치하되, 연소의 우려가 있는 외벽에 있는 출입구에는 수시로 열 수 있는 자동폐쇄식의 갑종방화문을 설치하여야 한다.

04 위험물옥내저장소에서 저장할 때 바닥의 구조를 물이 스며 나오거나 스며들지 아니하는 구조를 갖추어야 하는 위험물을 모두 쓰시오.

정답
- 제1류 위험물 중 알칼리금속의 과산화물
- 제2류 위험물 중 철분 · 금속분 · 마그네슘
- 제3류 위험물 중 금수성물질
- 제4류 위험물

해설 **옥내저장소의 바닥구조**

바닥 구조	대상
위험물이 스며들지 아니하는 구조로, 적당한 경사를 두어 그 최저부에 집유설비 설치	액상 위험물
물이 스며 나오거나 스며들지 아니한 구조	• 제1류 위험물 중 알칼리금속의 과산화물 • 제2류 위험물 중 철분 · 금속분 · 마그네슘 • 제3류 위험물 중 금수성물질 • 제4류 위험물

05 위험물옥내저장소에서 피리딘을 저장할 때 바닥면적 기준을 쓰시오.

정답 $1,000m^2$ 이하

해설   피리딘은 제4류 위험물 중 제1석유류이다.

위험물저장창고의 바닥면적기준

위험물을 저장하는 창고의 종류	바닥면적
위험등급 I 위험물 전체와 제4류 위험등급 II 위험물 ① 위험등급 I 위험물 • 제1류 위험물 중 아염소산염류, 염소산염류, 과염소산염류, 무기과산화물 • 제3류 위험물 중 칼륨, 나트륨, 알킬알루미늄, 알킬리튬, 황린 • 제4류 위험물 중 특수인화물 • 제5류 위험물 중 유기과산화물, 질산에스테르류 • 제6류 위험물 ② 위험등급 II 위험물(제4류) • 제4류 위험물 중 제1석유류, 알코올류	$1,000m^2$ 이하
그 외의 위험물을 저장하는 창고	$2,000m^2$ 이하
위험물을 내화구조의 격벽으로 완전히 구획된 실에 각각 저장하는 창고(바닥면적 $1,000m^2$ 이하의 위험물을 저장하는 실의 면적은 $500m^2$ 초과 금지)	$1,500m^2$ 이하

06 위험물옥내저장소에서 저장할 때 가연성의 증기를 지붕 위로 배출하는 설비를 갖추어야 하는 위험물 기준을 쓰시오.

정답 인화점이 70℃ 미만인 위험물

해설 인화점이 70℃ 미만인 위험물은 내부에 체류한 가연성의 증기를 지붕 위로 배출하는 설비를 갖추어야 한다.

07 다층건물의 옥내저장소에서 저장할 수 있는 위험물의 유별을 모두 쓰시오. (단, 제외되는 조건이 있을 시 제외 조건도 쓰시오.)

정답 제2류(인화성 고체 제외), 제4류의 위험물(인화점이 70℃ 미만인 위험물 제외)

해설 다층건물 옥내저장소에서 저장할 수 있는 위험물은 제2류(인화성 고체 제외), 제4류의 위험물(인화점이 70℃ 미만인 위험물 제외)이다.

08 2층으로 되어 있는 옥내저장소에 대한 다음의 물음에 답하시오.

1) 1층 바닥으로부터 2층 바닥까지의 높이 기준을 쓰시오.
2) 2층 바닥으로부터 옥상 바닥까지의 높이 기준을 쓰시오.
3) 하나의 저장창고 바닥면적 합계 기준을 쓰시오.

정답
1) 6m 미만
2) 6m 미만
3) 1,000m² 이하

해설 **다층건물의 옥내저장소의 구조**

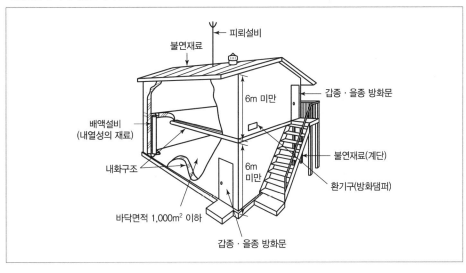

09 소규모옥내저장소에 대한 다음의 물음에 답하시오.

1) 최대로 저장할 수 있는 지정수량 배수를 쓰시오.
2) 하나의 저장창고 바닥면적 기준을 쓰시오.
3) 처마높이 기준을 쓰시오.

정답 　1) 50배
　　　2) 150m² 이하
　　　3) 6m 미만

해설 　**소규모옥내저장소의 구조**

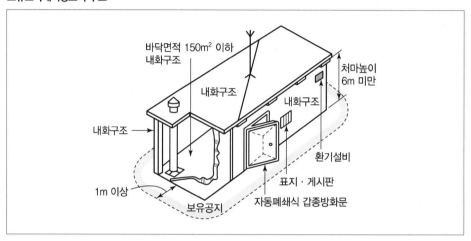

10 지정과산화물 옥내저장소에 대한 다음의 물음에 답하시오.

1) 지정과산화물의 정의를 쓰시오.
2) 몇 m² 이내마다 격벽으로 구획하는지 쓰시오.
3) 격벽의 두께 기준을 쓰시오. (단, 철근콘크리트조의 격벽이다.)
4) 외벽의 두께 기준을 쓰시오. (단, 철근콘크리트조의 외벽이다.)
5) 창 1개당 면적 기준을 쓰시오.

정답 　1) 제5류 위험물 중 유기과산화물 또는 이를 함유하는 것으로서 지정수량이 10kg인 것
　　　2) 150m²
　　　3) 30cm 이상
　　　4) 20cm 이상
　　　5) 0.4m² 이내

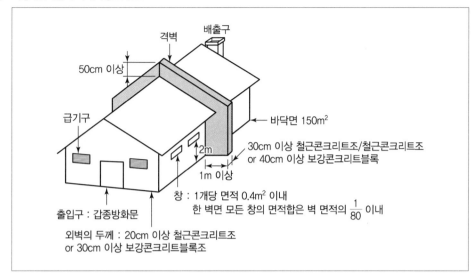

격벽 배출구

50cm 이상

급기구

바닥면 150m²

2m

30cm 이상 철근콘크리트조/철근콘크리트조
or 40cm 이상 보강콘크리트블록

1m 이상

창 : 1개당 면적 0.4m² 이내
한 벽면 모든 창의 면적합은 벽 면적의 $\frac{1}{80}$ 이내

출입구 : 갑종방화문

외벽의 두께 : 20cm 이상 철근콘크리트조
or 30cm 이상 보강콘크리트블록조

11 제2류 위험물 중 옥외저장소에 저장할 수 있는 품명을 모두 쓰시오.

정답 유황, 인화성 고체(인화점이 0℃ 이상)

해설 **옥외저장소에 저장할 수 있는 위험물**
- 제2류 위험물 중 유황 또는 인화성 고체(인화점이 0℃ 이상)
- 제4류 위험물 중 제1석유류(인화점이 0℃ 이상)·알코올류·제2석유류·제3석유류·제4석유류 및 동식물유류
- 제6류 위험물
- 제2류 위험물 및 제4류 위험물 중 특별시·광역시·도의 조례에서 정하는 위험물(「관세법」에 의한 보세구역 안에 저장하는 경우에 한함)
- 「국제해사기구에 관한 협약」에 의하여 설치된 국제해사기구가 채택한 「국제해상위험물규칙」(IMDG Code)에 적합한 용기에 수납된 위험물

PART 01 | PART 02 | PART 03 | PART 04 | PART 05

12 질산 12,000kg을 저장하는 옥외저장소의 보유공지를 쓰시오.

정답 3m 이상

해설
- 질산의 지정수량 배수 = $\dfrac{12,000kg}{300kg}$ = 40배
- 옥외저장소의 보유공지 기준

저장 또는 취급하는 위험물의 최대수량	공지의 너비
지정수량의 10배 이하	3m 이상
지정수량의 10배 초과 20배 이하	5m 이상
지정수량의 20배 초과 50배 이하	9m 이상
지정수량의 50배 초과 200배 이하	12m 이상
지정수량의 200배 초과	15m 이상

- 보유공지를 $\dfrac{1}{3}$로 단축할 수 있는 위험물 : 제4류 위험물 중 제4석유류, 제6류 위험물

∴ 보유공지 = 9m 이상 × $\dfrac{1}{3}$ = 3m 이상

13 옥외저장소에서 저장할 때, 불연성 또는 난연성 천막을 설치해야 하는 위험물을 모두 쓰시오.

정답 과산화수소, 과염소산

해설 옥외저장소에서 과산화수소, 과염소산을 저장할 시 불연성 또는 난연성 천막을 설치해야 한다.

14 덩어리 유황만을 지반면에 설치한 하나의 경계표시 면적기준을 쓰시오.

정답 100m² 이하

해설 **덩어리 상태의 유황의 경계표시 면적기준**

하나의 경계표시	100m² 이하
2 이상의 경계표시 면적 합	1,000m² 이하

15 덩어리 유황만을 지반면에 설치한 경계표시의 높이기준을 쓰시오.

정답 1.5m 이하

해설 덩어리 상태 유황의 경계표시 높이는 1.5m 이하로 한다.

SECTION 3	옥외탱크저장소 · 옥내탱크저장소

1. 옥외탱크저장소

(1) 탱크의 용량

① 탱크의 용량

> 탱크의 용량 = 탱크의 내용적 – 탱크의 공간용적

② 탱크의 내용적

- 타원형, 양쪽이 볼록한 탱크

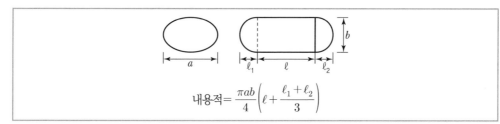

$$내용적 = \frac{\pi ab}{4}\left(\ell + \frac{\ell_1 + \ell_2}{3}\right)$$

- 타원형, 한쪽은 볼록하고 다른 한쪽은 오목한 탱크

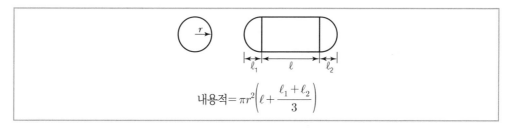

$$내용적 = \frac{\pi ab}{4}\left(\ell + \frac{\ell_1 - \ell_2}{3}\right)$$

- 원통형, 횡으로 설치한 것

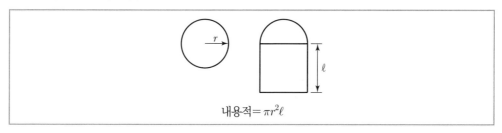

$$내용적 = \pi r^2\left(\ell + \frac{\ell_1 + \ell_2}{3}\right)$$

- 원통형, 종으로 설치한 것

$$내용적 = \pi r^2 \ell$$

③ 탱크의 공간용적

ㄱ 탱크의 공간용적 : 일반적으로 **탱크 내용적의 5~10%**

ㄴ 암반탱크의 공간용적 : 다음 중에서 더 큰 용적을 공간용적으로 함

- 탱크 내로 용출하여 흘러들어온 **7일간**의 지하수양에 상당하는 용적

- 탱크 내용적의 **1%** 용적

ㄷ 소화설비(소화약제 방출구를 탱크 안의 윗부분에 설치하는 것)를 설치한 탱크의 공간용적
: 소화약제 방출구 아래의 **0.3미터 이상 1미터 미만** 사이의 면으로부터 윗부분의 용적

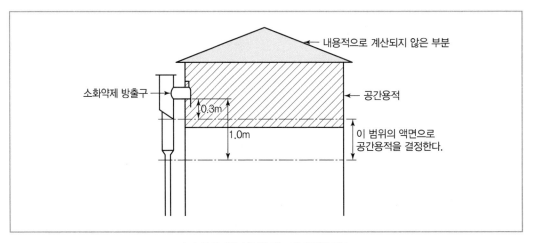

| 소화설비를 설치한 탱크의 공간용적 |

(2) 안전거리

제조소 규정에 준함

(3) 보유공지

① 보유공지 기준

저장 또는 취급하는 위험물의 최대수량	공지의 너비
지정수량의 500배 이하	3m 이상
지정수량의 500배 초과 1,000배 이하	5m 이상
지정수량의 1,000배 초과 2,000배 이하	9m 이상
지정수량의 2,000배 초과 3,000배 이하	12m 이상
지정수량의 3,000배 초과 4,000배 이하	15m 이상
지정수량의 4,000배 초과	당해 탱크의 수평단면의 최대지름(가로형인 경우에는 긴 변)과 높이 중 큰 것과 같은 거리 이상. 다만, 30m 초과의 경우에는 30m 이상으로 할 수 있고, 15m 미만의 경우에는 15m 이상으로 한다.

② 보유공지를 단축하는 경우

경우	보유공지
제6류 위험물 외의 위험물 옥외저장탱크(지정수량 4,000배 초과 탱크 제외)를 **동일한 방유제 안에 2개 이상 인접**하여 설치하는 경우	보유공지의 $\frac{1}{3}$ 이상(최소 3m 이상)
제6류 위험물 옥외저장탱크	보유공지의 $\frac{1}{3}$ 이상(최소 1.5m 이상)
제6류 위험물 옥외저장탱크를 동일구내에 2개 이상 인접하여 설치하는 경우	보유공지의 $\frac{1}{9}$ 이상(최소 1.5m 이상)

③ 공지단축 옥외저장탱크

- 옥외저장탱크에 물분무설비로 방호조치 : 보유공지 $\frac{1}{2}$ 이상의 너비(최소 3m 이상)로 단축

- 탱크의 표면에 방사하는 물의 양(수원의 양) = $\dfrac{37L}{m \cdot min} \times 20min \times$ 원주길이(m) 이상

  ※ 원주길이=지름$\times \pi = 2 \times$반지름$\times \pi$

(4) 표지 및 게시판

① 표지 및 게시판 : 제조소와 동일(단, 표지 이름만 "위험물옥외탱크저장소"로 변경)
② 옥외저장탱크 주입구 게시판

설치대상	**인화점 21℃ 미만**인 액체 위험물의 옥외저장탱크
내용	• 옥외저장탱크 주입구 • 위험물의 유별 · 품명 · 주의사항
규격	0.3m 이상×0.6m 이상
색상	백색바탕, 흑색문자(주의사항은 적색문자)

(5) 구조 · 설비

① 옥외탱크저장소의 구분 및 두께

구분	용량 기준	탱크 두께
옥외탱크저장소 (특정 · 준특정 제외)	50만L 미만	**3.2mm 이상**의 강철판
준특정 옥외탱크저장소	50만L 이상 100만L 미만	소방청장이 정하여 고시하는 규격에 적합한 강철판
특정 옥외탱크저장소	100만L 이상	

② 탱크의 수압시험

압력탱크 외	충수시험
압력탱크(최대상용압력 = 대기압 초과)	수압시험(최대상용압력의 **1.5배** 압력, **10분간** 실시)

③ 통기관 등

　㉠ 밸브 없는 통기관

　　• 구조

지름	30mm 이상
끝부분(선단)	수평면보다 45° 이상 구부려 빗물 등의 침투를 막는 구조
부속장치	– 인화점이 38℃ 미만 : **화염방지장치** 설치 – 인화점이 38℃ 이상 70℃ 미만 : **40메쉬(mesh) 이상의 구리망** 또는 동등 이상 성능의 **인화방지장치** 설치

　　• 가연성 증기를 회수하기 위한 밸브 설치 시 구조

구조	탱크에 위험물을 주입 시 외에는 밸브는 항상 개방
폐쇄 시 개방압력	10kPa 이하(개방된 부분의 유효단면적 : 777.15mm² 이상)

　㉡ 대기밸브 부착 통기관

　　작동 압력 : 5kPa 이하의 압력 차이

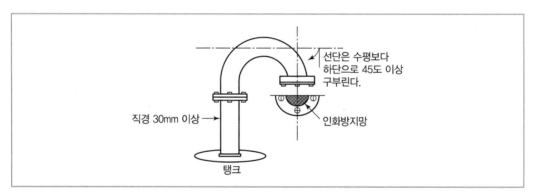

| 밸브 없는 통기관 |

(6) 옥외저장탱크의 펌프설비(펌프, 부속 전동기)

① 보유 공지

　• 3m 이상(단, 제6류 위험물 또는 지정수량 10배 이하의 위험물 탱크, 방화상 유효한 격벽 설치 시 제외)

　• 펌프설비부터 옥외저장탱크까지의 사이 거리 : 보유공지의 3분의 1 이상

② 펌프실 구조

　• 벽·기둥·바닥·보 : 불연재료

　• 지붕 : 폭발력이 위로 방출될 정도의 가벼운 불연재료

　• 출입구, 창 : 갑종·을종방화문, 망입유리

　• 바닥 : 주위에 높이 0.2m 이상의 턱, 적당히 경사지게 하여 그 최저부에 집유설비

③ 펌프설비를 설치하는 펌프실 외의 구조
- 바닥 : 주위에 높이 **0.15m 이상의 턱**, 적당히 경사지게 하여 그 최저부에 집유설비
- 유분리장치 설치 대상 : 제4류 위험물 중 비수용성 물질(온도 20℃의 물 100g에 용해되는 양이 1g 미만인 것)

(7) 피뢰침

① 설치대상 : 지정수량의 10배 이상
② 설치 예외 대상
- 제6류 위험물 탱크
- 탱크에 저항이 5Ω 이하인 접지시설 설치
- 인근 피뢰설비의 보호범위 내에 들어간 탱크

(8) 방유제

① 방유제의 용량

구분	방유제 용량
인화성 액체 위험물(이황화탄소 제외)	용량이 최대인 탱크 용량의 **110% 이상**
인화성이 없는 액체 위험물	용량이 최대인 탱크 용량의 **100% 이상**

② 방유제의 구조
- 높이 : **0.5m 이상 3m 이하**
- 두께 : **0.2m 이상**
- 지하 매설 깊이 : **1m 이상**
- 면적 : **8만m² 이하**
- 재료 : 철근 콘크리트

③ 방유제 내 설치하는 옥외저장탱크의 수

탱크 종류	하나의 방유제 내에 설치하는 탱크 수
일반적	10기 이하
방유제 내 모든 탱크의 용량이 20만L 이하이고, 저장 · 취급하는 위험물 인화점이 70℃ 이상 200℃ 미만인 경우	20기 이하
인화점이 200℃ 이상인 위험물을 저장 · 취급	제한 없음

④ 구내도로 : 자동차 통행을 위해 방유제 외면의 $\frac{1}{2}$(방유제 4면 중 2면) 이상은 3m 이상의 노면폭 확보

⑤ **탱크와 방유제의 거리**(인화점이 200℃ 이상인 위험물은 제외)

탱크 지름	방유제까지의 거리
15m 미만	탱크 높이의 3분의 1 이상
15m 이상	탱크 높이의 2분의 1 이상

⑥ 간막이 둑

- 설치대상 : 1,000만L 이상 옥외저장탱크
- 높이 : 0.3m 이상(단, 방유제 높이보다 0.2m 낮게 설치)
- 용량 : 간막이 둑 안에 설치된 탱크 용량의 10% 이상
- 재료 : 흙 또는 철근콘크리트

⑦ 계단 또는 경사로

- 설치대상 : 높이가 1m를 넘는 방유제 · 간막이 둑
- 설치위치 : 방유제 · 간막이 둑 안팎에 약 50m마다 설치

2. 옥내탱크저장소

(1) 표지 및 게시판

제조소와 동일(단, 표지 이름만 "위험물옥내탱크저장소"로 변경)

(2) 옥내저장탱크

① 옥내저장탱크에 저장할 수 있는 위험물

탱크전용실이 설치된 층	위험물
단층건물	모든 위험물
1층 또는 지하층	• 제2류 위험물 중 황화린 · 적린 · 덩어리 유황 • 제3류 위험물 중 황린 • 제6류 위험물 중 질산
모든 층	제4류 위험물 중 인화점이 38℃ 이상인 위험물

② 옥내저장탱크의 용량(동일한 탱크전용실 내의 탱크 용량 합계)

탱크전용실이 설치된 층	탱크 용량
단층건물, 1층 이하의 층	지정수량의 40배 이하(단, 제4석유류 · 동식물유류 외의 제4류 위험물은 2만L 초과 시 2만L 이하)
2층 이상의 층	지정수량의 10배 이하(단, 제4석유류 · 동식물유류 외의 제4류 위험물은 5천L 초과 시 5천L 이하)

③ 탱크 구조
- 탱크 두께 : **3.2mm** 이상의 강철판
- 탱크 간격 : **0.5m** 이상(옥내저장탱크와 탱크전용실의 벽과의 사이, 옥내저장탱크의 상호간)

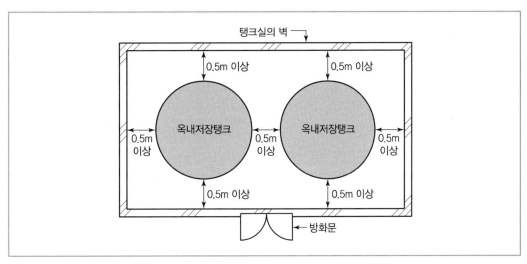

| 옥내탱크저장소 |

④ 통기관 등

㉠ 밸브 없는 통기관

지면부터 끝부분까지의 높이	**4m** 이상
창·출입구 등 개구부로부터의 거리	1m 이상
부지경계선으로부터의 거리(단, 인화점 40℃ 미만의 위험물 탱크)	1.5m 이상

※ 그 외 기준은 옥외저장탱크의 기준과 동일

㉡ 대기밸브 부착 통기관

- 작동 압력 : 5kPa 이하의 압력 차이

(3) 탱크전용실

구분	단층건물	다층건물
벽·기둥·바닥	내화구조	내화구조
보	불연재료	내화구조
지붕	불연재료	내화구조 (단, 상층이 없을 경우 지붕은 불연재료)
출입구	갑종·을종방화문	자동폐쇄식 갑종방화문
창	망입유리	설치 금지
출입구 턱	최대용량의 탱크 용량을 수용할 수 있는 높이 이상	

01 다음 탱크의 내용적(m³)을 구하시오. (단, r = 2m, ℓ = 10m, ℓ_1 = 0.5m, ℓ_2 = 0.6m이다.)

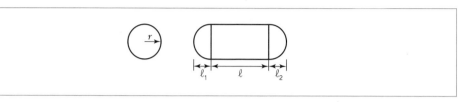

정답 130.27m³

해설 내용적 $= \pi r^2\left(\ell + \dfrac{\ell_1 + \ell_2}{3}\right) = \pi(2\text{m})^2\left(10\text{m} + \dfrac{0.5\text{m} + 0.6\text{m}}{3}\right) = 130.27\text{m}^3$

02 다음 탱크의 내용적(L)을 구하시오. (단, r = 1.5m, ℓ = 4m이다.)

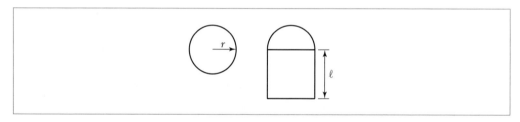

정답 28,274L

해설 내용적 $= \pi r^2 \ell = \pi(1.5\text{m})^2(4\text{m}) = 28.274\text{m}^3 = 28.274\text{m}^3 \times \dfrac{1{,}000\text{L}}{1\text{m}^3} = 28{,}274\text{L}$

03 다음 탱크의 내용적(m³)을 구하시오. (단, a = 2m, b = 1m, ℓ = 5m, ℓ_1 = 0.7m, ℓ_2 = 0.4m이다.)

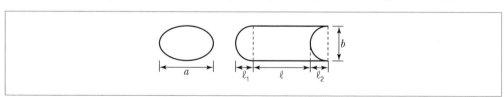

정답 8.01m³

해설 내용적 $= \dfrac{\pi ab}{4}\left(\ell + \dfrac{\ell_1 - \ell_2}{3}\right) = \dfrac{\pi(2\text{m})(1\text{m})}{4}\left(5\text{m} + \dfrac{0.7\text{m} - 0.4\text{m}}{3}\right) = 8.01\text{m}^3$

04 탱크의 용적산정기준에 대한 내용으로 알맞도록 다음 빈칸을 채우시오.

> 탱크의 공간용적은 탱크의 내용적의 100분의 (①) 이상 100분의 (②) 이하의 용적으로 한다. 다만, 소화설비(소화약제 방출구를 탱크 안의 윗부분에 설치하는 것에 한한다)를 설치하는 탱크의 공간용적은 당해 소화설비의 소화약제방출구 아래의 (③)미터 이상 (④)미터 미만 사이의 면으로부터 윗부분의 용적으로 한다.

정답　① 5, ② 10, ③ 0.3, ④ 1

해설　**소화설비를 설치한 탱크의 공간용적**

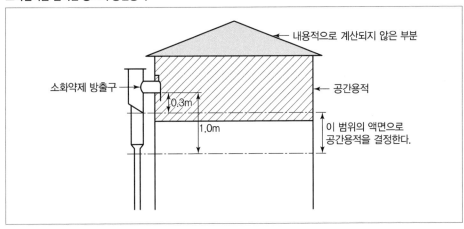

05 과염소산 15만kg을 저장하고 있는 옥외저장탱크의 보유공지를 쓰시오.

정답　1.5m 이상

해설　• 과염소산의 지정수량 배수 $= \dfrac{150,000\text{kg}}{300\text{kg}} = 500$배

　• 옥외저장탱크 보유공지

저장 또는 취급하는 위험물의 최대수량	공지의 너비
지정수량의 500배 이하	3m 이상
지정수량의 500배 초과 1,000배 이하	5m 이상
지정수량의 1,000배 초과 2,000배 이하	9m 이상
지정수량의 2,000배 초과 3,000배 이하	12m 이상
지정수량의 3,000배 초과 4,000배 이하	15m 이상
지정수량의 4,000배 초과	당해 탱크의 수평단면의 최대지름(가로형인 경우에는 긴 변)과 높이 중 큰 것과 같은 거리 이상. 다만, 30m 초과의 경우에는 30m 이상으로 할 수 있고, 15m 미만의 경우에는 15m 이상으로 한다.

• 보유공지를 단축하는 경우

경우	보유공지
제6류 위험물 외의 위험물 옥외저장탱크(지정수량 4,000배 초과 탱크 제외)를 동일한 방유제 안에 2개 이상 인접하여 설치하는 경우	보유공지의 $\frac{1}{3}$ 이상(최소 3m 이상)
제6류 위험물 옥외저장탱크	보유공지의 $\frac{1}{3}$ 이상(최소 1.5m 이상)
제6류 위험물 옥외저장탱크를 동일구내에 2개 이상 인접하여 설치하는 경우	보유공지의 $\frac{1}{9}$ 이상(최소 1.5m 이상)

• 과염소산은 제6류 위험물로 공지단축기준에 해당되어 $3m \times \frac{1}{3} = 1m$이지만, 최소 1.5m 이상되어야 하므로 1.5m 이상의 공지를 확보해야 한다.

06 물분무설비로 방호조치한 공지단축 옥외저장탱크의 탱크 표면에 방사하는 수원의 양(m³)을 구하시오. (단, 탱크의 지름은 1m, 탱크의 높이는 3m이다.)

정답 2.324m³ 이상

해설 **공지단축 옥외저장탱크 표면에 방사하는 물의 양(수원의 양)**

수원의 양 $= \dfrac{37L}{m \cdot min} \times 20min \times 원주길이(m) = \dfrac{37L}{m \cdot min} \times 20min \times (\pi \times 1m) = 2,324L = 2.324m^3$

07 옥외탱크저장소의 탱크 강철판 두께기준을 쓰시오. (단, 특정 · 준특정 옥외탱크저장소 외의 탱크이다.)

정답 3.2mm 이상

해설 **옥외탱크저장소의 구분 및 두께**

구분	용량 기준	탱크 두께
옥외탱크저장소 (특정 · 준특정 제외)	50만L 미만	3.2mm 이상의 강철판
준특정 옥외탱크저장소	50만L 이상 100만L 미만	소방청장이 정하여 고시하는 규격에 적합한 강철판
특정 옥외탱크저장소	100만L 이상	

08 옥외탱크저장소의 수압시험의 압력과 실시시간을 쓰시오. (단, 압력탱크이다.)

정답 최대상용압력의 1.5배, 10분

해설 **옥외탱크저장소의 수압시험**

압력탱크 외	충수시험
압력탱크(최대상용압력 = 대기압 초과)	수압시험(최대상용압력의 1.5배 압력, 10분간 실시)

09 옥외탱크저장소의 통기관 기준으로 알맞도록 다음 빈칸을 채우시오.

- 밸브 없는 통기관은 지름은 (①)mm 이상이며, 끝부분은 수평면보다 (②)도 이상 구부려 빗물 등의 침투를 막는 구조로 한다. 또한, 인화점이 (③)℃ 미만인 위험물만을 저장 또는 취급하는 탱크에 설치하는 통기관에는 (④)장치를 설치하고, 그 외의 탱크에 설치하는 통기관에는 (⑤)메쉬(mesh) 이상의 구리망 또는 동등 이상의 성능을 가진 (⑥)장치를 설치한다.
- 대기밸브부착 통기관은 (⑦)kPa 이하의 압력차이로 작동할 수 있어야 한다.

정답   ① 30, ② 45, ③ 38, ④ 화염방지, ⑤ 40, ⑥ 인화방지, ⑦ 5

해설   **밸브 없는 통기관의 구조**

지름	30mm 이상
끝부분(선단)	수평면보다 45° 이상 구부려 빗물 등의 침투를 막는 구조
부속장치	• 인화점이 38℃ 미만 : 화염방지장치 설치 • 인화점이 38℃ 이상 70℃ 미만 : 40메쉬(mesh) 이상의 구리망 또는 동등 이상 성능의 인화방지장치 설치

10 옥외탱크저장소 주입구 게시판 기준으로 알맞도록 다음 빈칸을 채우시오.

- 주입구 게시판을 설치해야 하는 위험물은 인화점 (①)℃ 미만인 액체위험물이다.
- 주입구 게시판의 크기는 한 변은 (②)m 이상, 나머지 한 변은 0.6m 이상으로 한다.
- 주입구 게시판의 색상은 (③)색 바탕에 (④)색 문자로 한다(단, 주의사항은 적색문자로 한다).

정답   ① 21, ② 0.3, ③ 백, ④ 흑

해설   **옥외탱크저장소의 주입구 게시판**
① 설치대상 위험물 : 인화점 21℃ 미만인 액체위험물
② 규격
　• 크기 : 0.3m 이상×0.6m 이상
　• 표시 : "옥외저장탱크 주입구", 위험물의 유별 · 품명 · 주의사항
③ 색상 : 백색바탕에 흑색문자(주의사항은 적색문자)

11 옥외탱크저장소 방유제에 대한 기준으로 알맞도록 다음의 물음에 답하시오. (단, 저장하는 위험물은 휘발유이다.)

> 1) 방유제의 두께 기준을 쓰시오.
> 2) 방유제의 높이 기준을 쓰시오.
> 3) 방유제의 지하 매설 깊이 기준을 쓰시오.
> 4) 방유제 내의 면적 기준을 쓰시오.
> 5) 방유제 내에 설치할 수 있는 최대 탱크의 수를 쓰시오.

정답 1) 0.2m 이상
2) 0.5m 이상 3m 이하
3) 1m 이상
4) 8만m² 이하
5) 10기

해설 **방유제 내에 설치하는 옥외저장탱크의 수**

탱크 종류	하나의 방유제 내에 설치하는 탱크 수
일반적	10기 이하
방유제 내 모든 탱크의 용량이 20만L 이하이고, 저장·취급하는 위험물 인화점이 70℃ 이상 200℃ 미만인 경우	20기 이하
인화점이 200℃ 이상인 위험물을 저장·취급	제한 없음

12 톨루엔을 저장하는 옥외저장탱크와 방유제까지의 거리를 구하시오. (단, 탱크의 반지름은 8m, 높이는 12m이다.)

정답 6m 이상

해설 • 탱크와 방유제의 거리(인화점이 200℃ 이상인 위험물은 제외)

탱크 지름	방유제까지의 거리
15m 미만	탱크 높이의 3분의 1 이상
15m 이상	탱크 높이의 2분의 1 이상

• 탱크의 지름 = 반지름 × 2 = 8m × 2 = 16m
• 방유제까지의 거리 = 12m × 1/2 = 6m

13 지하층에 설치된 옥내저장탱크에서 저장할 수 있는 위험물을 모두 쓰시오.

> **정답** 제2류 위험물 중 황화린 · 적린 · 유황, 제3류 위험물 중 황린, 제6류 위험물 중 질산, 제4류 위험물 중 인화점이 38℃ 이상인 위험물

> **해설** **옥내저장탱크에 저장할 수 있는 위험물**

탱크전용실이 설치된 층	위험물
단층건물	• 모든 위험물
1층 또는 지하층	• 제2류 위험물 중 황화린 · 적린 · 덩어리 유황 • 제3류 위험물 중 황린 • 제6류 위험물 중 질산
모든 층	• 제4류 위험물 중 인화점이 38℃ 이상인 위험물

14 옥내저장탱크의 구조 기준으로 알맞도록 다음 빈칸을 채우시오.

- 탱크는 (①)mm 이상의 강철판으로 한다.
- 밸브 없는 통기관의 지면부터 끝부분까지의 높이는 (②)m 이상으로 한다.
- 옥내저장탱크 상호간의 간격은 (③)m 이상으로 한다.
- 옥내저장탱크와 탱크전용실의 벽과의 간격은 (④)m 이상으로 한다.

> **정답** ① 3.2, ② 4, ③ 0.5, ④ 0.5

15 휘발유를 저장하는 옥내저장탱크의 용량은 몇 L 이하인지 쓰시오.

> **정답** 8,000L 이하

> **해설** 휘발유는 인화점이 약 −43℃이므로, 단층건물에만 저장할 수 있다(모든 층에 저장 가능한 위험물 : 제4류 위험물 중 인화점이 38℃ 이상).
> • 옥내저장탱크의 용량 기준

탱크전용실이 설치된 층	탱크 용량
단층건물, 1층 이하의 층	지정수량의 40배 이하(단, 제4석유류 · 동식물유류 외의 제4류 위험물은 2만L 초과 시 2만L 이하)
2층 이상의 층	지정수량의 10배 이하(단, 제4석유류 · 동식물유류 외의 제4류 위험물은 5천L 초과 시 5천L 이하)

> • 휘발유는 제4류 위험물(제1석유류)로 지정수량 40배는 8,000L(200L×40)이고, 이는 2만L를 초과하지 않으므로 탱크용량을 8천L 이하로 해야 한다.

지하 · 암반 · 간이탱크저장소

1. 지하탱크저장소

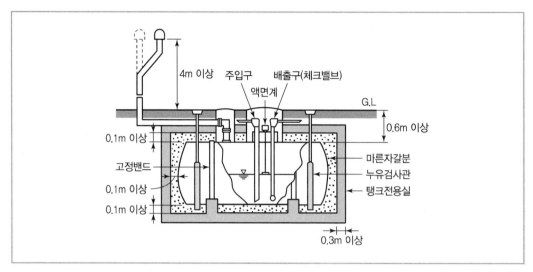

| 지하탱크저장소 |

(1) 표지 및 게시판

제조소와 동일(단, 표지 이름만 "위험물지하탱크저장소"로 변경)

(2) 탱크전용실 설치기준

① 이격거리

기준	이격
지하 벽 · 피트 · 가스관 등의 시설물 및 대지경계선으로부터의 거리	0.1m 이상
지하저장탱크와 탱크전용실의 안쪽과의 사이	0.1m 이상
탱크 윗면과 지면 사이	0.6m 이상
탱크 상호 간	1m 이상
탱크 상호 간(탱크 용량 합계가 지정수량 100배 이하)	0.5m 이상
지면부터 통기관 끝부분까지의 높이	4m 이상

② 전용실 내부 : 탱크 주위에 **마른 모래 또는 입자지름 5mm 이하의 마른 자갈분**을 채움

③ 벽 · 바닥 · 뚜껑 : 두께 0.3m 이상의 철근콘크리트

(3) 지하저장탱크

① 재료 : 두께 **3.2mm** 이상의 강판

② 탱크의 수압시험

압력탱크 외	70kPa, 10분간 실시
압력탱크(최대상용압력 ≧ 46.7kPa)	최대상용압력의 **1.5배** 압력, **10분간** 실시

※ 수압시험은 소방청장이 정하여 고시하는 **기밀시험**과 **비파괴시험**을 동시에 실시하는 방법으로 대신할 수 있음

③ 과충전 방지 장치

- 탱크용량을 초과하는 위험물이 주입될 때 자동으로 그 주입구를 폐쇄하거나 위험물의 공급을 자동으로 차단하는 방법
- 탱크용량의 **90%**가 찰 때 경보음을 울리는 방법

④ 누유검사관

- 탱크 주위에 액체위험물의 누설을 검사하기 위한 관을 **4개소** 이상 설치
- 재료 : 금속관 또는 경질합성수지관
- 이중관으로 설치(관의 밑부분으로부터 탱크의 중심 높이까지의 부분에는 소공이 뚫려 있을 것)
- 관은 탱크전용실의 바닥 또는 탱크의 기초까지 닿게 할 것

(4) 강제이중벽탱크

① 감지층 : 탱크 본체와 외벽 사이에 **3mm 이상**의 감지층

② **스페이서**(감지층 간격 유지)

- 탱크의 고정밴드 위치 및 기초대 위치에 설치
- 재질 : 탱크 본체와 동일한 재료
- 스페이서 크기 : 두께 3mm, 폭 50mm, 길이 380mm 이상
- 스페이서와 탱크의 본체와의 용접은 전주필렛용접 또는 부분용접으로 하되, 부분용접으로 하는 경우에는 한 변의 용접비드는 25mm 이상으로 할 것

2. 암반탱크저장소

(1) 표지 및 게시판

제조소와 동일(단, 표지 이름만 "위험물암반탱크저장소"로 변경)

(2) 설치기준

① 암반투수계수가 1초당 10만분의 1m 이하인 천연암반 내에 설치할 것

② 암반탱크는 저장할 위험물의 증기압을 억제할 수 있는 지하수면 하에 설치할 것

③ 암반탱크의 내벽은 암반균열에 의한 낙반(落磐 : 갱내 천장이나 벽의 암석이 떨어지는 것)을 방지할 수 있도록 볼트 · 콘크리트 등으로 보강할 것

(3) 공간용적

①과 ② 중 큰 용적을 공간용적으로 한다.

① 탱크 내 용출하는 **7일**간의 지하수의 양에 상당하는 용적

② 당해 탱크의 내용적의 1/100

3. 간이탱크저장소

(1) 보유공지

탱크 설치 위치	보유공지
옥외	탱크의 주위에 1m 이상
전용실 내	탱크와 전용실 벽과의 사이에 0.5m 이상

(2) 표지 및 게시판

제조소와 동일(단, 표지 이름만 "위험물간이탱크저장소"로 변경)

(3) 간이저장탱크

① 하나의 간이탱크저장소에 설치하는 간이저장탱크의 수 : **3기 이하**(단, 동일한 위험물의 간이저장탱크는 2기 미만)

② 용량 : **600L 이하**

③ 재료 : **3.2mm** 이상의 강판

④ 수압시험 : 70kPa, 10분

⑤ 통기관

  ㉠ 밸브 없는 통기관

설치위치	• 옥외
지름	• **25mm** 이상
끝부분(선단)	• 지상으로부터 **1.5m 이상** • 수평면보다 45° 이상 구부려 빗물 등의 침투를 막는 구조
부속장치	• 인화점이 **70℃ 미만** : 가는 눈의 구리망 등 **인화방지장치** 설치

  ㉡ 대기밸브 부착 통기관

  작동 압력 : 5kPa 이하의 압력 차이

적중 핵심예상문제

01 지하저장탱크와 탱크전용실 안쪽 사이의 간격과 그 공간에 채워야 하는 물질을 쓰시오.

정답
- 간격 : 0.1m 이상
- 물질 : 마른 모래 또는 습기 등에 의하여 응고되지 않는 입자지름 5mm 이하의 마른 자갈분

02 지하저장탱크의 윗면과 지면 사이의 거리를 쓰시오.

정답 0.6m 이상

03 지하저장탱크의 통기관 끝부분은 지면에서부터 몇 m 높이 이상 위치해야 하는지 쓰시오.

정답 4m

04 지하저장탱크의 주위에 설치하는 금속관 또는 경질합성수지관으로, 관의 밑부분부터 탱크 중심높이까지 소공이 뚫려 있는 관의 이름을 쓰고, 탱크 주위에 몇 개소 이상 설치해야 하는지 쓰시오.

정답 누유검사관, 4개소

05 지하저장탱크의 기준으로 알맞도록 다음 빈칸을 채우시오.

압력탱크 외의 탱크에 있어서는 (①)kPa의 압력으로, 압력탱크에 있어서는 최대상용압력의 (②)배의 압력으로 각각 (③)분간 수압시험을 실시하여 새거나 변형되지 아니하여야 한다. 이 경우 수압시험은 소방청장이 정하여 고시하는 (④)와/과 (⑤)을/를 동시에 실시하는 방법으로 대신할 수 있다.

정답 ① 70, ② 1.5, ③ 10, ④ 기밀시험, ⑤ 비파괴시험

06 강제이중벽지하저장탱크의 감지층의 간격을 유지하기 위해 설치하는 장치명을 쓰시오.

정답 스페이서

해설 스페이서는 탱크 본체와 외벽 사이에 3mm 이상의 감지층 간격을 유지하기 위해 설치한다.

07 암반탱크저장소의 공간용적 기준으로 알맞도록 다음 빈칸을 순서대로 채우시오.

> ①과 ② 중 큰 용적을 공간용적으로 한다.
> ① 탱크 내 용출하는 (㉠)일간의 지하수의 양에 상당하는 용적
> ② 당해 탱크의 내용적의 $\dfrac{(㉡)}{100}$

정답 ㉠ 7, ㉡ 1

08 간이탱크저장소의 최대용량과 1개의 간이탱크저장소에 설치할 수 있는 간이저장탱크는 최대 몇 개인지 쓰시오.

정답
- 간이탱크저장소의 최대용량 : 600L
- 설치할 수 있는 간이저장탱크의 최대 수 : 3개

09 간이저장탱크의 강판 두께 기준을 쓰시오.

정답 3.2mm 이상

해설 두께 3.2mm 이상의 강판으로 흠이 없도록 제작하여야 한다.

10 간이저장탱크의 밸브 없는 통기관의 설치기준 3가지를 쓰시오.

정답
- 통기관의 지름은 25mm 이상으로 할 것
- 통기관은 옥외에 설치하되, 그 끝부분의 높이는 지상 1.5m 이상으로 할 것
- 통기관의 끝부분은 수평면에 대하여 아래로 45° 이상 구부려 빗물 등이 침투하지 아니하도록 할 것
- 가는 눈의 구리망 등으로 인화방지장치를 할 것. 다만, 인화점 70℃ 이상의 위험물만을 해당 위험물의 인화점 미만의 온도로 저장 또는 취급하는 탱크에 설치하는 통기관에 있어서는 그러하지 아니하다.
- ※ 이들 중 3가지만 선택하여 작성

1. 표지 및 도장 색상

(1) 위험물 표지

| 이동탱크저장소의 위험물 표지 |

① 부착위치 : 전면 상단, 후면 상단

② 규격 : 60cm 이상×30cm 이상

③ 색상 : 흑색바탕, 황색문자

(2) 위험물에 따른 외부 도장 색상

유별	외부 도장 색상
제1류 위험물	회색
제2류 위험물	적색
제3류 위험물	청색
제4류 위험물	적색(권장)
제5류 위험물	황색
제6류 위험물	청색

2. 상치장소

옥외	화기를 취급하는 장소 또는 인근의 건축물 : 5m 이상 이격 (단, 인근의 건축물이 1층인 경우 : 3m 이상 이격)
옥내	벽·바닥·보·서까래·지붕이 내화구조 또는 불연재료로 된 건축물의 1층

3. 이동저장탱크

(1) 재료

두께 3.2mm 이상의 강철판

(2) 칸막이

① 칸막이로 구획된 부분의 용량 : **4,000L 이하**

② 두께 : **3.2mm 이상**의 강철판

(3) 방파판

① 설치 예외 : 칸막이로 구획된 부분의 용량이 **2,000L 미만**

② 두께 : **1.6mm** 이상의 강철판

③ 설치 개수 : 하나의 구획부분에 2개 이상

④ 설치 위치 : 이동탱크저장소의 진행방향과 평행한 방향으로, 각 방파판의 높이 및 칸막이로부터의 거리를 다르게 설치

(4) 수압시험

압력탱크 외	70kPa, 10분간 실시
압력탱크(최대상용압력이 46.7kPa 이상)	최대상용압력의 **1.5배** 압력, **10분간** 실시

(5) 안전장치

상용압력	작동 압력
20kPa 이하	**20kPa 이상 24kPa 이하**의 압력
20kPa 초과	상용압력의 **1.1배** 이하의 압력

(6) 주입호스(이동저장탱크 → 다른 탱크로 공급)

① 주입설비 길이 : 50m 이내

② 배출량 : 200L/min

③ 주입호스 끝부분에 축적되는 정전기를 유효하게 제거할 수 있는 장치 설치

(7) 접지도선

설치대상 : 제4류 위험물 중 특수인화물, 제1석유류, 제2석유류의 이동탱크저장소

4. 탱크 부속장치 손상방지 설비

(1) 측면틀

① 탱크상부의 네 모퉁이에 탱크의 전단 또는 후단으로부터 각각 1m 이내의 위치에 설치

② 측면틀 최외측과 탱크 최외측을 연결하는 직선(최외측선)의 수평면에 대한 내각 : **75° 이상**

③ 탱크 중량의 중심점과 측면틀의 최외측을 연결하는 직선과 그 중심점을 지나는 직선 중 최외측선과 직각을 이루는 직선과의 내각 : **35° 이상**

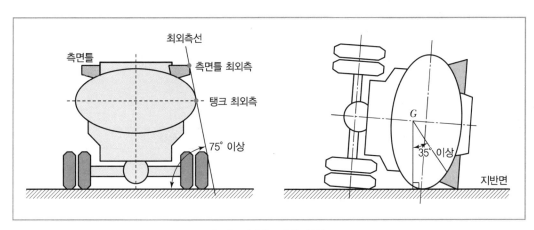

| 이동저장탱크의 측면틀 |

(2) 방호틀

① 재료 : 두께 **2.3mm** 이상의 강철판

② 높이 : 부속장치보다 **50mm** 이상 높게

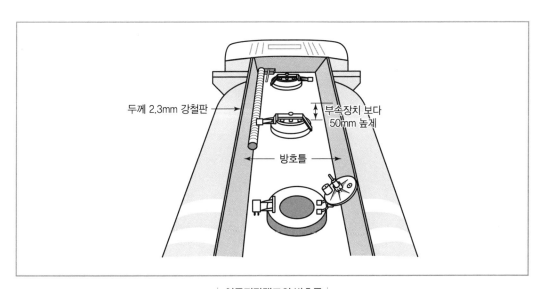

| 이동저장탱크의 방호틀 |

5. 이동탱크저장소 특례

(1) 컨테이너식 이동탱크저장소

① 구조 : 이동저장탱크 및 부속장치(맨홀, 주입구, 안전장치 등)는 강재로 된 상자틀에 수납

② 이동저장탱크 · 맨홀 · 주입구의 뚜껑의 두께

탱크의 지름 또는 장축의 길이	강판 두께
1.8m 초과	6mm 이상
1.8m 이하	5mm 이상

③ 칸막이 두께 : 3.2mm 이상의 강판

④ 상자틀 최외측과 부속장치 간격 : 50mm 이상

(2) 위험물의 성질에 따른 이동탱크저장소의 특례

위험물	특례
알킬알루미늄등 (알킬알루미늄, 알킬리튬)	• 재료 : 두께 10mm 이상의 강판 • 수압시험 : 1MPa, 10분간 실시 • 용량 : 1,900L 미만 • 불활성의 기체를 봉입할 수 있는 구조 • 외면 도장 : 적색(문자는 백색)
아세트알데히드등 (아세트알데히드, 산화프로필렌)	• 설비를 **은 · 수은 · 동 · 마그네슘** 또는 이들을 성분으로 하는 합금으로 만들지 아니할 것 • **불활성기체**를 봉입할 수 있는 구조

01 위험물이동탱크저장소에 부착하는 "위험물" 표지의 색상기준을 쓰시오.

정답 흑색바탕, 황색문자

해설 **이동탱크저장소의 "위험물" 표지**
- 부착위치 : 전면 상단, 후면 상단
- 규격 : 60cm 이상×30cm 이상
- 색상 : 흑색바탕, 황색문자

02 다음의 위험물을 저장하는 이동저장탱크의 외부 도장색상을 쓰시오.

1) 제2류 위험물   2) 제5류 위험물   3) 제6류 위험물

정답 1) 적색, 2) 황색, 3) 청색

해설 **위험물에 따른 외부 도장 색상**

유별	외부 도장 색상
제1류 위험물	회색
제2류 위험물	적색
제3류 위험물	청색
제4류 위험물	적색(권장)
제5류 위험물	황색
제6류 위험물	청색

03 이동탱크저장소의 상치장소가 옥외일 때 다음의 물음에 답하시오.

1) 인근의 건축물이 1층인 경우 몇 m 이상의 거리를 확보해야 하는지 쓰시오.
2) 화기를 취급하는 장소와 몇 m 이상의 거리를 확보해야 하는지 쓰시오.

정답 1) 3m, 2) 5m

해설 **이동탱크저장소의 상치장소**

옥외	화기를 취급하는 장소 또는 인근의 건축물 : 5m 이상 이격(단, 인근의 건축물이 1층인 경우 : 3m 이상 이격)
옥내	벽 · 바닥 · 보 · 서까래 · 지붕이 내화구조 또는 불연재료로 된 건축물의 1층

04 이동탱크저장소의 위치 · 구조 및 설비의 기준으로 알맞도록 다음 빈칸을 채우시오.

> - 탱크의 재료는 두께 (①)mm 이상의 강철판으로 한다.
> - 탱크 내부에 (②)L 이하마다 (③)mm 이상의 강철판 또는 이와 동등 이상의 강도와 내열성 및 내식성이 있는 금속성의 것으로 칸막이를 설치하여야 한다.
> - 칸막이로 구획된 각 부분마다 맨홀과 안전장치 및 (④)을 설치하여야 한다. 다만, 칸막이로 구획된 부분의 용량이 (⑤)L 미만인 부분에는 (④)을 설치하지 아니할 수 있다.
> - (④)의 두께는 (⑥)mm 이상의 강철판으로 하고, 하나의 구획 부분에 (⑦)개 이상 설치한다.

정답   ① 3.2, ② 4,000, ③ 3.2, ④ 방파판, ⑤ 2,000, ⑥ 1.6, ⑦ 2

---

05 이동탱크저장소의 압력탱크의 수압시험은 최대상용압력의 몇 배의 압력으로 10분간 실시해야 하는지 쓰시오.

정답   1.5배

해설   **이동탱크저장소의 수압시험**

압력탱크 외	70kPa, 10분간 실시
압력탱크(최대상용압력 ≧ 46.7kPa)	최대상용압력의 1.5배 압력, 10분간 실시

---

06 이동탱크저장소의 안전장치 기준으로 알맞도록 다음 빈칸을 채우시오.

> 안전장치는 상용압력이 20kPa 이하인 탱크에 있어서는 (①)kPa 이상 (②)kPa 이하의 압력에서, 상용압력이 20kPa를 초과하는 탱크에 있어서는 상용압력의 (③)배 이하의 압력에서 작동하는 것으로 설치하여야 한다.

정답   ① 20, ② 24, ③ 1.1

---

07 이동탱크저장소의 다음 장치의 두께 기준을 쓰시오.

1) 방파판	2) 방호틀	3) 칸막이

정답   1) 1.6mm 이상
2) 2.3mm 이상
3) 3.2mm 이상

08 이동저장탱크에 대한 다음의 물음에 답하시오.

> 1) 이동저장탱크가 넘어졌을 시 탱크를 보호할 수 있는 설비의 명칭을 쓰시오.
> 2) 1)의 최외측과 탱크 중량 중심점을 연결하는 직선과 그 중심점을 지나는 직선 중 최외측선(탱크 최외측과 1)의 최외측을 연결한 선)과 직각을 이루는 직선과의 내각은 몇 도 이상이 되어야 하는지 쓰시오.
> 3) 측면틀 최외측과 탱크 최외측을 연결하는 직선(최외측선)의 수평면에 대한 내각은 몇 도 이상이 되어야 하는지 쓰시오.

정답　1) 측면틀, 2) 35°, 3) 75°

해설　**탱크의 측면틀**

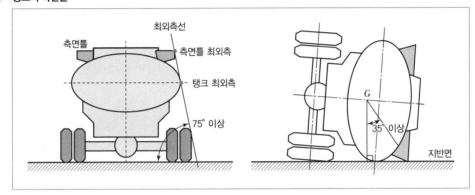

09 이동저장탱크의 방호틀에 대한 다음의 물음에 답하시오.

> 1) 부속장치보다 몇 mm 높게 해야 하는지 쓰시오.
> 2) 강철판의 두께 기준을 쓰시오.

정답　1) 50mm, 2) 2.3mm 이상

해설　**이동저장탱크의 방호틀**

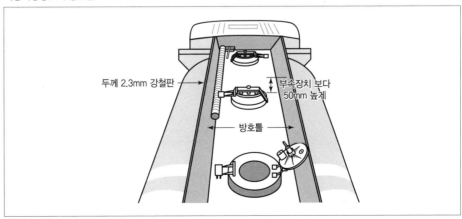

10 컨테이너식 이동저장탱크 기준으로 알맞도록 다음 빈칸을 채우시오.

- 이동저장탱크 및 부속장치(맨홀, 주입구, 안전장치 등)는 강재로 된 (①)에 수납한다.
- 이동저장탱크·맨홀·주입구의 뚜껑의 강판 두께는 장축의 길이가 1.8m를 초과하면 (②)mm 이상, 1.8m 이하이면 (③)mm 이상으로 한다.
- (①)의 최외측과 부속장치의 사이는 (④)mm 이상 이격한다.

정답　① 상자틀, ② 6, ③ 5, ④ 50

취급소

1. 주유취급소

(1) 주유공지 및 급유공지

① 주유공지 : 너비 15m 이상, 길이 6m 이상의 콘크리트 등으로 포장

② 급유공지 : 고정급유설비 주위에 설정하는 공지

③ 공지바닥 : 주위 지면보다 높게, 그 표면을 적당하게 경사지게 하여 새어 나온 기름 그 밖의 액체가 공지의 외부로 유출되지 아니하도록 배수구, 집유설비, 유분리장치를 설치

(2) 표지 및 게시판

① 표지 및 게시판 : 제조소와 동일(단, 표지 이름만 "위험물주유취급소"로 변경)

② 주유 중 엔진정지 게시판

내용	주유 중 엔진정지
규격	0.6m 이상×0.3m 이상
색상	황색바탕, 흑색문자

(3) 주유취급소에 설치할 수 있는 탱크

탱크 종류	용량 기준
고정주유설비 또는 고정급유설비에 직접 접속하는 전용탱크	50,000L 이하
고정주유설비 또는 고정급유설비에 직접 접속하는 전용탱크(단, 고속국도의 주유취급소에 설치된 탱크)	60,000L 이하
보일러 등에 직접 접속하는 전용탱크	10,000L 이하
폐유 · 윤활유 등의 탱크	2,000L 이하
고정주유설비 또는 고정급유설비에 직접 접속하는 간이탱크	600L/기 이하(최대 3기)

(4) 고정주유설비 · 고정급유설비

① 펌프기기 최대배출량

종류	최대배출량
제1석유류	분당 50L 이하
경유	분당 180L 이하
등유	분당 80L 이하
고정급유설비(이농저상탱크에 주입)	분당 300L 이하

② 셀프용 고정주유 · 급유설비의 특례

구분	고정주유설비	고정급유설비
1회 연속주유량 · 급유량	• 휘발유는 100L 이하 • 경유는 200L 이하	100L 이하
1회 연속주유 · 급유시간	4분 이하	6분 이하

③ 주유관의 길이

종류	길이 기준
일반	5m 이내
현수식	지면 위 0.5m의 수평면에 수직으로 내려 만나는 점을 중심으로 반경 3m 이내

④ 설치 위치(이격거리)

- 고정주유 · 급유설비 중심선부터의 이격거리

구분	고정주유설비 중심선	고정급유설비 중심선
부지경계선, 담	2m 이상	1m 이상
도로경계선	4m 이상	
건축물의 벽	2m 이상	
개구부가 없는 벽	1m 이상	

- 고정주유설비와 고정급유설비 사이의 이격거리 : 4m 이상

(5) 건축물 기준

① 주유취급소에 설치할 수 있는 공작물
- 주유 또는 등유 · 경유를 옮겨 담기 위한 작업장
- 주유취급소의 업무를 행하기 위한 사무소
- 자동차 등의 점검 및 간이정비를 위한 작업장
- 자동차 등의 세정을 위한 작업장
- 주유취급소에 출입하는 사람을 대상으로 한 점포 · 휴게음식점 또는 전시장
- 주유취급소의 관계자가 거주하는 주거시설
- 전기자동차용 충전설비

② 직원 외의 자가 출입하는 부분의 면적(1,000m² 초과 금지)
- 주유취급소의 업무를 행하기 위한 사무소
- 자동차 등의 점검 및 간이정비를 위한 작업장
- 주유취급소에 출입하는 사람을 대상으로 한 점포 · 휴게음식점 또는 전시장

③ 주유취급소 구조

벽 · 기둥 · 바닥 · 보 · 지붕	내화구조 또는 불연재료
창 · 출입구	방화문 또는 불연재료
유리(창 · 출입구)	**망입유리** 또는 **강화유리**(강화유리 두께 : 창 8mm 이상, 출입구 12mm 이상)

(6) 주유취급소 주위의 담 · 벽

① 설치기준

설치위치	자동차 등이 출입하는 쪽 외의 부분
설치높이	2m 이상
설치구조	내화구조 또는 불연재료

② 담 · 벽 일부분에 방화상 유효한 구조의 유리를 부착할 수 있는 경우(모두 적합)

유리 구조	• 방화성능이 인정된 **접합유리** • 하나의 유리판의 가로길이 : **2m 이내**
부착 위치	• 주입구 · 고정주유설비 · 고정급유설비로부터 **4m 이상** 이격 • 지반면으로부터 **70cm**를 초과하는 부분에 한하여 유리 부착
유리 부착	• 유리판의 테두리를 금속제의 구조물에 견고하게 고정하고, 담 · 벽에 견고하게 부착 • 부착범위 : 전체의 담 · 벽의 길이의 2/10를 초과하지 아니할 것

2. 판매취급소

(1) 표지 및 게시판

제조소와 동일(단, 표지 이름만 "위험물판매취급소"로 변경)

(2) 판매취급소의 정의 및 구분

① 판매취급소 정의 : 점포에서 위험물을 용기에 담아 판매하기 위하여 지정수량의 40배 이하의 위험물을 취급하는 장소

📄 도료점, 연료점, 화공약품점, 농약판매점 등

② 판매취급소 구분

제1종 판매취급소	저장 · 취급하는 위험물의 수량이 지정수량의 **20배 이하**
제2종 판매취급소	저장 · 취급하는 위험물의 수량이 지정수량의 **40배 이하**

※ 옥내저장소와의 차이 : 판매취급소는 위험물의 배합작업에 관한 고려가 있고, 비위험물 또는 유별이 다른 위험물을 함께 보관하는 것에 제한이 없다.

※ 지정수량 40배 초과하는 판매취급소 : 일반취급소에 해당한다.

(3) 위험물 배합실

구분	기준
바닥면적	6m² 이상 15m² 이하
구조	**내화구조** 또는 **불연재료**로 된 벽으로 구획
바닥	위험물이 침투하지 아니하는 구조, 적당한 경사, **집유설비** 설치
출입구	수시로 열 수 있는 **자동폐쇄식의 갑종방화문**
출입구 문턱의 높이	**0.1m 이상**

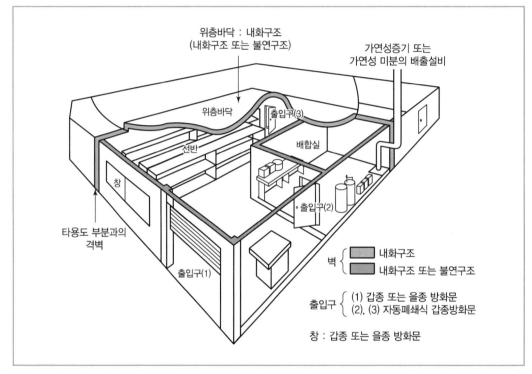

| 위험물 배합실 |

3. 이송취급소

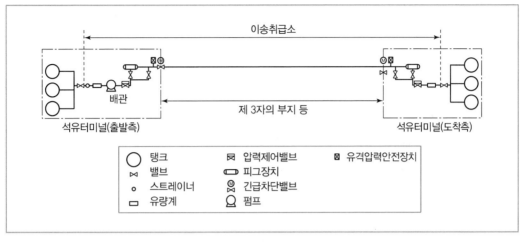

| 이송취급소 |

(1) 표지 및 게시판

제조소와 동일(단, 표지 이름만 "위험물이송취급소"로 변경)

(2) 설치 예외 장소

① 철도 및 도로의 터널 안

② 고속국도 및 자동차전용도로의 차도, 갓길, 중앙분리대

③ 호수 · 저수지 등으로서 수리의 수원이 되는 곳

④ 급경사 지역으로서 붕괴의 위험이 있는 지역

(3) 비파괴시험

① 배관 등의 용접부는 비파괴시험을 실시하여 합격할 것

② 이송기지 내의 지상에 설치된 배관 등은 전체 용접부의 20% 이상을 발췌하여 시험

(4) 지진감지장치

경로에 안전상 필요한 장소와 25km의 거리마다 지진감지장치 및 강진계를 설치

(5) 경보설비

① 비상벨장치 및 확성장치를 설치

② 가연성 증기를 발생하는 위험물을 취급하는 펌프실 등에는 가연성 증기 경보설비 설치

4. 일반취급소

(1) 표지 및 게시판

제조소와 동일(단, 표지 이름만 "위험물일반취급소"로 변경)

(2) 위치, 구조, 설비기준

제조소와 동일

(3) 일반취급소의 특례 해당 작업

특례에 의한 일반취급소	특례 해당 작업
분무도장작업 등의 일반취급소	도장, 인쇄 또는 도포를 위하여 제2류 위험물 또는 제4류 위험물(특수인화물 제외)을 취급하는 일반취급소로서 지정수량의 30배 미만의 것
세정작업의 일반취급소	세정을 위하여 위험물(인화점이 40℃ 이상인 제4류 위험물에 한한다)을 취급하는 일반취급소로서 지정수량의 30배 미만의 것
열처리작업 등의 일반취급소	열처리작업 또는 방전가공을 위하여 위험물(인화점이 70℃ 이상인 제4류 위험물에 한한다)을 취급하는 일반취급소로서 지정수량의 30배 미만의 것
보일러 등으로 위험물을 소비하는 일반취급소	보일러, 버너 그 밖의 이와 유사한 장치로 위험물(인화점이 38℃ 이상인 제4류 위험물에 한한다)을 소비하는 일반취급소로서 지정수량의 30배 미만의 것
충전하는 일반취급소	이동저장탱크에 액체 위험물(알킬알루미늄등, 아세트알데히드등 및 히드록실아민 등을 제외)을 주입하는 일반취급소
옮겨 담는 일반취급소	고정급유설비에 의하여 위험물(인화점이 38℃ 이상인 제4류 위험물에 한한다)을 용기에 옮겨 담거나 4,000L 이하의 이동저장탱크(용량이 2,000L를 넘는 탱크에 있어서는 그 내부를 2,000L 이하마다 구획한 것에 한한다)에 주입하는 일반취급소로서 지정수량의 40배 미만인 것
유압장치 등을 설치하는 일반취급소	위험물을 이용한 유압장치 또는 윤활유 순환장치를 설치하는 일반취급소(고인화점 위험물만을 100℃ 미만의 온도로 취급하는 것에 한한다)로서 지정수량의 50배 미만의 것
절삭장치 등을 설치하는 일반취급소	절삭유의 위험물을 이용한 절삭장치, 연삭장치 그 밖의 이와 유사한 장치를 설치하는 일반취급소(고인화점 위험물만을 100℃ 미만의 온도로 취급하는 것에 한한다)로서 지정수량의 30배 미만의 것
열매체유 순환장치를 설치하는 일반취급소	위험물 외의 물건을 가열하기 위하여 위험물(고인화점 위험물에 한한다)을 이용한 열매체유(열 전달에 이용하는 합성유) 순환장치를 설치하는 일반취급소로서 지정수량의 30배 미만의 것
화학실험의 일반취급소	화학실험을 위하여 위험물을 취급하는 일반취급소로서 지정수량의 30배 미만의 것

적중 핵심예상문제

01 위험물안전관리법령상 위험물 취급소의 종류 4가지를 쓰시오.

> **정답** 주유취급소, 판매취급소, 이송취급소, 일반취급소

> **해설** **제조소등의 구분**
> - 제조소
> - 저장소 : 옥내 · 옥외저장소, 옥내 · 옥외탱크저장소, 지하 · 간이 · 이동 · 암반탱크저장소
> - 취급소 : 주유취급소, 판매취급소, 이송취급소, 일반취급소

02 주유취급소의 주유공지의 너비와 길이 기준을 쓰시오.

> **정답** 너비 15m 이상, 길이 6m 이상

03 주유취급소의 표지 중 "주유중엔진정지"에 대한 다음의 물음에 답하시오.

> 1) 크기 기준을 쓰시오.
> 2) 색상 기준을 쓰시오.
>   ① 바탕색   ② 문자색

> **정답** 1) 0.6m 이상×0.3m 이상
> 2) ① 황색, ② 흑색

04 주유취급소에 설치할 수 있는 탱크의 기준으로 알맞도록 빈칸을 채우시오.

탱크 종류	용량 기준
고정주유설비 또는 고정급유설비에 직접 접속하는 전용탱크	(①)L 이하
고정주유설비 또는 고정급유설비에 직접 접속하는 전용탱크(단, 고속국도의 주유취급소에 설치된 탱크)	(②)L 이하
보일러 등에 직접 접속하는 전용탱크	(③)L 이하
폐유 · 윤활유 등의 탱크	(④)L 이하
고정주유설비 또는 고정급유설비에 직접 접속하는 간이탱크	1기당 (⑤)L 이하

> **정답** ① 50,000, ② 60,000, ③ 10,000, ④ 2,000, ⑤ 600

05 다음 위험물을 취급하는 주유취급소의 고정주유설비 및 고정급유설비의 펌프기기 주유관 선단에서의 최대 토출량은 분당 몇 L 이하가 되어야 하는지 쓰시오. (단, 이동저장탱크에 주입하는 경우는 제외한다.)

1) 등유   2) 경유
3) 휘발유

정답 1) 분당 80L 이하
         2) 분당 180L 이하
         3) 분당 50L 이하

해설 **펌프기기 최대배출량**

종류	최대배출량
제1석유류	분당 50L 이하
경유	분당 180L 이하
등유	분당 80L 이하
고정급유설비(이동저장탱크에 주입)	분당 300L 이하

06 셀프용 고정주유설비에 대한 물음에 답하시오.

1) 휘발유의 1회 연속 주유량 기준을 쓰시오.
2) 경유의 1회 연속 주유량 기준을 쓰시오.
3) 1회의 주유시간 기준을 쓰시오.

정답 1) 100L 이하
         2) 200L 이하
         3) 4분 이하

07 주유취급소 고정주유설비의 설치기준으로 알맞도록 다음 빈칸을 채우시오.

• 주유관의 길이는 (①)m 이내로 한다.
• 현수식의 고정주유설비는 지면 위 (②)m의 수평면에 수직으로 내려 만나는 점을 중심으로 반경 (③)m 이내로 하고 그 끝부분에는 축적된 정전기를 유효하게 제거할 수 있는 장치를 설치하여야 한다.

정답 ① 5, ② 0.5, ③ 3

해설 **주유관의 길이**

고정주유설비 · 고정급유설비	5m 이내
현수식	지면 위 0.5m의 수평면에 수직으로 내려 만나는 점을 중심으로 반경 3m 이내

08 주유취급소의 창이나 출입구에 부착할 수 있는 유리의 종류를 모두 쓰시오.

정답　망입유리 또는 강화유리

해설　사무실 등의 창 및 출입구에 유리를 사용하는 경우에는 망입유리 또는 강화유리로 할 것. 이 경우 강화유리의 두께는 창에는 8mm 이상, 출입구에는 12mm 이상으로 하여야 한다.

09 주유취급소 주위의 벽에 유리를 부착하는 경우에 대한 다음의 물음에 답하시오.

> 1) 하나의 유리판의 가로길이 기준을 쓰시오.
> 2) 유리 부착 위치는 고정주유설비로부터 몇 m 이상 거리를 두어야 하는지 쓰시오.
> 3) 유리 부착 위치는 지반면으로부터 몇 cm를 초과해야 하는지 쓰시오.

정답　1) 2m 이내
　　　2) 4m
　　　3) 70cm

해설　**주유취급소 주위의 담 · 벽 일부분에 방화상 유효한 유리를 부착할 수 있는 경우**

유리 구조	• 방화성능이 인정된 접합유리 • 하나의 유리판의 가로길이 : 2m 이내
부착 위치	• 주입구 · 고정주유설비 · 고정급유설비로부터 4m 이상 이격 • 지반면으로부터 70cm를 초과하는 부분에 한하여 유리 부착
유리 부착	• 유리판의 테두리를 금속제의 구조물에 견고하게 고정하고, 담 · 벽에 견고하게 부착 • 부착범위 : 전체의 담 · 벽의 길이의 2/10를 초과하지 아니할 것

10 판매취급소에 대한 다음의 물음에 답하시오.

> 1) 판매취급소에서 취급하는 위험물의 수량은 지정수량 몇 배 이하인지 쓰시오.
> 2) 위험물 배합실의 바닥면적 기준을 쓰시오.
> 3) 위험물 배합실 출입구의 문턱의 높이 기준을 쓰시오.
> 4) 위험물 배합실의 출입구로 사용하는 방화문의 종류를 쓰시오.

정답　1) 40배 이하
　　　2) 6m² 이상 15m² 이하
　　　3) 0.1m 이상
　　　4) 자동폐쇄식 갑종방화문

CHAPTER 04

위험물안전관리법상 행정사항

1. 법의 적용

(1) 법의 적용 제외

위험물안전관리법령은 항공기 · 선박 · 철도 및 궤도에 의한 위험물의 저장 · 취급 · 운반에 있어서는 적용하지 아니한다.

(2) 지정수량에 따른 규제

지정수량 이상	위험물안전관리법에 따른 규제 준수(제조소등에서 저장 · 취급)
지정수량 미만	시 · 도 조례에 따른 규제 준수 (단, 위험물 용기 · 적재 등의 운반기준은 지정수량 여부 관계없이 위험물안전관리법에 따른 규제 준수)

(3) 지정수량 이상의 위험물을 임시로 저장 · 취급할 수 있는 경우

① 시 · 도의 조례가 정하는 바에 따라 관할소방서장의 승인을 받은 경우 : 90일 이내 임시 저장 · 취급
② 군부대가 군사목적으로 임시 저장 · 취급하는 경우

2. 위험물시설의 설치 및 변경

(1) 허가 및 신고

① 허가
  ㉠ 시 · 도지사의 허가 필요 : 제조소등의 위치 · 구조 · 설비 가운데 행정안전부령이 정하는 사항을 변경할 시
  ㉡ 한국소방산업기술원의 기술검토를 받고 허가받아야 하는 사항

대상	내용
지정수량 1천 배 이상의 위험물을 취급하는 제조소 · 일반취급소	구조 · 설비에 관한 사항
50만L 이상의 옥외탱크저장소 또는 암반탱크저장소	위험물탱크의 기초 · 지반, 탱크 본체 및 소화설비에 관한 사항

ⓒ 완공검사

대상	완공검사 실시자
• 지정수량 3천 배 이상의 위험물을 취급하는 제조소 또는 일반취급소의 설치 또는 변경(사용 중 보수, 부분적인 증설은 제외)에 따른 완공검사 • 50만L 이상의 옥외탱크저장소 또는 암반탱크저장소의 설치 또는 변경에 따른 완공검사 • 위험물 운반용기 검사	한국소방산업기술원 (시 · 도지사로부터 위탁받아 실시)
그 외	시 · 도지사

② 신고

ⓐ 시 · 도지사에 신고 : 위치 · 구조 · 설비의 변경 없이 위험물의 품명 · 수량 · 지정수량의 배수 변경 시(단, 위험물 품명 변경으로 인해 설비 변경이 필요할 경우는 신고대상이 아니라 허가대상)

ⓑ 신고일 : 변경하고자 하는 날의 **1일 전**까지

③ 허가 · 신고 없이 설치 · 변경 가능한 경우

ⓐ 주택의 난방시설(공동주택의 중앙난방시설 제외)을 위한 저장소 또는 취급소

ⓑ 농예용 · 축산용 · 수산용으로 필요한 난방시설 · 건조시설을 위한 **지정수량 20배 이하의 저장소**

(2) 탱크안전성능검사

① 검사시기 : 위험물탱크의 설치 · 변경공사 시 **완공검사 받기 전**에 실시

② 검사자 : 시 · 도지사

③ 탱크안전성능검사의 종류 및 대상탱크

검사종류	대상탱크	
기초 · 지반검사	100만L 이상의 옥외저장탱크	
충수 · 수압검사	액체위험물 저장 · 취급 탱크	
	예외	• 제조소 · 일반취급소에 설치된 지정수량 미만 탱크 • 고압가스 안전관리법의 특정설비에 관한 검사 합격탱크 • 산업안전보건법 안전인증을 받은 탱크
용접부검사	기초 · 지반검사를 받는 탱크	
암반탱크검사	액체위험물을 저장 · 취급하는 암반탱크	

(3) 지위승계, 용도폐지, 사용중지

① 지위승계

ⓐ 지위승계 신고 : 승계한 날부터 30일 이내에 시 · 도지사에게 신고

ⓑ 지위승계 사유

• 제조소등의 설치자 사망, 양도 · 인도, 법인 합병 등

• 경매, 환가, 압류재산의 매각과 그 밖에 이에 준하는 절차에 따라 제조소등의 시설의 전부를 인수

② 용도폐지

    ⊙ 용도폐지 신고 : 용도를 폐지한 날부터 14일 이내에 시·도지사에게 신고

    ⓛ 신고서류 : 신고서(전자문서 신고서도 포함) 및 제조소등의 완공검사합격확인증

③ 사용중지

    ⊙ 사용중지 신고 : 중지·재개일의 14일 전까지 시·도지사에게 신고

    ⓛ 중지사유 : 경영상 형편, 대규모 공사 등의 사유로 3개월 이상 위험물을 저장하지 아니하거나 취급하지 아니함

(4) 허가취소, 사용정지(과징금)

① 시·도지사는 다음 어느 하나에 해당 시 허가 취소 또는 6개월 이내의 기간을 정하여 제조소등의 전부·일부 사용정지를 명할 수 있음

    ⊙ 변경허가를 받지 않고 제조소등의 위치·구조·설비를 변경한 때

    ⓛ 완공검사를 받지 아니하고 제조소등을 사용한 때

    ⓒ 사용중지 시 안전조치 이행명령을 따르지 아니한 때

    ⓔ 규정에 따른 수리·개조 또는 이전의 명령을 위반한 때

    ⓜ 위험물안전관리자를 선임하지 아니한 때

    ⓗ 위험물안전관리자 대리자를 지정하지 아니한 때

    ⓢ 정기점검을 하지 아니한 때

    ⓞ 정기검사를 받지 아니한 때

    ⓩ 위험물 저장·취급기준 준수명령을 위반한 때

② 시·도지사는 제조소등에 대한 사용정지가 그 이용자에게 심한 불편을 주거나 그 밖에 공익을 해칠 우려가 있는 때에는 사용정지처분에 갈음하여 2억 원 이하의 과징금을 부과할 수 있음

3. 위험물시설의 안전관리

(1) 위험물안전관리자

① 위험물안전관리자의 선임

선임권자	제조소등의 관계인
선임시기	• 교체 : 안전관리자의 해임·퇴직 날로부터 30일 이내에 선임 • 최초선임 : 위험물제조소 등의 위험물을 저장 또는 취급하기 전
선임신고	선임한 날부터 14일 이내에 소방본부장 또는 소방서장에게 신고
사실확인	위험물안전관리자가 해임 또는 퇴직한 경우에는 소방본부장이나 소방서장에게 그 사실을 알려 해임 및 퇴직 사실을 확인받을 수 있음
안전교육	소방청장이 실시하는 안전교육 이수 필요

② 위험물안전관리자(위험물취급자격자)의 자격기준

위험물취급자격자의 구분	취급할 수 있는 위험물
위험물기능장, 위험물산업기사, 위험물기능사	모든 위험물
소방청장이 실시하는 안전교육 이수자	제4류 위험물
소방공무원 3년 이상 경력자	제4류 위험물

③ 위험물안전관리자의 대리자

대리자	안전관리자가 일시적으로 직무를 수행할 수 없거나 해임·퇴직과 동시에 다른 안전관리자를 선임하지 못하는 경우 대리자를 지정
대리자의 직무대행기간	30일 초과 금지
대리자의 자격기준	• 소방청장이 실시하는 안전교육을 받은 자 • 제조소등의 위험물 안전관리업무에 있어서 안전관리자를 지휘·감독하는 직위에 있는 자

④ 위험물안전관리자의 책무

　㉠ 위험물의 취급작업에 참여하여 당해 작업이 저장 또는 취급에 관한 기술기준과 예방규정에 적합하도록 해당 작업자에 대하여 지시 및 감독하는 업무

　㉡ 화재 등의 재난이 발생한 경우 응급조치 및 소방관서 등에 대한 연락업무

　㉢ 화재 등의 재해의 방지와 응급조치에 관하여 인접하는 제조소등과 그 밖의 관련되는 시설의 관계자와 협조체제의 유지

　㉣ 위험물의 취급에 관한 일지의 작성·기록

　㉤ 그 밖에 위험물을 수납한 용기를 차량에 적재하는 작업, 위험물설비를 보수하는 작업 등 위험물의 취급과 관련된 작업의 안전에 관하여 필요한 감독의 수행

(2) 위험물관계자의 자격요건

① 위험물운반자·위험물운송자

　㉠ 「국가기술자격법」에 따른 위험물 분야의 자격 취득

　㉡ 소방청장이 실시하는 안전교육 수료

② 위험물 운송책임자

　㉠ 「국가기술자격법」에 따른 위험물 분야의 자격 취득 및 관련 경력 1년 이상

　㉡ 소방청장이 실시하는 안전교육 수료 및 관련 경력 2년 이상

③ 위험물탱크안전성능시험자(탱크시험자)

  ⊙ 대통령령이 정하는 기술능력, 시설, 장비를 갖추어야 함

기술능력		위험물기능장 · 위험물산업기사 · 비파괴검사기술사 등 자격보유
시설		전용사무실
장비	필수장비	자기탐상시험기, 초음파두께측정기 및 다음 1) 또는 2) 중 어느 하나 1) 영상초음파시험기 2) 방사선투과시험기 및 초음파시험기
	필요한 경우 두는 장비	1) 충수 · 수압시험, 진공시험, 기밀시험 또는 내압시험의 경우 　가) 진공능력 53kPa 이상의 진공누설시험기 　나) 기밀시험장치(안전장치가 부착된 것으로서 가압능력 200kPa 이상, 감압의 　　 경우에는 감압능력 10kPa 이상 · 감도 10Pa 이하의 것으로서 각각의 압력 　　 변화를 스스로 기록할 수 있는 것) 2) 수직 · 수평도 시험의 경우 : 수직 · 수평도 측정기

(3) 안전교육

① 실시자 : 소방청장

② 교육대상자 : 안전관리자, 탱크시험자, 위험물운반자, 위험물운송자

③ 시 · 도지사, 소방본부장 또는 소방서장은 교육대상자가 교육을 받을 때까지 그 자격으로 행하는
행위를 제한할 수 있다.

(4) 예방규정

① 목적 : 제조소등의 화재예방과 화재 등 재해발생 시의 비상조치를 위하여 작성

② 제출 : 해당 제조소등의 사용을 시작하기 전에 시 · 도지사 또는 소방서장에게 제출

③ 예방규정 작성 대상

> 1. 지정수량의 **10배 이상**의 위험물을 취급하는 **제조소**
> 2. 지정수량의 **100배 이상**의 위험물을 저장하는 **옥외저장소**
> 3. 지정수량의 **150배 이상**의 위험물을 저장하는 **옥내저장소**
> 4. 지정수량의 **200배 이상**의 위험물을 저장하는 **옥외탱크저장소**
> 5. **암반탱크저장소**
> 6. **이송취급소**
> 7. 지정수량의 **10배 이상**의 위험물을 취급하는 **일반취급소**. 다만, 제4류 위험물(특수인화물을 제외)만을
>   지정수량의 50배 이하로 취급하는 일반취급소(제1석유류 · 알코올류의 취급량이 지정수량의 10배 이하
>   인 경우에 한한다)로서 다음 각목의 어느 하나에 해당하는 것을 제외한다.
>   가. 보일러 · 버너 또는 이와 비슷한 것으로서 위험물을 소비하는 장치로 이루어진 일반취급소
>   나. 위험물을 용기에 옮겨 담거나 차량에 고정된 탱크에 주입하는 일반취급소

④ 예방규정 포함 사항

> 1. 위험물의 안전관리업무를 담당하는 자의 직무 및 조직에 관한 사항
> 2. 안전관리자가 여행 · 질병 등으로 인하여 그 직무를 수행할 수 없을 경우 그 직무의 대리자에 관한 사항
> 3. 자체소방대를 설치하여야 하는 경우에는 자체소방대의 편성과 화학소방자동차의 배치에 관한 사항
> 4. 위험물의 안전에 관계된 작업에 종사하는 자에 대한 안전교육 및 훈련에 관한 사항
> 5. 위험물시설 및 작업장에 대한 안전순찰에 관한 사항
> 6. 위험물시설 · 소방시설 그 밖의 관련시설에 대한 점검 및 정비에 관한 사항
> 7. 위험물시설의 운전 또는 조작에 관한 사항
> 8. 위험물 취급작업의 기준에 관한 사항
> 9. 이송취급소에 있어서는 배관공사 현장책임자의 조건 등 배관공사 현장에 대한 감독체제에 관한 사항과 배관주위에 있는 이송취급소 시설 외의 공사를 하는 경우 배관의 안전확보에 관한 사항
> 10. 재난 그 밖의 비상시의 경우에 취하여야 하는 조치에 관한 사항
> 11. 위험물의 안전에 관한 기록에 관한 사항
> 12. 제조소등의 위치 · 구조 및 설비를 명시한 서류와 도면의 정비에 관한 사항
> 13. 그 밖에 위험물의 안전관리에 관하여 필요한 사항

(5) 정기점검

① 정기점검 대상

정기점검 대상 제조소등	비고
1. 지정수량의 **10배 이상**의 위험물을 취급하는 **제조소** 2. 지정수량의 **100배 이상**의 위험물을 저장하는 **옥외저장소** 3. 지정수량의 **150배 이상**의 위험물을 저장하는 **옥내저장소** 4. 지정수량의 **200배 이상**의 위험물을 저장하는 **옥외탱크저장소** 5. **암반탱크저장소** 6. **이송취급소** 7. 지정수량의 **10배 이상**의 위험물을 취급하는 **일반취급소**. 다만, 제4류 위험물(특수인화물을 제외한다)만을 지정수량의 50배 이하로 취급하는 일반취급소(제1석유류 · 알코올류의 취급량이 지정수량의 10배 이하인 경우에 한한다)로서 다음 각목의 어느 하나에 해당하는 것을 제외한다. 　가. 보일러 · 버너 또는 이와 비슷한 것으로서 위험물을 소비하는 장치로 이루어진 일반취급소 　나. 위험물을 용기에 옮겨 담거나 차량에 고정된 탱크에 주입하는 일반취급소	예방규정 작성 대상
8. **지하탱크저장소** 9. **이동탱크저장소** 10. 위험물을 취급하는 탱크로서 **지하에 매설된 탱크**가 있는 제조소 · 주유취급소 · 일반취급소	-

② 점검실시자 : 제조소등의 관계인

③ 점검주기 : **연 1회 이상**

④ 점검결과 제출 : 점검을 한 날부터 30일 이내에 시 · 도지사에게 제출

(6) 정기검사

① 정기검사 대상 : 정기점검 대상 중 액체위험물을 저장·취급하는 50만L 이상의 옥외탱크저장소

② 검사실시자 : 소방본부장 또는 소방서장

(7) 자체소방대

① 자체소방대를 설치하여야 하는 제조소등

제조소등	지정수량 기준
제4류 위험물을 취급하는 제조소 또는 일반취급소(단, 보일러로 위험물을 소비하는 일반취급소 등 행정안전부령으로 정하는 일반취급소는 제외)	지정수량의 3천 배 이상
제4류 위험물을 저장하는 옥외탱크저장소	지정수량의 50만 배 이상

② 자체소방대에 두는 화학소방자동차 및 인원

사업소의 구분		화학소방자동차	자체소방대원의 수
제조소·일반취급소 (제4류 위험물 취급)	지정수량의 3천 배 이상 12만 배 미만	1대	5인
	지정수량의 12만 배 이상 24만 배 미만	2대	10인
	지정수량의 24만 배 이상 48만 배 미만	3대	15인
	지정수량의 48만 배 이상	4대	20인
옥외탱크저장소 (제4류 위험물 저장)	지정수량의 50만 배 이상	2대	10인

※ **포수용액**을 방사하는 화학소방자동차의 대수는 **화학소방자동차의 대수의** $\frac{2}{3}$ **이상**으로 한다.

③ 화학소방자동차의 구분 및 설비기준

화학소방자동차의 구분	소화능력 및 설비의 기준
포수용액 방사차	포수용액의 방사능력이 매분 2,000L 이상일 것
	소화약액탱크 및 소화약액혼합장치를 비치할 것
	10만L 이상의 포수용액을 방사할 수 있는 양의 소화약제를 비치할 것
분말 방사차	분말의 방사능력이 매초 35kg 이상일 것
	분말탱크 및 가압용가스설비를 비치할 것
	1,400kg 이상의 분말을 비치할 것
할로겐화합물 방사차	할로겐화합물의 방사능력이 매초 40kg 이상일 것
	할로겐화합물탱크 및 가압용가스설비를 비치할 것
	1,000kg 이상의 할로겐화합물을 비치할 것
이산화탄소 방사차	이산화탄소의 방사능력이 매초 40kg 이상일 것
	이산화탄소저장용기를 비치할 것
	3,000kg 이상의 이산화탄소를 비치할 것
제독차	가성소다 및 규조토를 각각 50kg 이상 비치할 것

적중 핵심예상문제

01 탱크안전성능검사의 종류 4가지를 쓰시오.

정답 기초·지반검사, 충수·수압검사, 용접부검사, 암반탱크검사

해설 **탱크안전성능검사의 종류 및 대상탱크**

검사종류		대상탱크
기초·지반검사		100만L 이상의 옥외저장탱크
충수·수압검사		액체위험물 저장·취급 탱크
	예외	• 제조소·일반취급소에 설치된 지정수량 미만 탱크 • 고압가스 안전관리법의 특정설비에 관한 검사 합격탱크 • 산업안전보건법 안전인증을 받은 탱크
용접부검사		기초·지반검사를 받는 탱크
암반탱크검사		액체위험물을 저장·취급하는 암반탱크

02 위험물안전관리법령에 대한 내용으로 알맞도록 다음 물음에 답하시오.

1) 다음 중 제조소등의 설치자에 대한 지위를 승계하는 경우로 옳은 것만을 모두 고르시오.

① 제조소등의 설치자가 사망한 경우
② 제조소등을 양도한 경우
③ 법인인 제조소등의 설치자의 합병이 있는 경우
④ 경매 절차에 따라 제조소등의 시설의 전부를 인수한 경우

2) 다음 중 제조소등의 폐지에 대한 내용으로 옳지 않은 것만을 모두 고르시오.

① 용도폐지는 제조소등의 관계인이 한다.
② 시·도지사에게 신고 후 14일 이내에 폐지한다.
③ 제조소등의 폐지에 필요한 서류는 용도폐지신청서, 완공검사합격증이다.
④ 폐지는 장래에 대하여 위험물시설로서의 기능을 완전히 상실시키는 것을 말한다.

정답 1) ①, ②, ③, ④
2) ②

1) 지위승계 사유
- 제조소등의 설치자 사망, 양도 · 인도, 법인 합병 등이 있을 시 지위를 승계함
- 경매, 환가, 압류재산의 매각과 그 밖에 이에 준하는 절차에 따라 제조소등의 시설의 전부를 인수한 자는 그 설치자의 지위를 승계
2) 용도폐지
- 용도폐지는 제조소등의 관계인이 한다.
- 용도를 폐지한 날부터 14일 이내에 시 · 도지사에게 신고한다.
- 제조소등의 폐지에 필요한 서류는 용도폐지신청서, 완공검사합격증이다.
- 폐지는 장래에 대하여 위험물시설로서의 기능을 완전히 상실시키는 것을 말한다.

03 위험물안전관리자에 대한 다음의 물음에 답하시오.

> 1) 위험물안전관리자의 퇴직 시 다음 안전관리자의 선임이 이루어져야 하는 시기 기준을 쓰시오.
> 2) 위험물안전관리자의 선임신고의 시기 기준을 쓰시오.

정답 1) 퇴직 날로부터 30일 이내
2) 선임한 날부터 14일 이내

04 위험물기능사를 소지한 사람이 취급할 수 있는 위험물의 유별을 모두 쓰시오.

정답 제1류, 제2류, 제3류, 제4류, 제5류, 제6류 위험물(모든 위험물)

해설 **위험물안전관리자(위험물취급자격자)의 자격기준**

위험물취급자격자의 구분	취급할 수 있는 위험물
위험물기능장, 위험물산업기사, 위험물기능사	모든 위험물
소방청장이 실시하는 안전교육 이수자	제4류 위험물
소방공무원 3년 이상 경력자	제4류 위험물

05 위험물안전관리법령상의 정기점검에 대한 다음의 물음에 답하시오.

> 1) 제조소등의 관계인은 정기점검을 연간 몇 회 이상 실시해야 하는지 쓰시오.
> 2) 점검결과는 점검을 한 날부터 며칠 이내에 제출해야 하는지 쓰시오.
> 3) 점검결과를 누구에게 제출해야 하는지 쓰시오.

정답 1) 1회
2) 30일 이내
3) 시 · 도지사

위험물기능사 실기 한권완성
Craftsman Hazardous material

PART

05

과년도 기출복원문제

01 80kg의 메틸알코올을 완전연소시키기 위해 필요한 이론적 공기량(m^3)을 구하시오. (단, 표준상태이고, 공기 중 산소의 부피는 21vol%이다.)

정답 $400m^3$

해설 필요한 산소량부터 구한 후, 산소량을 이용하여 필요공기량을 구한다.

$2CH_3OH + 3O_2 \rightarrow 2CO_2 + 4H_2O$

표준상태에서 메틸알코올 2kmol(2×32kg)이 연소하는데 필요한 산소는 3kmol(3×$22.4m^3$)이다.

이 관계를 비례식으로 나타내면,

메틸알코올 : 산소 = 2×32kg : 3×$22.4m^3$ = 80kg : $x \, m^3$

x(산소의 부피) = $84m^3$

공기 부피와 산소 부피의 관계를 비례식으로 나타내면,

공기 : 산소 = 100 : 21 = $y \, m^3$: $84m^3$

y(공기의 부피) = $400m^3$

02 다음 중 과염소산에 대한 설명으로 옳은 것의 기호를 모두 쓰시오.

기호	설명
A	청색의 액체이다.
B	무색의 액체이다.
C	분자량은 약 63이다.
D	분자량은 약 78이다.
E	농도가 36wt% 미만인 과염소산 수용액은 위험물에 해당하지 않는다.
F	가열분해 시 유독한 HCl 가스를 발생한다.

정답 B, F

해설 • 과염소산($HClO_4$)의 분자량 = 1 + 35.5 + 16×4 = 100.5
- 농도가 36중량퍼센트 이상인 것이 위험물인 것은 과산화수소이다.
- 과염소산의 가열분해 반응식 : $HClO_4 \rightarrow HCl + 2O_2$

03 이산화탄소와의 반응에 대한 다음의 물음에 답하시오.

┤ 보기 ├
과망간산칼륨, 과산화나트륨, 아세톤, 염소산나트륨, 질산암모늄, 칼륨

1) [보기] 중 이산화탄소와 반응하는 물질을 모두 쓰시오.

2) 1)의 물질 중에서 하나만 선택하여 이산화탄소와 반응하는 반응식을 쓰시오.

정답 1) 과산화나트륨, 칼륨

2) • $2Na_2O_2 + 2CO_2 \rightarrow 2Na_2CO_3 + O_2$

• $4K + 3CO_2 \rightarrow 2K_2CO_3 + C$

(두 개의 반응식 중 한 가지만 선택하여 작성)

04 [보기]의 위험물을 인화점이 낮은 것부터 높은 순으로 나열하시오.

┤ 보기 ├
• 니트로벤젠   • 메틸알코올
• 산화프로필렌   • 클로로벤젠

정답 산화프로필렌, 메틸알코올, 클로로벤젠, 니트로벤젠

해설 **위험물의 인화점**

위험물	산화프로필렌	메틸알코올	클로로벤젠	니트로벤젠
품명	특수인화물	알코올류	제2석유류	제3석유류
인화점	-37℃	11℃	27℃	88℃

05 과산화마그네슘에 대한 다음의 물음에 답하시오.

1) 열분해 반응식을 쓰시오.

2) 물과의 반응식을 쓰시오. (단, 반응을 하지 않으면 "해당 없음"이라고 쓰시오.)

3) 염산과의 반응식을 쓰시오. (단, 반응을 하지 않으면 "해당 없음"이라고 쓰시오.)

정답 1) $2MgO_2 \rightarrow 2MgO + O_2$

2) $2MgO_2 + 2H_2O \rightarrow 2Mg(OH)_2 + O_2$

3) $MgO_2 + 2HCl \rightarrow MgCl_2 + H_2O_2$

06 다음 위험물의 지정수량을 쓰시오.

1) 마그네슘
2) 유황
3) 적린
4) 철분
5) 황화린

정답 1) 500kg, 2) 100kg, 3) 100kg, 4) 500kg, 5) 100kg

해설 **제2류 위험물**

품명	지정수량	위험등급
1. 황화린	100kg	II
2. 적린		
3. 유황		
4. 철분	500kg	III
5. 금속분		
6. 마그네슘		
7. 그 밖에 행정안전부령으로 정하는 것	100kg, 500kg	II, III
8. 제1호 내지 제7호의 1에 해당하는 어느 하나 이상을 함유한 것		
9. 인화성 고체	1,000kg	III

07 200mL의 에틸알코올과 150mL의 물을 혼합한 용액에 대하여 다음의 물음에 답하시오. (단, 에틸알코올의 비중은 0.79이다.)

1) 혼합용액의 에틸알코올 함유량(중량%)을 구하시오.
  ① 계산과정
  ② 함유량
2) 혼합용액은 제4류 위험물 중 알코올류에 속하는지 판단하고, 판단근거를 쓰시오.
  ① 판단결과
  ② 판단근거

정답 1) ① 중량% = $\dfrac{200\text{mL} \times \dfrac{0.79\text{g}}{1\text{mL}}}{200\text{mL} \times \dfrac{0.79\text{g}}{1\text{mL}} + 150\text{mL} \times \dfrac{1\text{g}}{1\text{mL}}} \times 100\% = 51.30$중량%

  ② 51.30중량%

2) ① 알코올류에 속하지 않는다.
  ② 알코올 함유량이 60중량% 미만이기 때문이다.

08 다음 위험물의 완전연소반응식을 쓰시오. (단, 해당 사항이 없으면 "해당 없음"이라고 쓰시오.)

1) 과산화마그네슘
2) 나트륨
3) 삼황화린
4) 질산
5) 황린

정답
1) 해당 없음
2) $4Na + O_2 \rightarrow 2Na_2O$
3) $P_4S_3 + 8O_2 \rightarrow 2P_2O_5 + 3SO_2$
4) 해당 없음
5) $P_4 + 5O_2 \rightarrow 2P_2O_5$

해설 과산화마그네슘과 질산은 불연성 물질이다.

09 아세트알데히드에 대한 다음의 물음에 답하시오.

1) 품명을 쓰시오.
2) 지정수량을 쓰시오.
3) 이동저장탱크에 저장할 시 온도를 몇 ℃ 이하로 유지해야 하는지 쓰시오. (단, 보냉장치가 설치되지 않은 이동저장탱크이다.)
4) 다음 중 아세트알데히드에 대한 설명으로 옳은 것의 기호를 모두 쓰시오.

기호	설명
A	무색, 투명한 액체이며 자극적인 냄새가 난다.
B	물, 에테르, 에탄올에 잘 녹고 고무를 녹인다.
C	에탄올을 산화시켜 생성할 수 있다.
D	은, 수은, 동, 마그네슘 재질의 용기에 저장한다.

정답 1) 특수인화물, 2) 50L, 3) 40℃ 이하, 4) A, B, C

해설 3) 디에틸에테르등, 아세트알데히드등의 저장기준

위험물	저장기준		
디에틸에테르등 또는 아세트알데히드등	옥외 · 옥내 · 지하 저장탱크 중 압력탱크	40℃ 이하	
	옥외 · 옥내 · 지하 저장탱크 중 압력탱크 외의 탱크	산화프로필렌, 디에틸에테르등	30℃ 이하
		아세트알데히드	15℃ 이하
	이동저장탱크	보냉장치 있음	당해 위험물의 비점 이하
		부냉장치 없음	40℃ 이하

10 다음 탱크의 내용적(L)을 구하시오. (단, $r = 0.5m$, $\ell = 1m$이다.)

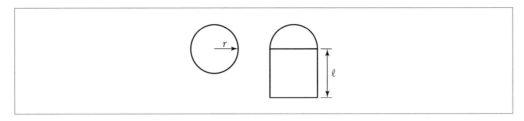

정답   785.40L

해설   내용적 $= \pi r^2 \ell = \pi(0.5m)^2(1m) = 0.785398m^3 = 0.785398m^3 \times \dfrac{1,000L}{1m^3} = 785.40L$

11 제4류 위험물 중 옥외저장소에 저장할 수 있는 품명 3가지를 쓰시오.

정답   제1석유류(인화점이 0℃ 이상), 알코올류, 제2석유류, 제3석유류, 제4석유류, 동식물유류(이들 중 3가지만 선택하여 작성)

해설   **옥외에 저장할 수 있는 위험물**
- 제2류 위험물 중 유황 또는 인화성 고체(인화점이 0℃ 이상)
- 제4류 위험물 중 제1석유류(인화점이 0℃ 이상) · 알코올류 · 제2석유류 · 제3석유류 · 제4석유류 및 동식물유류
- 제6류 위험물
- 제2류 위험물 및 제4류 위험물 중 특별시 · 광역시 · 도의 조례에서 정하는 위험물(「관세법」에 의한 보세구역 안에 저장하는 경우에 한함)
- 「국제해사기구에 관한 협약」에 의하여 설치된 국제해사기구가 채택한 「국제해상위험물규칙」(IMDG Code)에 적합한 용기에 수납된 위험물

12 이동탱크저장소의 측면틀 기준으로 알맞도록 다음의 각도 기준을 쓰시오.

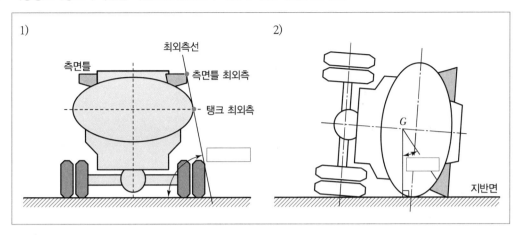

정답   1) 75° 이상, 2) 35° 이상

해설   • 측면틀 최외측과 탱크 최외측을 연결하는 직선(최외측선)의 수평면에 대한 내각 : 75° 이상
       • 탱크 중량의 중심점과 측면틀의 최외측을 연결하는 직선과 그 중심점을 지나는 직선 중 최외측선과 직각을 이루는 직선과의 내각 : 35° 이상

13 제2석유류에 대한 정의로 알맞도록 다음 빈칸을 채우시오.

> "제2석유류"라 함은 등유, 경유 그 밖에 1기압에서 인화점이 섭씨 (①)도 이상 (②)도 미만인 것을 말한다. 다만, 도료류 그 밖의 물품에 있어서 가연성 액체량이 (③)중량퍼센트 이하이면서 인화점이 섭씨 (④)도 이상 인 동시에 연소점이 섭씨 (⑤)도 이상인 것은 제외한다.

정답   ① 21, ② 70, ③ 40, ④ 40, ⑤ 60

해설   **인화점 기준 분류(제1~4석유류)**

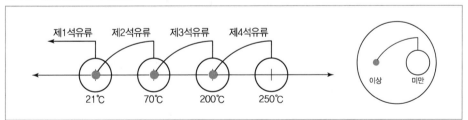

14 다음 물음에 해당하는 [보기]의 위험물을 화학식으로 쓰시오.

┤ 보기 ├
- 과산화나트륨
- 염소산칼륨
- 질산칼륨
- 질산암모늄
- 삼산화크롬

1) 흡습성이 있으며 물에 녹을 때 흡열반응을 하는 위험물을 쓰시오.
2) 물 또는 이산화탄소와 반응하는 위험물을 쓰시오.
3) 산을 가하면 이산화염소가 발생하며, 이산화망간과 접촉 시 분해하여 산소가 발생하는 위험물을 쓰시오.

정답 1) NH_4NO_3, 2) Na_2O_2, 3) $KClO_3$

해설 1) 질산암모늄(NH_4NO_3)은 물에 녹을 때 흡열(주위의 열을 흡수)반응을 한다.
2) 무기과산화물(과산화나트륨 등)은 물 또는 이산화탄소와 반응하여 산소를 발생한다.
3) 산을 가하면 이산화염소가 발생하며, 이산화망간과 접촉 시 분해하여 산소가 발생하는 위험물은 염소산칼륨($KClO_3$)이다.

15 제조소의 환기설비에 대한 기준으로 알맞도록 다음 빈칸을 채우시오.

1) 환기는 (   ) 방식으로 한다.
2) 환기구는 지붕 위 또는 지상 (   )m 이상의 높이에 회전식 고정벤틸레이터 또는 (   ) 방식으로 설치한다.
3) 급기구가 설치된 실의 바닥면적 (   )m²마다 1개 이상 설치한다.
4) 급기구의 크기는 (   )cm² 이상으로 한다.

정답 1) 자연배기, 2) 2, 루프팬, 3) 150, 4) 800

16 과산화수소에 대한 다음의 물음에 답하시오.

1) 열분해 반응식을 쓰시오.
2) 36중량%의 과산화수소 100g이 열분해하여 발생하는 산소의 질량(g)을 구하시오.

정답 1) $2H_2O_2 \rightarrow 2H_2O + O_2$, 2) 16.94g

해설 2) • 수용액 100g 속의 과산화수소의 질량 $= \dfrac{36\text{g 과산화수소}}{100\text{g 수용액}} \times 100\text{g 수용액} = 36\text{g}$

• $2H_2O_2 \rightarrow 2H_2O + O_2$
• 2mol(2×34g)의 과산화수소가 분해하여 산소 1mol(32g)이 발생한다.
이 관계를 비례식으로 나타내면,
과산화수소 : 산소 $= 2 \times 34$g : 32g $= 36$g : xg
x(산소의 질량) $= 16.94$g

17 다음 게시판의 바탕색과 글자색을 각각 쓰시오.

> 1) 주유중엔진정지   2) 화기엄금

정답   1) 황색바탕, 흑색문자, 2) 적색바탕, 백색문자

18 동식물유류를 다음과 같이 분류할 때의 기준이 되는 요오드값의 범위를 쓰시오.

> 1) 건성유   2) 반건성유
> 3) 불건성유

정답   1) 130 이상, 2) 100~130, 3) 100 이하

해설   **동식물유류의 구분**

종류	요오드값	불포화도	예시
건성유	130 이상	큼	아마인유, 들기름, 동유(오동유), 정어리유, 해바라기유, 상어유, 대구유 등
반건성유	100~130	보통	참기름, 쌀겨기름, 옥수수기름, 콩기름, 청어유, 면실유, 채종유 등
불건성유	100 이하	작음	팜유, 쇠기름, 돼지기름, 고래기름, 피마자유, 야자유, 올리브유, 땅콩기름(낙화생유) 등

19 니트로글리세린에 대한 다음의 물음에 답하시오.

> 1) 분해반응식의 빈칸을 채우시오.
> $$4C_3H_5(ONO_2)_3 \rightarrow (\quad)CO_2 + 10H_2O + (\quad)N_2 + O_2$$
> 2) 2mol의 니트로글리세린이 분해하여 생성되는 이산화탄소의 질량(g)을 구하시오.
> 3) 90.8g의 니트로글리세린이 분해하여 생성되는 산소의 질량(g)을 구하시오.

정답   1) 12, 6, 2) 264g, 3) 3.2g

해설   1) 니트로글리세린의 분해반응식
    $4C_3H_5(ONO_2)_3 \rightarrow 12CO_2 + 10H_2O + 6N_2 + O_2$
2) 4mol의 니트로글리세린이 분해하여 이산화탄소 12mol(12×44g)이 발생한다.
    이 관계를 비례식으로 나타내면,
    니트로글리세린 : 이산화탄소 = 4mol : 12×44g = 2mol : xg
    x(이산화탄소의 질량) = 264g
3) 4mol(4×227g)의 니트로글리세린이 분해하여 산소 1mol(32g)이 발생한다.
    이 관계를 비례식으로 나타내면,
    니트로글리세린 : 이산화탄소 = 4×227g : 32g = 90.8g : xg
    x(산소의 질량) = 3.2g

20 다음 위험물의 구조식을 쓰시오.

1) 트리니트로톨루엔
2) 피크린산
3) 질산메틸

정답 1)

2)

3)

01 다음 위험물의 연소반응식을 쓰시오.

> 1) 메틸알코올　　　　　　　　　　　2) 벤젠
> 3) 아세트알데히드

정답　1) 메틸알코올 : $2CH_3OH + 3O_2 \rightarrow 2CO_2 + 4H_2O$
　　　　2) 벤젠 : $2C_6H_6 + 15O_2 \rightarrow 12CO_2 + 6H_2O$
　　　　3) 아세트알데히드 : $2CH_3CHO + 5O_2 \rightarrow 4CO_2 + 4H_2O$

02 다음 물음에 해당하는 [보기]의 위험물을 쓰시오. (해당되는 것이 여러 개일 경우 해당되는 것을 모두 쓰시오.)

> ┤ 보기 ├
> • 과산화수소　　　　　　　• 과산화칼슘　　　　　　　• 아세톤
> • 염소산칼륨　　　　　　　• 적린　　　　　　　　　　• 철분

> 1) 차광성 덮개로 덮어야 하는 위험물을 쓰시오.
> 2) 방수성 덮개로 덮어야 하는 위험물을 쓰시오.

정답　1) 과산화수소, 과산화칼슘, 염소산칼륨
　　　　2) 철분

해설　• 위험물의 피복 기준

피복 기준	대상	
차광성 피복	• 제1류 위험물 • 제4류 위험물 중 특수인화물 • 제6류 위험물	• 제3류 위험물 중 자연발화성 물질 • 제5류 위험물
방수성 피복	• 제1류 위험물 중 알칼리금속의 과산화물 • 제3류 위험물 중 금수성물질	• 제2류 위험물 중 철분·금속분·마그네슘
보냉컨테이너 수납	• 제5류 위험물 중 55℃ 이하의 온도에서 분해될 우려가 있는 것	

• 위험물의 유별(품명)

위험물	과산화수소	과산화칼슘	아세톤	염소산칼륨	적린	철분
유별(품명)	제6류	제1류(무기과산화물)	제4류(제1석유류)	제1류(염소산염류)	제2류	제2류

03 80wt%의 질산수용액 1L에 대하여 다음의 물음에 답하시오. (단, 수용액의 비중은 1.45이다.)

> 1) HNO_3의 질량(g)을 구하시오.
> 2) 10wt%로 묽히기 위해 첨가해야 하는 물의 질량(g)을 구하시오.

정답　1) 1,160g, 2) 10,150g

해설　1) 수용액 속의 질산의 질량 = $\dfrac{80g(\text{질산의 질량})}{100g(\text{수용액의 질량})} \times \dfrac{1.45g(\text{수용액의 질량})}{1mL(\text{수용액의 부피})} \times 1,000mL = 1,160g$

　　2) 수용액 속의 물 질량 = $\dfrac{1.45g}{mL} \times 1,000mL - 1,160g = 290g$

　　　$10wt\% = \dfrac{1,160g}{(1,160+290+x)g} \times 100\%$

　　　$(1,160+290+x)g = 1,160g \times 10$

　　　$\therefore\ x(\text{첨가하는 물의 질량}) = 10,150g$

04 탄화칼슘에 대한 다음의 물음에 답하시오.

> 1) 물과 반응하여 생성되는 기체의 완전연소반응식을 쓰시오.
> 2) 탄화칼슘을 취급하는 제조소에 설치하는 주의사항 게시판의 바탕색과 문자색을 쓰시오.

정답　1) $2C_2H_2 + 5O_2 \rightarrow 4CO_2 + 2H_2O$
　　2) 청색바탕, 백색문자

해설　1) 탄화칼슘과 물이 반응하여 생성되는 기체는 아세틸렌이다.
　　　$CaC_2 + 2H_2O \rightarrow Ca(OH)_2 + C_2H_2$
　　2) • 위험물에 따른 위험물제조소 주의사항 게시판

위험물 종류	주의사항 게시판	색상 기준
- 제1류 위험물 중 알칼리금속의 과산화물과 이를 함유한 것 - 제3류 위험물 중 금수성물질	물기엄금	- 청색바탕 - 백색문자
- 제2류 위험물(인화성 고체 제외)	화기주의	- 적색바탕 - 백색문자
- 제2류 위험물 중 인화성 고체 - 제3류 위험물 중 자연발화성 물질 - 제4류 위험물 - 제5류 위험물	화기엄금	

　　• 탄화칼슘(제3류 위험물 중 금수성물질) : 물기엄금 게시판(청색바탕, 백색문자)

05 [보기]에서 설명하는 위험물에 대한 다음의 물음에 답하시오.

> **┤ 보기 ├**
> • 제4류 위험물, 지정수량 2,000L, 분자량 60이다.
> • 강산화제와 알칼리금속과의 접촉을 피해야 한다.

1) 수용성 여부를 쓰시오.
2) 연소반응을 통해 발생하는 생성물 2가지를 쓰시오.
3) Zn과 반응하여 발생하는 가연성 기체의 명칭을 쓰시오.

정답   1) 수용성
       2) 이산화탄소(CO_2), 물(H_2O)
       3) 수소

해설   [보기]의 위험물은 아세트산(CH_3COOH)이다.
       1) 아세트산(CH_3COOH)은 제2석유류 수용성(지정수량 2,000L)이며, 분자량은 60이다.
       2) $CH_3COOH + 2O_2 \rightarrow 2CO_2 + 2H_2O$
       3) $2CH_3COOH + Zn \rightarrow (CH_3COO)_2Zn + H_2$

06 다음 각 위험물에 대해 같이 적재하여 운반 시 혼재 가능한 유별을 모두 쓰시오. (단, 위험물은 지정수량 이상이다.)

1) 제1류   2) 제2류
3) 제3류   4) 제4류
5) 제5류

정답   1) 제6류
       2) 제4류, 제5류
       3) 제4류
       4) 제2류, 제3류, 제5류
       5) 제2류, 제4류

해설   **위험물 유별 혼재기준(지정수량 1/10 초과 기준)**

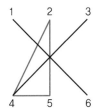

07 [보기]의 물질 중 불건성유에 속하는 것을 모두 쓰시오. (단, 해당되는 물질이 없으면 "없음"이라고 쓰시오.)

| 보기 |
- 아마인유
- 야자유
- 올리브유
- 피마자유
- 해바라기유

정답 야자유, 올리브유, 피마자유

해설 **동식물유류의 구분**

종류	요오드값	불포화도	예시
건성유	130 이상	큼	아마인유, 들기름, 동유(오동유), 정어리유, 해바라기유, 상어유, 대구유 등
반건성유	100~130	보통	참기름, 쌀겨기름, 옥수수기름, 콩기름, 청어유, 면실유, 채종유 등
불건성유	100 이하	작음	팜유, 쇠기름, 돼지기름, 고래기름, 피마자유, 야자유, 올리브유, 땅콩기름(낙화생유) 등

08 다음 탱크의 내용적은 몇 m³인지 구하시오. (단, $r = 1$m, $\ell = 5$m, $\ell_1 = 0.5$m, $\ell_2 = 0.3$m이다.)

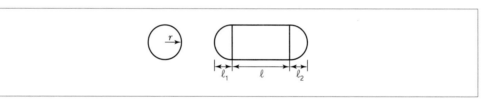

정답 16.55m^3

해설 내용적 $= \pi r^2 \left(\ell + \dfrac{\ell_1 + \ell_2}{3} \right) = \pi (1\text{m})^2 \left(5\text{m} + \dfrac{0.5\text{m} + 0.3\text{m}}{3} \right) = 16.55\text{m}^3$

09 다음 위험물 품명에 해당하는 지정수량을 쓰시오.

1) 염소산염류
2) 중크롬산염류
3) 질산염류

정답
1) 50kg
2) 1,000kg
3) 300kg

제1류 위험물

품명		지정수량
1. 아염소산염류		50kg
2. 염소산염류		
3. 과염소산염류		
4. 무기과산화물		
5. 브롬산염류		300kg
6. 질산염류		
7. 요오드산염류		
8. 과망간산염류		1,000kg
9. 중크롬산염류		
10. 그 밖에 행정안전부령으로 정하는 것	1. 과요오드산염류	50kg, 300kg, 1,000kg
	2. 과요오드산	
	3. 크롬, 납 또는 요오드의 산화물	
	4. 아질산염류	
	5. 차아염소산염류	
	6. 염소화이소시아눌산	
	7. 퍼옥소이황산염류	
	8. 퍼옥소붕산염류	
11. 제1호 내지 제10호의 1에 해당하는 어느 하나 이상을 함유한 것		

10 황린을 저장하고 있는 옥내저장소에 대한 다음의 물음에 답하시오.

1) 위험등급을 쓰시오.
2) 바닥면적 기준을 쓰시오.
3) 적절한 조치를 한 후 함께 저장할 수 있는 다른 위험물의 유별을 쓰시오.

1) 위험등급 I, 2) 1,000m² 이하, 3) 제1류 위험물

1) 제3류 위험물

품명		지정수량	위험등급
1. 칼륨		10kg	I
2. 나트륨			
3. 알킬알루미늄			
4. 알킬리튬			
5. 황린		20kg	
6. 알칼리금속 및 알칼리토금속(칼륨 및 나트륨 제외)		50kg	II
7. 유기금속화합물(알킬알루미늄 및 알킬리튬 제외)			
8. 금속의 수소화물		300kg	III
9. 금속의 인화물			
10. 칼슘 또는 알루미늄의 탄화물			
11. 그 밖의 행정안전부령으로 정하는 것	염소화규소화합물	10kg, 20kg, 50kg 또는 300kg	I, II, III
12. 제1호 내지 제11호의 1에 해당하는 어느 하나 이상을 함유한 것			

2) 옥내저장소의 바닥면적

위험물을 저장하는 창고의 종류	바닥면적
위험등급Ⅰ 위험물 전체와 제4류 위험등급Ⅱ 위험물 ① 위험등급Ⅰ 위험물 • 제1류 위험물 중 아염소산염류, 염소산염류, 과염소산염류, 무기과산화물 • 제3류 위험물 중 칼륨, 나트륨, 알킬알루미늄, 알킬리튬, 황린 • 제4류 위험물 중 특수인화물 • 제5류 위험물 중 유기과산화물, 질산에스테르류 • 제6류 위험물 ② 위험등급Ⅱ 위험물(제4류) • 제4류 위험물 중 제1석유류, 알코올류	$1,000m^2$ 이하
그 외의 위험물을 저장하는 창고	$2,000m^2$ 이하
위험물을 내화구조의 격벽으로 완전히 구획된 실에 각각 저장하는 창고(바닥면적 $1,000m^2$ 이하의 위험물을 저장하는 실의 면적은 $500m^2$ 초과 금지)	$1,500m^2$ 이하

3) 유별이 다른 위험물을 1m 이상 간격을 두고 함께 저장이 가능한 경우

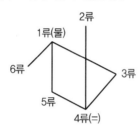

① 1류와 함께 저장하는 것은 "물"로 소화가 가능한지로 고려
　예 1류 - 6류
　　 1류(알칼리금속의 과산화물 제외) - 5류
　　 1류 - 3류(황린)
② 4류와 함께 저장하는 것은 "같은 용어"가 포함되어야 함
　예 4류("인화성" 액체) - 2류("인화성" 고체)
　　 4류("알킬" 알루미늄, "알킬" 리튬) - 3류("알킬" 알루미늄 등)
　　 4류("유기과산화물") - 5류("유기과산화물")

11 소화설비의 적응성이 있는 경우 빈칸에 ○를 쓰시오.

소화설비의 구분	대상물 구분 제2류 위험물		
	철분·금속분·마그네슘등	인화성 고체	그 밖의 것
옥내소화전 또는 옥외소화전설비			
물분무등소화설비 물분무소화설비			
물분무등소화설비 포소화설비			
물분무등소화설비 불활성가스소화설비			
물분무등소화설비 할로겐화합물소화설비			

정답

소화설비의 구분	대상물 구분 건축물·그 밖의 공작물	전기 설비	제1류 위험물 알칼리 금속과 산화물 등	그 밖의 것	제2류 위험물 철분·금속분·마그네슘등	인화성 고체	그 밖의 것	제3류 위험물 금수성 물품	그 밖의 것	제4류 위험물	제5류 위험물	제6류 위험물
옥내소화전 또는 옥외소화전설비	○			○		○	○		○		○	○
물분무등소화설비 물분무소화설비	○	○		○		○	○		○	○	○	○
물분무등소화설비 포소화설비	○			○		○	○		○	○	○	○
물분무등소화설비 불활성가스소화설비		○				○			○			
물분무등소화설비 할로겐화합물소화설비		○				○			○			

12 다음 위험물의 시성식을 쓰시오.

1) 질산에틸
2) 디니트로아닐린
3) 트리니트로벤젠

정답
1) $C_2H_5ONO_2$
2) $C_6H_3NH_2(NO_2)_2$
3) $C_6H_3(NO_2)_3$

해설 **위험물의 구조식**

| 질산에틸 | 디니트로아닐린 | 트리니트로벤젠 |

13 [보기]의 위험물을 인화점이 낮은 것부터 높은 순으로 나열하시오.

> **보기**
>
> • 니트로벤젠   • 아세트산
> • 아세트알데히드   • 에틸알코올

정답 아세트알데히드, 에틸알코올, 아세트산, 니트로벤젠

해설 **위험물의 인화점**

위험물	니트로벤젠	아세트산	아세트알데히드	에틸알코올
품명	제3석유류	제2석유류	특수인화물	알코올류
인화점	88℃	40℃	-38℃	13℃

14 다음 위험물의 물질명, 화학식, 품명이 알맞도록 다음 빈칸을 채우시오.

물질명	화학식	품명
(①)	$C_3H_5(OH)_3$	(②)
에탄올	(③)	알코올류
에틸렌글리콜	(④)	(⑤)

정답 ① 글리세린
② 제3석유류
③ C_2H_5OH
④ $C_2H_4(OH)_2$
⑤ 제3석유류

15 지하저장탱크에 대한 다음의 물음에 답하시오.

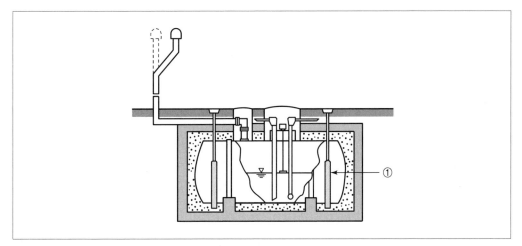

1) ①의 명칭을 쓰시오.
2) 탱크와 탱크전용실 안쪽 공간에 채워야 하는 물질을 쓰시오.
3) 탱크와 탱크전용실 안쪽 사이의 간격을 쓰시오.
4) 탱크 윗면과 지면 사이의 거리를 쓰시오.
5) 지면에서부터 통기관까지의 높이를 쓰시오.

정답 1) 누유검사관
2) 마른 모래 또는 습기 등에 의하여 응고되지 않는 입자지름 5mm 이하의 마른 자갈분
3) 0.1m 이상
4) 0.6m 이상
5) 4m 이상

16 [보기]에서 설명하는 위험물에 대한 다음의 물음에 답하시오.

┤ 보기 ├
- 제4류 위험물이다.
- 분자량이 76, 비중이 1.26, 증기비중이 2.62, 비점이 46℃이다.
- 콘크리트 수조 속에 저장한다.

1) 명칭을 쓰시오.
2) 시성식을 쓰시오.
3) 품명을 쓰시오.
4) 위험등급을 쓰시오.
5) 지정수량을 쓰시오.

정답 1) 이황화탄소, 2) CS_2, 3) 특수인화물, 4) 위험등급 Ⅰ, 5) 50L

해설 4) 제4류 위험물의 위험등급

위험등급	품명
Ⅰ	특수인화물
Ⅱ	제1석유류, 알코올류
Ⅲ	제2~4석유류, 동식물유류

17 탄산수소칼륨 소화약제에 대한 다음의 물음에 답하시오.

1) 190℃에서 분해되는 반응식을 쓰시오.
2) 200kg의 탄산수소칼륨이 분해될 때 생성되는 이산화탄소의 부피(m^3)를 구하시오. (단, 1기압, 200℃이다.)

정답 1) $2KHCO_3 \rightarrow K_2CO_3 + CO_2 + H_2O$
2) $38.79m^3$

해설 1) 탄산수소칼륨 열분해 반응식

1차 열분해(190℃)	$2KHCO_3 \rightarrow K_2CO_3 + CO_2 + H_2O$
2차 열분해(890℃)	$2KHCO_3 \rightarrow K_2O + 2CO_2 + H_2O$

2) $PV = nRT \rightarrow V = \dfrac{nRT}{P}$ 를 이용하여 이산화탄소의 부피를 구한다.

- $n(CO_2$의 몰수$) = 200kg\ KHCO_3 \times \dfrac{1\,kmol\ KHCO_3}{(39+1+12+16 \times 3)kg\ KHCO_3} \times \dfrac{1\,kmol\ CO_2}{2\,kmol\ KHCO_3} = 1kmol$

- $R = 0.082\left(\dfrac{atm \cdot m^3}{kmol \cdot K}\right)$

- $T = (200 + 273)K = 473K$

- $P = 1atm$

$$V = \dfrac{nRT}{P} = \dfrac{(1kmol)\left(0.082\dfrac{atm \cdot m^3}{kmol \cdot K}\right)(473K)}{1atm} = 38.79m^3$$

18 이동탱크저장소에 대한 다음의 물음에 답하시오.

> 1) 방파판의 두께 기준을 쓰시오.
> 2) 칸막이의 두께 기준을 쓰시오.
> 3) 칸막이는 몇 L 이하마다 설치해야 하는지 쓰시오.

정답 1) 1.6mm 이상
2) 3.2mm 이상
3) 4,000L 이하

19 제2류 위험물 중 아연에 대한 다음의 물음에 답하시오.

> 1) 고온의 물과의 반응식을 쓰시오.
> 2) 산소와의 반응식을 쓰시오.
> 3) 황산과의 반응식을 쓰시오.

정답 1) $Zn + 2H_2O \rightarrow Zn(OH)_2 + H_2$
2) $2Zn + O_2 \rightarrow 2ZnO$
3) $Zn + H_2SO_4 \rightarrow ZnSO_4 + H_2$

20 9.2g의 톨루엔을 완전 연소시키기 위해 필요한 이론적 공기량(L)을 구하시오. (단, 0℃, 1기압이고, 공기 중 산소의 부피는 21vol%이다.)

정답 96L

해설 필요한 산소량부터 구한 후, 산소량을 이용하여 필요공기량을 구한다.
$C_6H_5CH_3 + 9O_2 \rightarrow 7CO_2 + 4H_2O$
표준상태에서 톨루엔 1mol(92g)이 연소하는데 필요한 산소는 9mol(9×22.4L)이다.
이 관계를 비례식으로 나타내면,
톨루엔 : 산소 = 92g : 9×22.4L = 9.2g : xL
x(산소의 부피) = 20.16L
공기 부피와 산소 부피의 관계를 비례식으로 나타내면,
공기 : 산소 = 100 : 21 = yL : 20.16L
y(공기의 부피) = 96L

01 50kg의 과염소산칼륨이 완전분해할 때, 다음의 물음에 답하시오. (단, 표준상태이다.)

> 1) 생성된 산소의 질량(kg)을 구하시오.
> 2) 생성된 산소의 부피(m^3)를 구하시오.

정답 1) 23.10kg, 2) 16.17m^3

해설 1) $KClO_4 \rightarrow KCl + 2O_2$
과염소산 1kmol(138.5kg)이 분해되어 발생한 산소는 2kmol($2 \times 32kg$)이다.
이 관계를 비례식으로 나타내면,
과염소산 : 산소 = 138.5kg : $2 \times 32kg = 50kg : x$kg
x(산소의 질량) = 23.10kg

2) 표준상태에서 생성된 산소의 부피 = $23.10kg \times \dfrac{1kmol}{32kg} \times \dfrac{22.4m^3}{1kmol} = 16.17m^3$

02 비중이 0.8인 메틸알코올 200L가 연소할 때, 다음의 물음에 답하시오. (단, 표준상태이다.)

> 1) 완전연소를 위해 필요한 이론산소량(kg)을 구하시오.
> 2) 생성되는 이산화탄소의 부피(L)를 구하시오.

정답 1) 240kg, 2) 112,000L

해설 1) 메틸알코올의 질량 = $200L \times \dfrac{0.8kg}{1L} = 160kg$

$2CH_3OH + 3O_2 \rightarrow 2CO_2 + 4H_2O$
메틸알코올 2kmol($2 \times 32kg$)이 연소하는 데 필요한 산소는 3kmol($3 \times 32kg$)이다.
이 관계를 비례식으로 나타내면,
메틸알코올 : 산소 = $2 \times 32kg : 3 \times 32kg = 160kg : x$kg
x(산소의 질량) = 240kg

2) $2CH_3OH + 3O_2 \rightarrow 2CO_2 + 4H_2O$
표준상태에서 메틸알코올 2kmol($2 \times 32kg$)이 연소하면 발생하는 이산화탄소는 2kmol($2 \times 22.4m^3$)이다.
이 관계를 비례식으로 나타내면,
메틸알코올 : 이산화탄소 = $2 \times 32kg : 2 \times 22.4m^3 = 160kg : y$m^3

y(이산화탄소의 부피) = $112m^3 = 112m^3 \times \dfrac{1,000L}{1m^3} = 112,000L$

03 운송 시 위험물안전카드를 휴대하여야 하는 위험물의 유별을 3가지 쓰시오.

제1류, 제2류, 제3류, 제4류(특수인화물, 제1석유류), 제5류, 제6류(이들 중 3가지만 선택하여 작성)

04 [보기]에서 설명하는 위험물에 대한 다음의 물음에 답하시오.

┤ 보기 ├
- 제4류 위험물이다.
- 무색 투명한 액체이며 수용성이다.
- 인화점이 -37℃, 비점이 34℃이다.
- 은, 수은, 동, 마그네슘 재질의 저장용기를 사용할 수 없다.
- 흡입할 경우 폐수종의 위험이 있다.

1) 명칭을 쓰시오.
2) 지정수량을 쓰시오.
3) 보냉장치가 없는 이동저장탱크에 저장할 경우 온도는 몇 ℃ 이하로 유지하여야 하는지 쓰시오.

정답 1) 산화프로필렌
  2) 50L
  3) 40℃ 이하

해설 2) 산화프로필렌은 특수인화물로, 지정수량이 50L이다.
  3) 산화프로필렌 등의 저장기준

위험물	저장기준		
디에틸에테르등 또는 아세트알데히드등	옥외 · 옥내 · 지하 저장탱크 중 압력탱크	40℃ 이하	
	옥외 · 옥내 · 지하 저장탱크 중 압력탱크 외의 탱크	산화프로필렌, 디에틸에테르등	30℃ 이하
		아세트알데히드	15℃ 이하
	이동저장탱크	보냉장치 있음	당해 위험물의 비점 이하
		보냉장치 없음	40℃ 이하

05 휘발유를 저장하고 있는 옥외저장탱크의 방유제에 대한 다음의 물음에 답하시오.

1) 방유제의 두께 기준을 쓰시오.
2) 방유제의 높이 기준을 쓰시오.
3) 방유제의 지하 매설 깊이 기준을 쓰시오.
4) 방유제 내의 면적 기준을 쓰시오.
5) 방유제 내에 설치할 수 있는 최대 탱크의 수를 쓰시오.

정답 1) 0.2m 이상
 2) 0.5m 이상 3m 이하
 3) 1m 이상
 4) 8만m^2 이하
 5) 10기

해설 **방유제 내에 설치하는 옥외저장탱크의 수**

탱크 종류	하나의 방유제 내에 설치하는 탱크 수
일반적	10기 이하
방유제 내 모든 탱크의 용량이 20만ℓ 이하이고, 저장·취급하는 위험물 인화점이 70℃ 이상 200℃ 미만인 경우	20기 이하
인화점이 200℃ 이상인 위험물을 저장·취급	제한 없음

06 [보기]의 위험물을 위험등급에 따라 분류하시오. (단, 해당 없으면 "해당 없음"이라고 쓰시오.)

┤ 보기 ├
• 과염소산염류   • 아염소산염류   • 염소산염류
• 유황   • 적린   • 질산에스테르류
• 황화린

1) I 등급   2) II등급
3) III등급

정답 1) 과염소산염류, 아염소산염류, 염소산염류, 질산에스테르류
 2) 유황, 적린, 황화린
 3) 해당 없음

07 제4류 위험물 중 알코올류의 정의로 알맞도록 다음 빈칸을 채우시오.

"알코올류"라 함은 1분자를 구성하는 탄소원자의 수가 (①)개부터 (②)개까지인 포화1가 알코올(변성알코올을 포함한다)을 말한다. 다만, 다음 각목의 1에 해당하는 것은 제외한다.
가. 1분자를 구성하는 탄소원자의 수가 (①)개 내지 (②)개의 포화1가 알코올의 함유량이 (③)중량퍼센트 미만인 수용액
나. 가연성액체량이 (④)중량퍼센트 미만이고 인화점 및 연소점(태그개방식인화점측정기에 의한 연소점을 말한다. 이하 같다)이 에틸알코올 (⑤)중량퍼센트 수용액의 인화점 및 연소점을 초과하는 것

정답   ① 1, ② 3, ③ 60, ④ 60, ⑤ 60

08 [보기]의 위험물을 산의 세기가 작은 것부터 큰 것의 순으로 기호를 사용하여 나열하시오.

┤ 보기 ├
• A : $HClO$ • B : $HClO_2$
• C : $HClO_3$ • D : $HClO_4$

정답   A, B, C, D

해설   산의 세기는 산소의 함유량이 많을수록 세다.

09 방향족 탄화수소인 BTX에 대한 다음의 물음에 답하시오.

1) BTX는 무엇의 약자인지 각 물질의 명칭을 쓰시오.
2) T에 해당하는 물질의 구조식을 쓰시오.

정답   1) B : 벤젠, T : 톨루엔, X : 크실렌(자일렌)
2) CH_3

10 다음 위험물의 연소반응식을 쓰시오.

1) 삼황화린   2) 오황화린

정답   1) $P_4S_3 + 8O_2 \rightarrow 2P_2O_5 + 3SO_2$
2) $2P_2S_5 + 15O_2 \rightarrow 2P_2O_5 + 10SO_2$

11 다음 탱크의 내용적은 몇 m³인지 구하시오. (단, $r = 1\text{m}$, $\ell = 5\text{m}$, $\ell_1 = 0.4\text{m}$, $\ell_2 = 0.5\text{m}$이다.)

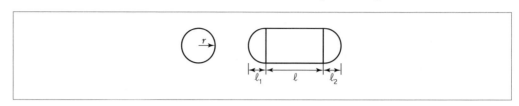

정답　16.65m³

해설　내용적 $= \pi r^2 \left(\ell + \dfrac{\ell_1 + \ell_2}{3} \right) = \pi (1\text{m})^2 \left(5\text{m} + \dfrac{0.4\text{m} + 0.5\text{m}}{3} \right) = 16.65\text{m}^3$

12 다음 위험물에 대한 운반용기 외부에 표시하는 사항을 모두 쓰시오.

1) 제2류 위험물 중 인화성 고체
2) 제4류 위험물
3) 제6류 위험물

정답　1) 화기엄금
　　　2) 화기엄금
　　　3) 가연물 접촉주의

해설　**위험물에 따른 주의사항(운반용기)**

유별		외부 표시 주의사항		
제1류	알칼리금속의 과산화물	• 화기 · 충격주의	• 물기엄금	• 가연물 접촉주의
	그 밖의 것	• 화기 · 충격주의	• 가연물 접촉주의	
제2류	철분 · 금속분 · 마그네슘	• 화기주의	• 물기엄금	
	인화성 고체	• 화기엄금		
	그 밖의 것	• 화기주의		
제3류	자연발화성 물질	• 화기엄금	• 공기접촉엄금	
	금수성 물질	• 물기엄금		
제4류		• 화기엄금		
제5류		• 화기엄금	• 충격주의	
제6류		• 가연물 접촉주의		

13 아연에 대한 다음의 물음에 답하시오.

> 1) 물과의 반응식을 쓰시오.
> 2) 염산과 반응하여 생성되는 기체의 명칭을 쓰시오.

정답 1) $Zn + 2H_2O \rightarrow Zn(OH)_2 + H_2$
2) 수소

해설 2) $Zn + 2HCl \rightarrow ZnCl_2 + H_2$

14 다음 위험물이 물과 반응하여 발생하는 기체의 명칭을 쓰시오. (단, 발생하는 기체가 없으면 "없음"이라고 쓰시오.)

> 1) 과산화나트륨   2) 과염소산나트륨
> 3) 과망간산칼륨   4) 질산암모늄
> 5) 브롬산칼륨

정답 1) 산소, 2) 없음, 3) 없음, 4) 없음, 5) 없음

해설 1) $2Na_2O_2 + 2H_2O \rightarrow 4NaOH + O_2$
2) 물과 반응하지 않는다.
3) 물과 반응하지 않는다.
4) 물과 반응하지 않는다.
5) 물과 반응하지 않는다.

15 [보기]의 위험물을 인화점이 낮은 것부터 높은 순으로 나열하시오.

┤ 보기 ├
• 벤젠   • 톨루엔   • 휘발유

정답 휘발유, 벤젠, 톨루엔

해설 **위험물의 인화점**

위험물	휘발유	벤젠	톨루엔
품명	제1석유류	제1석유류	제1석유류
인화점	$-43 \sim -20℃$	$-11℃$	$4℃$

16 [보기]의 위험물 품명을 지정수량이 작은 것부터 커지는 순으로 나열하시오.

┤ 보기 ├
- 과망간산염류
- 알칼리토금속
- 금속의 인화물
- 철분
- 니트로화합물
- 칼륨

정답 칼륨, 알칼리토금속, 니트로화합물, 금속의 인화물, 철분, 과망간산염류

해설 **위험물 품명의 지정수량**

품명	과망간산염류	금속의 인화물	니트로화합물	알칼리토금속	철분	칼륨
유별	제1류	제3류	제5류	제3류	제2류	제3류
지정수량	1,000kg	300kg	200kg	50kg	500kg	10kg

17 탄화알루미늄에 대한 다음의 물음에 답하시오.

1) 물과의 반응식을 쓰시오.
2) 1)의 반응으로 생성된 가스의 연소반응식을 쓰시오.

정답 1) $Al_4C_3 + 12H_2O \rightarrow 4Al(OH)_3 + 3CH_4$
2) $CH_4 + 2O_2 \rightarrow CO_2 + 2H_2O$

18 다음 분말 소화약제의 화학식을 쓰시오.

1) 제1종 분말 소화약제   2) 제2종 분말 소화약제
3) 제3종 분말 소화약제

정답 1) $NaHCO_3$
2) $KHCO_3$
3) $NH_4H_2PO_4$

해설 **분말 소화약제의 종류**

종류	주성분	적응화재	착색
제1종 분말	$NaHCO_3$ (탄산수소나트륨)	B · C · K급	백색
제2종 분말	$KHCO_3$ (탄산수소칼륨)	B · C급	담회색
제3종 분말	$NH_4H_2PO_4$ (제1인산암모늄)	A · B · C급	담홍색
제4종 분말	$KHCO_3 + (NH_2)_2CO$ (탄산수소칼륨 + 요소)	B · C급	회색

19 다음 각 위험물에 대해 같이 적재하여 운반 시 혼재 불가능한 유별을 모두 쓰시오. (단, 위험물은 지정수량 이상이다.)

1) 제1류
2) 제2류
3) 제3류
4) 제4류
5) 제5류

정답
1) 제2류, 제3류, 제4류, 제5류
2) 제1류, 제3류, 제6류
3) 제1류, 제2류, 제5류, 제6류
4) 제1류, 제6류
5) 제1류, 제3류, 제6류

해설 **위험물 유별 혼재기준(지정수량 1/10 초과 기준)**

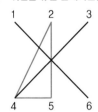

20 90wt%의 탄소와 10wt%의 불연성기체로 이루어진 물질 1kg이 완전연소하기 위해 필요한 산소의 부피(L)를 구하시오. (단, 표준상태이다.)

정답 1,680L

해설 불연성기체는 연소하지 않으므로, 탄소의 완전연소에 대해 계산한다.

$$물질\ 속\ 탄소의\ 질량 = \frac{90g\ 탄소}{100g\ 물질} \times 1,000g\ 물질 = 900g$$

$C + O_2 \rightarrow CO_2$
표준상태에서 탄소 1mol(12g)이 연소하는 데 필요한 산소는 1mol(22.4L)이다.
이 관계를 비례식으로 나타내면,
탄소 : 산소 = 12g : 22.4L = 900g : xL
x(산소의 부피) = 1,680L

01 [보기]의 위험물 중 포소화설비에 적응성이 없는 것을 모두 쓰시오.

┤ 보기 ├
• 알킬알루미늄
• 철분
• 인화성 고체
• 황린

정답 알킬알루미늄, 철분

해설 **포소화설비에 적응성 있는 위험물**
• 제1류(알칼리금속의 과산화물 제외)
• 제2류(철분·금속분·마그네슘 제외)
• 제3류(금수성물질 제외)
• 제4류
• 제5류
• 제6류

02 [보기]의 위험물을 인화점이 낮은 것부터 높은 순으로 나열하시오.

┤ 보기 ├
• 니트로벤젠
• 에틸알코올
• 아세톤
• 아세트산

정답 아세톤, 에틸알코올, 아세트산, 니트로벤젠

해설 **위험물의 인화점**

위험물	니트로벤젠	아세톤	에틸알코올	아세트산
품명	제3석유류	제1석유류	알코올류	제2석유류
인화점	88℃	-18℃	13℃	40℃

03 다음 위험물을 저장하는 옥내저장소의 최대 바닥면적을 쓰시오.

1) 과산화수소 2) 마그네슘
3) 알칼리금속의 과산화물

정답 1) 1,000m², 2) 2,000m², 3) 1,000m²

해설 **옥내저장소의 바닥면적**

위험물을 저장하는 창고의 종류	바닥면적
위험등급 I 위험물 전체와 **제4류 위험등급 II** 위험물 ① 위험등급 I 위험물 • 제1류 위험물 중 아염소산염류, 염소산염류, 과염소산염류, 무기과산화물 • 제3류 위험물 중 칼륨, 나트륨, 알킬알루미늄, 알킬리튬, 황린 • 제4류 위험물 중 특수인화물 • 제5류 위험물 중 유기과산화물, 질산에스테르류 • 제6류 위험물 ② 위험등급 II 위험물(제4류) • 제4류 위험물 중 제1석유류, 알코올류	1,000m² 이하
그 외의 위험물을 저장하는 창고	2,000m² 이하
위험물을 내화구조의 격벽으로 완전히 구획된 실에 각각 저장하는 창고(바닥면적 1,000m² 이하의 위험물을 저장하는 실의 면적은 500m² 초과 금지)	1,500m² 이하

04 디에틸에테르에 대한 다음의 물음에 답하시오.

1) 품명을 쓰시오.
2) 인화점을 쓰시오.
3) 폭발범위를 쓰시오.

정답 1) 특수인화물, 2) - 45℃, 3) 1.7~48%

05 [보기]에 나타난 위험물의 지정수량 배수의 총합을 구하시오.

┤ 보기 ├
- 과망간산칼륨 1,500kg
- 아세톤 200L
- 과염소산암모늄 100kg
- 디에틸에테르 100L

정답 6배

해설
- 위험물 지정수량

물질명	과망간산염류	과염소산암모늄	아세톤	디에틸에테르
지정수량	1,000kg	50kg	400L	50L

- 지정수량 배수의 합

$$= \frac{\text{A위험물의 저장 · 취급수량}}{\text{A위험물의 지정수량}} + \frac{\text{B위험물의 저장 · 취급수량}}{\text{B위험물의 지정수량}} + \frac{\text{C위험물의 저장 · 취급수량}}{\text{C위험물의 지정수량}} + \cdots$$

$$= \frac{1,500\text{kg}}{1,000\text{kg}} + \frac{100\text{kg}}{50\text{kg}} + \frac{200\text{L}}{400\text{L}} + \frac{100\text{L}}{50\text{L}} = 6\text{배}$$

06 다음 중 지정수량이 500kg 이하인 위험물의 품명을 모두 쓰시오. (단, 해당 품명의 지정수량도 함께 쓰시오.)

- 무기과산화물
- 아염소산염류
- 과망간산염류
- 중크롬산염류
- 브롬산염류

정답 무기과산화물(50kg), 브롬산염류(300kg), 아염소산염류(50kg)

해설 **제1류 위험물**

품명		지정수량
1. 아염소산염류		50kg
2. 염소산염류		
3. 과염소산염류		
4. 무기과산화물		
5. 브롬산염류		300kg
6. 질산염류		
7. 요오드산염류		
8. 과망간산염류		1,000kg
9. 중크롬산염류		
10. 그 밖에 행정안전부령으로 정하는 것	1. 과요오드산염류	50kg, 300kg, 1,000kg
	2. 과요오드산	
	3. 크롬, 납 또는 요오드의 산화물	
	4. 아질산염류	
	5. 차아염소산염류	
	6. 염소화이소시아눌산	
	7. 퍼옥소이황산염류	
	8. 퍼옥소붕산염류	
11. 제1호 내지 제10호의 1에 해당하는 어느 하나 이상을 함유한 것		

07 탄화칼슘에 대한 다음의 물음에 답하시오.

1) 물과의 반응식을 쓰시오.
2) 1)의 반응으로 생성된 가스의 연소반응식을 쓰시오.

정답   1) $CaC_2 + 2H_2O \rightarrow Ca(OH)_2 + C_2H_2$
      2) $2C_2H_2 + 5O_2 \rightarrow 4CO_2 + 2H_2O$

08 간이탱크저장소에 대한 기준으로 알맞도록 빈칸을 채우시오.

1) 용량은 (   )L 이하이어야 한다.
2) 두께 (   )mm 이상의 강판으로 흠이 없도록 제작하여야 한다.
3) 통기관의 지름은 (   )mm 이상으로 한다.
4) 통기관은 옥외에 설치하되, 그 끝부분의 높이는 지상 (   )m 이상으로 한다.
5) 통기관의 끝부분은 수평면에 대하여 아래로 (   )° 이상 구부려 빗물 등이 침투하지 아니하도록 한다.

정답   1) 600
      2) 3.2
      3) 25
      4) 1.5
      5) 45

09 [보기]에서 설명하는 위험물에 대한 다음의 물음에 답하시오.

┤ 보기 ├
• 제3류 위험물이다.
• 분자량이 182이다.
• 물과 반응하여 포스핀을 발생한다.

1) 명칭을 쓰시오.
2) 물과의 반응식을 쓰시오.

정답   1) 인화칼슘
      2) $Ca_3P_2 + 6H_2O \rightarrow 3Ca(OH)_2 + 2PH_3$

10 트리니트로톨루엔의 분해반응식을 쓰시오.

정답 $2C_6H_2CH_3(NO_2)_3 \rightarrow 12CO + 2C + 3N_2 + 5H_2$

11 다음 위험물에 대한 운반용기 외부에 표시하는 사항을 모두 쓰시오.

> 1) 제1류 위험물 중 알칼리금속의 과산화물
> 2) 제2류 위험물 중 철분, 금속분, 마그네슘
> 3) 제5류 위험물

정답 1) 화기 · 충격주의, 물기엄금, 가연물 접촉주의
2) 화기주의, 물기엄금
3) 화기엄금, 충격주의

해설 **위험물에 따른 주의사항(운반용기)**

유별		외부 표시 주의사항		
제1류	알칼리금속의 과산화물	• 화기 · 충격주의	• 물기엄금	• 가연물 접촉주의
	그 밖의 것	• 화기 · 충격주의	• 가연물 접촉주의	
제2류	철분 · 금속분 · 마그네슘	• 화기주의	• 물기엄금	
	인화성 고체	• 화기엄금		
	그 밖의 것	• 화기주의		
제3류	자연발화성 물질	• 화기엄금	• 공기접촉엄금	
	금수성 물질	• 물기엄금		
제4류		• 화기엄금		
제5류		• 화기엄금	• 충격주의	
제6류		• 가연물 접촉주의		

12 12kg의 탄소를 완전연소시키기 위해 필요한 이론 산소량(m^3)을 구하시오. (단, 750mmHg, 30℃이다.)

1) 계산과정
2) 산소량

정답 1) $C + O_2 \rightarrow CO_2$

탄소 1kmol(12kg)이 연소하는데 필요한 산소는 1kmol이다.

$$PV = nRT \rightarrow V = \frac{nRT}{P}$$

- $n = 1kmol$
- $R = 0.082 \dfrac{atm \cdot m^3}{kmol \cdot K}$
- $T = (30 + 273)K = 303K$
- $P = 750mmHg \times \dfrac{1atm}{760mmHg} = 0.9868atm$

$$V = \frac{nRT}{P} = \frac{(1kmol)\left(0.082\dfrac{atm \cdot m^3}{kmol \cdot K}\right)(303K)}{0.9868atm} = 25.18m^3$$

2) $25.18m^3$

---

13 다음 위험물의 시성식을 쓰시오.

1) 피크린산
2) TNT
3) 니트로글리세린

정답 1) $C_6H_2OH(NO_2)_3$
2) $C_6H_2CH_3(NO_2)_3$
3) $C_3H_5(ONO_2)_3$

해설 **위험물의 구조식**

[피크린산(트리니트로페놀)]	[TNT(트리니트로톨루엔)]	[니트로글리세린]

14 [보기]에서 설명하는 위험물에 대한 다음의 물음에 답하시오.

┤ 보기 ├
- 제4류 위험물이며 제1석유류이다.
- 인화점이 −11℃, 비점이 79℃이다.
- 증기는 유독하여 발암성이 있다.

1) 명칭을 쓰시오.
2) 시성식을 쓰시오.
3) 분자량을 쓰시오.
4) 연소반응식을 쓰시오.

정답   1) 벤젠
      2) C_6H_6
      3) 78g/mol
      4) $2C_6H_6 + 15O_2 \rightarrow 12CO_2 + 6H_2O$

해설   3) 분자량 = $12 \times 6 + 1 \times 6 = 78$

15 [보기]에서 설명하는 위험물에 대한 다음의 물음에 답하시오.

┤ 보기 ├
- 제2류 위험물이며 지정수량은 500kg이다.
- 은백색의 경금속이며 알칼리토금속이다.
- 연소 시에 폭발한다.

1) 명칭을 쓰시오.
2) 물과의 반응식을 쓰시오.
3) 불활성가스 소화설비와의 적응성 여부를 쓰시오. (적응성 있으면 "있음", 없으면 "없음"이라고 쓰시오.)

정답   1) 마그네슘
      2) $Mg + 2H_2O \rightarrow Mg(OH)_2 + H_2$
      3) 없음

16 다음 각 위험물에 대해 같이 적재하여 운반 시 혼재 가능한 유별을 모두 쓰시오. (단, 위험물은 지정수량 이상이다.)

> 1) 제1류
> 3) 제3류
>
> 2) 제2류

정답 1) 제6류
2) 제4류, 제5류
3) 제4류

해설 **위험물 유별 혼재기준(지정수량 1/10 초과 기준)**

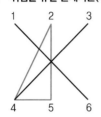

17 1kg의 황을 완전연소시키기 위해 필요한 이론적 공기량(L)을 구하시오. (단, 표준상태이고, 공기 중 산소의 부피는 21vol%이다.)

정답 3,333.33L

해설 필요한 산소량부터 구한 후, 산소량을 이용하여 필요공기량을 구한다.
$S + O_2 \rightarrow SO_2$
표준상태에서 황 1mol(32g)이 연소하는 데 필요한 산소는 1mol(22.4L)이다.
이 관계를 비례식으로 나타내면,
황 : 산소 = 32g : 22.4L = 1,000g : xL
x(산소의 부피) = 700L
공기 부피와 산소 부피의 관계를 비례식으로 나타내면,
공기 : 산소 = 100 : 21 = yL : 700L
y(공기의 부피) = 3,333.33L

18 아닐린에 대한 다음의 물음에 답하시오.

> 1) 품명을 쓰시오.
>
> 2) 지정수량을 쓰시오.

정답 1) 제3석유류, 2) 2,000L

해설 아닐린은 제4류 위험물의 제3석유류(비수용성)이다.

19 탄산수소나트륨 소화약제에 대한 다음의 물음에 답하시오.

1) 270℃에서 분해되는 반응식을 쓰시오.
2) 열분해하여 발생한 이산화탄소의 부피가 100m³이 되기 위한 탄산수소나트륨의 질량(kg)을 구하시오. (단, 표준상태이다.)

정답 1) $2NaHCO_3 \rightarrow Na_2CO_3 + CO_2 + H_2O$
2) 750kg

해설 1) 탄산수소나트륨 열분해반응식

1차 열분해(270℃)	$2NaHCO_3 \rightarrow Na_2CO_3 + CO_2 + H_2O$
2차 열분해(850℃)	$2NaHCO_3 \rightarrow Na_2O + 2CO_2 + H_2O$

2) 표준상태에서 탄산수소나트륨 2kmol(2×84kg)이 분해하여 이산화탄소 1kmol(22.4m³)이 발생한다.
이 관계를 비례식으로 나타내면,
탄산수소나트륨 : 이산화탄소 = 2×84kg : 22.4m³ = $x$kg : 100m³
x(탄산수소나트륨의 질량) = 750kg

20 다음 위험물을 저장하는 옥외저장탱크의 저장온도 기준을 쓰시오. (단, 압력탱크 외의 탱크이다.)

1) 디에틸에테르　　　　　　　　　　　2) 아세트알데히드
3) 산화프로필렌

정답 1) 30℃ 이하
2) 15℃ 이하
3) 30℃ 이하

해설 **아세트알데히드등의 저장기준**

위험물	저장기준		
디에틸에테르등 또는 아세트알데히드등	옥외 · 옥내 · 지하 저장탱크 중 압력탱크	40℃ 이하	
	옥외 · 옥내 · 지하 저장탱크 중 압력탱크 외의 탱크	산화프로필렌, 디에틸에테르등	30℃ 이하
		아세트알데히드	15℃ 이하
	이동저장탱크	보냉장치 있음	당해 위험물의 비점 이하
		보냉장치 없음	40℃ 이하

01 나트륨에 대한 다음의 물음에 답하시오.

> 1) 나트륨과 물의 반응식을 쓰시오.
> 2) 나트륨 1kg이 물과 반응할 때 생성되는 기체의 부피(m^3)를 구하시오. (단, 표준상태이다.)

정답   1) $2Na + 2H_2O \rightarrow 2NaOH + H_2$
           2) $0.49m^3$

해설   2) 표준상태에서 나트륨 2kmol(2×23kg)이 반응하여 수소기체 1kmol($22.4m^3$)이 생성된다.
           이 관계를 비례식으로 나타내면,
           $Na : H_2 = 2 \times 23$kg $: 22.4m^3 = 1$kg $: x\,m^3$
           $x = 0.49m^3$

02 다음 위험물에 대한 운반용기 외부에 표시하는 사항을 모두 쓰시오.

> 1) 제1류 위험물 중 알칼리금속의 과산화물
> 2) 제2류 위험물 중 철분, 금속분, 마그네슘
> 3) 제3류 위험물 중 자연발화성 물질
> 4) 제4류 위험물
> 5) 제6류 위험물

정답   1) 화기 · 충격주의, 물기엄금, 가연물 접촉주의
           2) 화기주의, 물기엄금
           3) 화기엄금, 공기접촉엄금
           4) 화기엄금
           5) 가연물 접촉주의

위험물에 따른 주의사항(운반용기)

유별		외부 표시 주의사항		
제1류	알칼리금속의 과산화물	• 화기 · 충격주의	• 물기엄금	• 가연물 접촉주의
	그 밖의 것	• 화기 · 충격주의	• 가연물 접촉주의	
제2류	철분 · 금속분 · 마그네슘	• 화기주의	• 물기엄금	
	인화성 고체	• 화기엄금		
	그 밖의 것	• 화기주의		
제3류	자연발화성 물질	• 화기엄금	• 공기접촉엄금	
	금수성 물질	• 물기엄금		
제4류		• 화기엄금		
제5류		• 화기엄금	• 충격주의	
제6류		• 가연물 접촉주의		

03 아닐린에 대한 다음의 물음에 답하시오.

1) 품명을 쓰시오. 2) 지정수량을 쓰시오.
3) 분자량을 쓰시오.

정답 1) 제3석유류, 2) 2,000L, 3) 93

해설 2) 아닐린은 제4류 위험물의 제3석유류(비수용성)이다.

3) 아닐린의 구조식 =

아닐린의 분자량 = 12(C)×6 + 14(N)×1 + 1(H)×7 = 93

04 이황화탄소 20kg이 모두 증기상태라면, 3기압 120℃에서 이 증기의 부피는 몇 L인가?

1) 계산과정 2) 답

정답 1) $PV = nRT \rightarrow V = \dfrac{nRT}{P}$ 를 이용하여 부피를 구한다.

• $n = 20kg \times \dfrac{1\,kmol}{(12 + 32 \times 2)kg} \times \dfrac{1,000\,mol}{1\,kmol} = 263.16\,mol$

• $R = 0.082 \dfrac{atm \cdot L}{mol \cdot K}$

• $T = (120 + 273)K = 393K$수

• $P = 3atm$

$V = \dfrac{nRT}{P} = \dfrac{(263.16mol)\left(0.082 \dfrac{atm \cdot L}{mol \cdot K}\right)(393K)}{3atm} = 2,826.86L$

2) 2,826.86L

05 적린에 대한 다음의 물음에 답하시오.

> 1) 연소반응식을 쓰시오.
> 2) 연소 시 발생되는 기체의 명칭을 쓰시오.

정답 1) $4P + 5O_2 \rightarrow 2P_2O_5$
2) 오산화인

06 [보기]에서 밀도가 물보다 큰 것을 모두 쓰시오.

> ┤ 보기 ├
> • 글리세린 • 산화프로필렌 • 클로로벤젠
> • 이황화탄소 • 피리딘

정답 글리세린, 클로로벤젠, 이황화탄소

해설 비중이 1보다 큰 물질이 물보다 밀도가 크다.

위험물의 비중

물질명	글리세린	산화프로필렌	클로로벤젠	이황화탄소	피리딘
비중	1.26	0.82	1.11	1.26	0.99

07 [보기]에서 설명하는 위험물에 대한 다음의 물음에 답하시오.

> ┤ 보기 ├
> • 비중이 0.79이고, 인화점이 11℃, 비점이 64℃이다.
> • 독성이 있고, 실명의 위험이 있다.
> • 산화되면 포름알데히드를 거쳐 포름산이 된다.

> 1) 구조식을 쓰시오.
> 2) 위험등급을 쓰시오.
> 3) 연소반응식을 쓰시오.

정답 1)
```
    H
    |
H - C - O - H
    |
    H
```
2) 위험등급 II
3) $2CH_3OH + 3O_2 \rightarrow 2CO_2 + 4H_2O$

해설 [보기]에서 설명하는 위험물은 메틸알코올이다.

08 [보기]에 나타난 위험물의 지정수량 배수의 총합을 구하시오.

┤ 보기 ├
- 톨루엔 400L
- 중유 200L
- 경유 600L
- 등유 300L

정답   3배

해설   **위험물의 지정수량**

물질명	톨루엔	경유	중유	등유
품명	제1석유류(비)	제2석유류(비)	제3석유류(비)	제2석유류(비)
지정수량	200L	1,000L	2,000L	1,000L

지정수량 배수의 합

$$= \frac{A위험물의\ 저장 \cdot 취급수량}{A위험물의\ 지정수량} + \frac{B위험물의\ 저장 \cdot 취급수량}{B위험물의\ 지정수량} + \frac{C위험물의\ 저장 \cdot 취급수량}{C위험물의\ 지정수량} + \cdots$$

$$= \frac{400L}{200L} + \frac{600L}{1,000L} + \frac{200L}{2,000L} + \frac{300L}{1,000L} = 3배$$

---

09 질산이 햇빛에 의해 분해될 때에 대한 다음의 물음에 답하시오.

1) 분해반응식을 쓰시오.
2) 분해하여 생성되는 독성기체의 명칭을 쓰시오.

정답   1) $4HNO_3 \rightarrow 4NO_2 + 2H_2O + O_2$
        2) 이산화질소

10 다음은 위험물안전관리법령에 따른 소화설비의 적응성에 관한 도표이다. 다음 빈칸 중 적응성이 있는 경우 "○"를 표시하시오.

대상물 구분 소화설비의 구분		건축물·그 밖의 공작물	전기설비	제1류 위험물		제2류 위험물			제3류 위험물		제4류 위험물	제5류 위험물	제6류 위험물
				알칼리금속과산화물등	그 밖의 것	철분·금속분·마그네슘등	인화성고체	그 밖의 것	금수성물품	그 밖의 것			
물분무등소화설비	물분무소화설비												
	포소화설비												
	불활성가스소화설비												
	할로겐화합물소화설비												
	분말소화설비 — 인산염류등												
	분말소화설비 — 탄산수소염류등												
	분말소화설비 — 그 밖의 것												

정답 적응성 있는 소화설비

대상물 구분 소화설비의 구분		건축물·그 밖의 공작물	전기설비	제1류 위험물		제2류 위험물			제3류 위험물		제4류 위험물	제5류 위험물	제6류 위험물
				알칼리금속과산화물등	그 밖의 것	철분·금속분·마그네슘등	인화성고체	그 밖의 것	금수성물품	그 밖의 것			
물분무등소화설비	물분무소화설비	○	○		○		○	○		○	○	○	○
	포소화설비	○			○		○	○		○	○	○	○
	불활성가스소화설비		○				○			○	○		
	할로겐화합물소화설비		○				○			○	○		
	분말소화설비 — 인산염류등	○	○		○		○	○			○		○
	분말소화설비 — 탄산수소염류등		○	○		○	○		○		○		
	분말소화설비 — 그 밖의 것			○		○			○				

11 탄화알루미늄에 대한 다음의 물음에 답하시오.

1) 물과의 반응식을 쓰시오.
2) 1)에서 생성되는 기체의 연소반응식을 쓰시오.

정답 1) $Al_4C_3 + 12H_2O \rightarrow 4Al(OH)_3 + 3CH_4$
2) $CH_4 + 2O_2 \rightarrow CO_2 + 2H_2O$

12 다음 할론 소화약제의 Halon No.를 쓰시오.

1) CF_2BrCl 2) CF_3Br
3) $C_2F_4Br_2$

> 정답 1) 1211, 2) 1301, 3) 2402

> 해설 **할론 소화약제의 명명법**
> Halon(1)(2)(3)(4)(5)
> (1) : "C"의 개수
> (2) : "F"의 개수
> (3) : "Cl"의 개수
> (4) : "Br"의 개수
> (5) : "I"의 개수(0일 경우 생략)

13 다음 탱크의 내용적은 몇 m³인지 구하시오. (단, r = 1m, ℓ = 5m, ℓ₁ = 0.4m, ℓ₂ = 0.5m이다.)

> 정답 16.65m³

> 해설 내용적 $= \pi r^2 \left(\ell + \dfrac{\ell_1 + \ell_2}{3} \right) = \pi (1\text{m})^2 \left(5\text{m} + \dfrac{0.4\text{m} + 0.5\text{m}}{3} \right) = 16.65\text{m}^3$

14 이동탱크저장소의 위치·구조 및 설비의 기준으로 알맞도록 다음 빈칸을 채우시오.

- 이동저장탱크는 그 내부에 (①)L 이하마다 (②)mm 이상의 강철판 또는 이와 동등 이상의 강도 · 내열성 및 내식성이 있는 금속성의 것으로 칸막이를 설치하여야 한다.
- 칸막이로 구획된 각 부분마다 맨홀과 안전장치 및 방파판을 설치하여야 한다. 다만, 칸막이로 구획된 부분의 용량이 (③)L 미만인 부분에는 방파판을 설치하지 아니할 수 있다.
- 안전장치는 상용압력이 20kPa 이하인 탱크에 있어서는 20kPa 이상 (④)kPa 이하의 압력에서, 상용압력이 20kPa를 초과하는 탱크에 있어서는 상용압력의 (⑤)배 이하의 압력에서 작동하는 것으로 설치하여야 한다.

> 정답 ① 4,000, ② 3.2, ③ 2,000, ④ 24, ⑤ 1.1

15 과산화칼륨에 대한 다음의 물음에 답하시오.

1) 물과의 반응식을 쓰시오.
2) 이산화탄소와의 반응식을 쓰시오.

정답 1) $2K_2O_2 + 2H_2O \rightarrow 4KOH + O_2$
2) $2K_2O_2 + 2CO_2 \rightarrow 2K_2CO_3 + O_2$

16 에틸알코올에 대한 다음의 물음에 답하시오.

1) 1차 산화하였을 때 생성되는 물질의 명칭을 쓰시오.
2) 2차 산화하였을 때 생성되는 물질의 명칭을 쓰시오.
3) 에틸알코올의 위험도를 구하시오.

정답 1) 아세트알데히드
2) 아세트산(초산)
3) 7.94

해설 1), 2) $C_2H_5OH \quad \rightarrow \quad CH_3CHO \quad \rightarrow \quad CH_3COOH$
　　　　[에틸알코올]　　　[아세트알데히드]　　　[아세트산]
3) 에틸알코올의 연소범위 : 3.1~27.7%

$$위험도(H) = \frac{U - L}{L} = \frac{27.7 - 3.1}{3.1} = 7.94$$

17 디에틸에테르에 대한 다음의 물음에 답하시오.

1) 지정수량을 쓰시오.
2) 증기비중을 쓰시오.
3) 과산화물의 생성 여부를 확인하는 방법을 쓰시오.

정답 1) 50L
2) 2.55
3) KI(요오드화칼륨) 10% 수용액을 반응시켜 황색으로 변하면 과산화물이 생성되었다고 판단한다.

해설 2) 디에틸에테르($C_2H_5OC_2H_5$)의 증기비중 $= \dfrac{증기\ 분자량}{공기\ 분자량} = \dfrac{12 \times 4 + 16 + 1 \times 10}{29} = 2.55$

18 취급하는 위험물의 최대수량이 다음과 같을 때, 위험물제조소의 보유공지 너비는 몇 m 이상이어야 하는지 쓰시오.

> 1) 지정수량 5배 이하
> 2) 지정수량 10배 이하
> 3) 지정수량 100배 이하

정답 1) 3m 이상, 2) 3m 이상, 3) 5m 이상

해설 **제조소의 보유공지**

취급 위험물의 최대수량	공지 너비
지정수량의 10배 이하	3m 이상
지정수량의 10배 초과	5m 이상

19 이동탱크저장소에 의한 위험물의 운송 시에 준수하여야 하는 기준으로 알맞도록 다음 빈칸을 채우시오.

> 위험물운송자는 장거리(고속국도에 있어서는 (①)km 이상, 그 밖의 도로에 있어서는 (②)km 이상을 말한다)에 걸치는 운송을 하는 때에는 2명 이상의 운전자로 할 것. 다만, 다음의 1에 해당하는 경우에는 그러하지 아니하다.
> 1) 제1호 가목의 규정에 의하여 운송책임자를 동승시킨 경우
> 2) 운송하는 위험물이 제2류 위험물 · 제3류 위험물(칼슘 또는 알루미늄의 탄화물과 이것만을 함유한 것에 한한다) 또는 제(③)류 위험물(특수인화물을 제외한다)인 경우
> 3) 운송도중에 (④)시간 이내마다 (⑤)분 이상씩 휴식하는 경우

정답 ① 340, ② 200, ③ 4, ④ 2, ⑤ 20

20 마그네슘에 대한 다음의 물음에 답하시오.

> 1) 연소반응식을 쓰시오.
> 2) 마그네슘 1mol이 연소하는 데 필요한 이론적 산소의 부피(L)를 구하시오. (단, 표준상태이다.)

정답 1) $2Mg + O_2 \rightarrow 2MgO$
2) 11.2L

해설 2) 표준상태에서 마그네슘 2mol이 연소하는 데 필요한 산소는 1mol(22.4L)이다.
이 관계를 비례식으로 나타내면, $Mg : O_2 = 2mol : 22.4L = 1mol : x$L
∴ $x = 11.2$L
표준상태에서 마그네슘 1mol이 연소하는 데 필요한 산소는 11.2L이다.

01 다음 위험물의 연소반응식을 쓰시오.

1) 삼황화린 2) 오황화린

정답 1) $P_4S_3 + 8O_2 \rightarrow 2P_2O_5 + 3SO_2$
2) $2P_2S_5 + 15O_2 \rightarrow 2P_2O_5 + 10SO_2$

02 [보기]에서 수용성인 물질을 모두 쓰시오.

┤ 보기 ├
- 아세트산
- 시클로헥산
- 이소프로필알코올
- 벤젠
- 이황화탄소
- 아세톤

정답 아세트산, 이소프로필알코올, 아세톤

해설 **위험물의 특성**

구분	아세트산	시클로헥산	이소프로필알코올	벤젠	이황화탄소	아세톤
품명	제2석유류	제1석유류	알코올류	제1석유류	특수인화물	제1석유류
수용성	수용성	비수용성	수용성	비수용성	비수용성	수용성

03 [보기]의 위험물을 건성유, 반건성유, 불건성유로 구분하여 쓰시오.

┤ 보기 ├
- 동유
- 들기름
- 참기름
- 아마인유
- 야자유

정답
- 건성유 : 동유, 들기름, 아마인유
- 반건성유 : 참기름
- 불건성유 : 야자유

해설 **동식물유류의 분류**

건성유	아마인유, 들기름, 동유, 정어리유, 해바라기유, 상어유, 대구유
반건성유	참기름, 쌀겨기름, 옥수수기름, 콩기름, 청어유, 면실유, 채종유 등
불건성유	팜유, 쇠기름, 돼지기름, 고래기름, 피마자유, 야자유, 올리브유, 땅콩기름(낙화생유) 등

04 [보기]에서 제6류 위험물에 대한 설명으로 옳지 않은 것의 번호를 쓰고, 옳게 고쳐 쓰시오. (단, 옳지 않은 것이 없으면 "없음"이라고 쓰시오.)

┤ 보기 ├
① 불연성이다.
② 유기화합물이다.
③ 고체이다.
④ 물에 잘 녹는다.
⑤ 물보다 가볍다.
⑥ 산화성 액체이다.

정답
② 무기화합물이다.
③ 액체이다.
⑤ 물보다 무겁다.

05 다음의 분말 소화약제의 1차 분해반응식을 쓰시오.

1) 제1종 분말 소화약제   2) 제3종 분말 소화약제

정답
1) $2NaHCO_3 \rightarrow Na_2CO_3 + CO_2 + H_2O$
2) $NH_4H_2PO_4 \rightarrow H_3PO_4 + NH_3$

해설 **2) 제3종 분말 소화약제의 분해반응식**
- 1차 분해반응식 : $NH_4H_2PO_4 \rightarrow H_3PO_4 + NH_3$
- 완전 분해반응식 : $NH_4H_2PO_4 \rightarrow HPO_3 + NH_3 + H_2O$

06 다음 할론 소화약제의 Halon No.를 쓰시오.

1) CF_2BrCl 2) CH_3I

3) $C_2F_4Br_2$

정답   1) 1211, 2) 10001, 3) 2402

해설   **할론 소화약제의 명명법**

Halon(1)(2)(3)(4)(5)

(1) : "C"의 개수

(2) : "F"의 개수

(3) : "Cl"의 개수

(4) : "Br"의 개수

(5) : "I"의 개수(0일 경우 생략)

07 아세톤에 대한 다음의 물음에 답하시오.

1) 연소반응식을 쓰시오.

2) 아세톤 1kg이 연소하는 데 필요한 이론적 공기량(m^3)을 구하시오. (단, 표준상태이고, 공기 중 산소의 부피는 21vol%이다.)

정답   1) $CH_3COCH_3 + 4O_2 \rightarrow 3CO_2 + 3H_2O$

2) $7.36m^3$

해설   2) 표준상태에서 아세톤 1kmol(58kg)이 연소하는 데 필요한 산소는 4kmol($4 \times 22.4m^3$)이다.

- 이 관계를 비례식으로 나타내면,

아세톤 : O_2 = 58kg : $89.6m^3$ = 1kg : $x\,m^3$

x(산소의 부피) = $1.5448m^3$

- 공기부피와 산소 부피의 관계를 비례식으로 나타내면,

공기 : 산소 = 100 : 21 = y : $1.5448m^3$

y(공기의 부피) = $7.36m^3$

∴ 표준상태에서 아세톤 1kg이 연소하는 데 필요한 이론적 공기량은 $7.36m^3$이다.

08 크실렌의 이성질체 3가지의 명칭과 구조식을 쓰시오.

정답

[o-크실렌]   [m-크실렌]   [p-크실렌]

09 위험물안전관리법령에 대한 내용으로 알맞도록 다음 물음에 답하시오.

> 1) 다음 중 제조소등의 설치자에 대한 지위를 승계하는 경우로 옳은 것만을 모두 고르시오.
>   ① 제조소등의 설치자가 사망한 경우
>   ② 제조소등을 양도한 경우
>   ③ 법인인 제조소등의 설치자의 합병이 있는 경우
> 2) 다음 중 제조소등의 폐지에 대한 내용으로 옳지 않은 것만을 모두 고르시오.
>   ① 용도폐지는 제조소등의 관계인이 한다.
>   ② 시 · 도지사에게 신고 후 14일 이내에 폐지한다.
>   ③ 제조소등의 폐지에 필요한 서류는 용도폐지신청서, 완공검사합격증이다.
>   ④ 폐지는 장래에 대하여 위험물시설로서의 기능을 완전히 상실시키는 것을 말한다.
> 3) 제조소등의 관계인은 정기점검을 연간 몇 회 이상 실시해야 하는지 쓰시오.

정답 1) ①, ②, ③, 2) ②, 3) 1회

해설 1) 지위승계 사유
  • 제조소등의 설치자 사망, 양도 · 인도, 법인 합병 등이 있을 시 지위를 승계함
  • 경매, 환가, 압류재산의 매각과 그 밖에 이에 준하는 절차에 따라 제조소등의 시설의 전부를 인수한 자는 그 설
    치자의 지위를 승계
2) 용도폐지
  • 용도폐지는 제조소등의 관계인이 한다.
  • 용도를 폐지한 날부터 14일 이내에 시 · 도지사에게 신고한다.
  • 제조소등의 폐지에 필요한 서류는 용도폐지신청서, 완공검사합격증이다.
  • 폐지는 장래에 대하여 위험물시설로서의 기능을 완전히 상실시키는 것을 말한다.

10 다음 위험물의 화학식을 쓰시오.

> 1) 니트로글리콜   2) 과산화벤조일
> 3) 질산메틸

정답 1) $C_2H_4(ONO_2)_2$
  2) $(C_6H_5CO)_2O_2$
  3) CH_3ONO_2

11 이산화탄소 1kg을 방출할 때 부피는 몇 L인지 구하시오. (단, 표준상태이다.)

1) 계산과정	2) 부피

정답

1) $PV = nRT \rightarrow V = \dfrac{nRT}{P}$ 를 이용하여 부피를 구한다.

- $n = 1kg \times \dfrac{1\,kmol}{(12+16\times2)kg} \times \dfrac{1000\,mol}{1\,kmol} = 22.7273\,mol$

- $R = 0.082 \ \dfrac{atm \cdot L}{mol \cdot K}$

- $T = 273K$

- $P = 1atm$

$$V = \frac{nRT}{P} = \frac{(22.7273\,mol)\left(0.082\,\dfrac{atm \cdot L}{mol \cdot K}\right)(273K)}{1atm} = 508.77L$$

2) 508.77L

해설

(다른 풀이법) 표준상태에 기체 1mol은 22.4L라는 관계식으로 풀기
표준상태에서 이산화탄소 1mol(44g)은 22.4L이다.
질량 : 부피 = 44g : 22.4L = 1000g : xL
$x = 509.09$L

12 [보기]에 나타난 위험물의 지정수량 배수의 총합을 구하시오.

┤ 보기 ├
- 휘발유 400L
- 아세톤 200L
- 이황화탄소 150L
- 디에틸에테르 100L

정답 7.5배

해설 **위험물의 지정수량**

물질명	휘발유	이황화탄소	아세톤	디에틸에테르
품명	제1석유류(비)	특수인화물	제1석유류(수)	특수인화물
지정수량	200L	50L	400L	50L

지정수량 배수의 합

$$= \frac{A위험물의 \ 저장 \cdot 취급수량}{A위험물의 \ 지정수량} + \frac{B위험물의 \ 저장 \cdot 취급수량}{B위험물의 \ 지정수량} + \frac{C위험물의 \ 저장 \cdot 취급수량}{C위험물의 \ 지정수량} + \cdots$$

$$= \frac{400L}{200L} + \frac{150L}{50L} + \frac{200L}{400L} + \frac{100L}{50L} = 7.5배$$

13 다음 위험물의 화학식과 지정수량을 각각 쓰시오.

> 1) 메틸알코올
> 3) 클로로벤젠
> 2) 톨루엔

정답 1) CH₃OH, 400L
2) C₆H₅CH₃, 200L
3) C₆H₅Cl, 1,000L

해설 **위험물의 구조 및 지정수량**

명칭	메틸알코올	톨루엔	클로로벤젠
구조식	H $\mid$ H－C－O－H $\mid$ H	CH₃ ⬡	Cl ⬡
품명	알코올류	제1석유류(비)	제2석유류(비)
지정수량	400L	200L	1,000L

14 다음 위험물에 대한 제조소 주의사항 게시판의 내용과 바탕색, 문자색을 각각 쓰시오.

> 1) 금수성 물질
> 2) 인화성 고체

정답 1) 물기엄금, 청색바탕, 백색문자
2) 화기엄금, 적색바탕, 백색문자

해설 **제조소의 주의사항 게시판**

위험물 종류	주의사항 게시판	색상 기준
• 제1류 위험물 중 알칼리금속의 과산화물과 이를 함유한 것 • 제3류 위험물 중 금수성 물질	물기엄금	청색바탕 백색문자
• 제2류 위험물(인화성 고체 제외)	화기주의	적색바탕 백색문자
• 제2류 위험물 중 인화성 고체 • 제3류 위험물 중 자연발화성 물질 • 제4류 위험물 • 제5류 위험물	화기엄금	

15 제4류 위험물 중 알코올의 정의에 맞도록 다음 빈칸을 채우시오.

> "알코올류"라 함은 1분자를 구성하는 탄소원자의 수가 1개부터 3개까지인 포화1가 알코올(변성알코올을 포함
> 한다)을 말한다. 다만, 다음 각목의 1에 해당하는 것은 제외한다.
> 가. 1분자를 구성하는 탄소원자의 수가 1개 내지 3개의 포화1가 알코올의 함유량이 (①)중량퍼센트 미만인
> 수용액
> 나. 가연성액체량이 60중량퍼센트 미만이고 인화점 및 (②)(태그개방식인화점측정기에 의한 (②)을 말한다.)
> 이 에틸알코올 (①)중량퍼센트 수용액의 인화점 및 (②)을 초과하는 것

정답   ① 60, ② 연소점

16 탱크의 용적산정기준에 대한 내용으로 알맞도록 다음 빈칸을 채우시오.

> 탱크의 공간용적은 탱크의 내용적의 100분의 (①) 이상 100분의 (②) 이하의 용적으로 한다. 다만, 소화설비
> (소화약제 방출구를 탱크 안의 윗부분에 설치하는 것에 한한다)를 설치하는 탱크의 공간용적은 당해 소화설비
> 의 소화약제방출구 아래의 (③)미터 이상 (④)미터 미만 사이의 면으로부터 윗부분의 용적으로 한다.

정답   ① 5, ② 10, ③ 0.3, ④ 1

17 [보기]에서 설명하는 제2류 위험물에 대한 다음의 물음에 답하시오.

> ┤ 보기 ├
> • 은백색의 무른 경금속이다.
> • 비중은 1.74이고, 녹는점은 650℃이다.
> • 주기율표상 제2족에 포함된다.

1) 물과의 반응식을 쓰시오.
2) 연소반응식을 쓰시오.

정답   1) $Mg + 2H_2O \rightarrow Mg(OH)_2 + H_2$
2) $2Mg + O_2 \rightarrow 2MgO$

해설   제2류 위험물 중 제2족 원소는 마그네슘(Mg)이다.

18 [보기]에 나타난 위험물을 착화점이 낮은 것부터 높은 순으로 나열하시오.

> ┤ 보기 ├
> - 휘발유
> - 아세톤
> - 디에틸에테르
> - 이황화탄소

정답 이황화탄소, 디에틸에테르, 휘발유, 아세톤

해설 **위험물의 착화점(발화점)**

위험물	휘발유	디에틸에테르	아세톤	이황화탄소
품명	제1석유류(비)	특수인화물	제1석유류(수)	특수인화물
착화점	300℃	180℃	538℃	100℃

19 이동탱크저장소에 대한 기준으로 알맞도록 다음 빈칸을 채우시오.

> - 탱크(맨홀 및 주입관의 뚜껑을 포함한다)는 두께 (①)mm 이상의 강철판 또는 이와 동등 이상의 강도·내식성 및 내열성이 있다고 인정하여 소방청장이 정하여 고시하는 재료 및 구조로 위험물이 새지 아니하게 제작한다.
> - 압력탱크(최대상용압력이 46.7kPa 이상인 탱크를 말한다) 외의 탱크는 (②)kPa의 압력으로, 압력탱크는 최대상용압력의 (③)배의 압력으로 각각 10분간의 수압시험을 실시하여 새거나 변형되지 아니할 것. 이 경우 수압시험은 용접부에 대한 비파괴시험과 기밀시험으로 대신할 수 있다.
> - 이동저장탱크는 그 내부에 (④)L 이하마다 (⑤)mm 이상의 강철판 또는 이와 동등 이상의 강도·내열성 및 내식성이 있는 금속성의 것으로 칸막이를 설치하여야 한다. 다만, 고체인 위험물을 저장하거나 고체인 위험물을 가열하여 액체 상태로 저장하는 경우에는 그러하지 아니하다.

정답 ① 3.2, ② 70, ③ 1.5, ④ 4,000, ⑤ 3.2

20 제4류 위험물 중 위험등급 II에 해당하는 품명을 모두 쓰시오.

정답 제1석유류, 알코올류

해설 **제4류 위험물의 지정수량 및 위험등급**

품명		지정수량	위험등급
1. 특수인화물		50L	I
2. 제1석유류	비수용성액체	200L	II
	수용성액체	400L	
3. 알코올류		400L	
4. 제2석유류	비수용성액체	1,000L	III
	수용성액체	2,000L	
5. 제3석유류	비수용성액체	2,000L	
	수용성액체	4,000L	
6. 제4석유류		6,000L	
7. 동식물유류		10,000L	

01 다음 위험물의 지정수량을 쓰시오.

| 1) 철분 | 2) 황화린 | 3) 적린 |

정답 1) 500kg, 2) 100kg, 3) 100kg

해설 **제2류 위험물**

품명	지정수량	위험등급
1. 황화린		
2. 적린	100kg	II
3. 유황		
4. 철분		
5. 금속분	500kg	III
6. 마그네슘		
7. 그 밖에 행정안전부령으로 정하는 것	100kg, 500kg	II, III
8. 제1호 내지 제7호의 1에 해당하는 어느 하나 이상을 함유한 것		
9. 인화성 고체	1,000kg	III

02 [보기]에서 설명하는 제1류 위험물에 대한 다음의 물음에 답하시오.

┤ 보기 ├
- 분자량이 약 101이다.
- 흑색화약의 원료로 사용된다.
- 분해온도가 약 400℃이다.

1) 시성식을 쓰시오.
2) 위험등급을 쓰시오.
3) 열분해반응식을 쓰시오.

정답 1) KNO_3
2) 위험등급 II
3) $2KNO_3 \rightarrow 2KNO_2 + O_2$

해설 [보기]는 질산칼륨에 대한 설명이다.

03 제4류 위험물 중 위험등급Ⅲ에 해당하는 품명을 모두 쓰시오.

> **정답** 제2석유류, 제3석유류, 제4석유류, 동식물유류

> **해설** **제4류 위험물의 지정수량 및 위험등급**

품명		지정수량	위험등급
1. 특수인화물		50L	Ⅰ
2. 제1석유류	비수용성액체	200L	Ⅱ
	수용성액체	400L	
3. 알코올류		400L	
4. 제2석유류	비수용성액체	1,000L	Ⅲ
	수용성액체	2,000L	
5. 제3석유류	비수용성액체	2,000L	
	수용성액체	4,000L	
6. 제4석유류		6,000L	
7. 동식물유류		10,000L	

04 [보기]에 나타난 위험물의 지정수량 배수의 총합을 구하시오.

┤ 보기 ├
- 아크릴산 4,000L
- 벤즈알데히드 1,000L
- 산화프로필렌 200L

> **정답** 7배

> **해설** **위험물의 지정수량**

물질명	아크릴산	산화프로필렌	벤즈알데히드
품명	제2석유류(수)	특수인화물	제2석유류(비)
지정수량	2,000L	50L	1,000L

지정수량 배수의 합

$$= \frac{A위험물의 저장 \cdot 취급수량}{A위험물의 지정수량} + \frac{B위험물의 저장 \cdot 취급수량}{B위험물의 지정수량} + \frac{C위험물의 저장 \cdot 취급수량}{C위험물의 지정수량} + \cdots$$

$$= \frac{4,000L}{2,000L} + \frac{200L}{50L} + \frac{1,000L}{1,000L} = 7배$$

05 황에 대한 다음의 물음에 답하시오.

1) 연소반응식을 쓰시오.

2) 고온에서 수소와의 반응식을 쓰시오.

> **정답** 1) $S + O_2 \rightarrow SO_2$, 2) $S + H_2 \rightarrow H_2S$

06 이산화탄소 6kg을 방출할 때 부피는 몇 L인지 구하시오. (단, 1기압, 25℃이다.)

1) 계산과정	2) 부피

정답 1) $PV = nRT \rightarrow V = \dfrac{nRT}{P}$ 를 이용하여 부피를 구한다.

- $n = 6kg \times \dfrac{1\,kmol}{(12 + 16 \times 2)kg} \times \dfrac{1{,}000\,mol}{1\,kmol} = 136.3636\,mol$

- $R = 0.082\ \dfrac{atm \cdot L}{mol \cdot K}$

- $T = (25 + 273)K = 298K$

- $P = 1atm$

$V = \dfrac{nRT}{P} = \dfrac{(136.3636\,mol)\left(0.082\dfrac{atm \cdot L}{mol \cdot K}\right)(298K)}{1atm} = 3{,}332.18L$

2) 3,332.18L

07 다음 위험물에 대한 운반용기 외부에 표시하는 사항을 모두 쓰시오.

1) 제1류 위험물 중 염소산염류
2) 제5류 위험물 니트로화합물
3) 제6류 위험물 중 과산화수소

정답 1) 화기·충격주의, 가연물 접촉주의
2) 화기엄금, 충격주의
3) 가연물 접촉주의

해설 **위험물의 외부 표시 주의사항**

유별		외부 표시 주의사항		
제1류	알칼리금속의 과산화물	• 화기·충격주의	• 물기엄금	• 가연물 접촉주의
	그 밖의 것	• 화기·충격주의	• 가연물 접촉주의	
제2류	철분·금속분·마그네슘	• 화기주의	• 물기엄금	
	인화성 고체	• 화기엄금		
	그 밖의 것	• 화기주의		
제3류	자연발화성 물질	• 화기엄금	• 공기접촉엄금	
	금수성 물질	• 물기엄금		
제4류		• 화기엄금		
제5류		• 화기엄금	• 충격주의	
제6류		• 가연물 접촉주의		

08 다음 탱크의 내용적은 몇 m³인지 구하시오. (단, r = 1m, ℓ = 4m, ℓ₁ = 0.6m, ℓ₂ = 0.6m이다.)

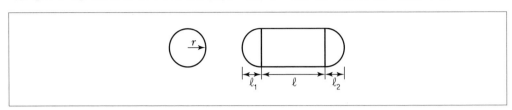

정답 $13.82m^3$

해설 내용적 $= \pi r^2\left(\ell + \dfrac{\ell_1 + \ell_2}{3}\right) = \pi(1m)^2\left(4m + \dfrac{0.6m + 0.6m}{3}\right) = 13.82m^3$

09 제4류 위험물을 저장하는 옥내저장소의 연면적이 450m²이고, 외벽은 내화구조가 아닌 경우 이 옥내저장소에 대한 소요단위를 구하시오.

1) 계산과정   2) 소요단위

정답 1) $450m^2 \times \dfrac{1소요단위}{75m^2} = 6소요단위$, 2) 6소요단위

해설 **1 소요단위의 기준**

구분	외벽이 내화구조인 것	외벽이 내화구조가 아닌 것
제조소 · 취급소용 건축물	연면적 100m²	연면적 50m²
저장소용 건축물	연면적 150m²	연면적 75m²
위험물	지정수량의 10배	

※ 옥외에 설치된 공작물 : 외벽이 내화구조인 것으로 간주하고 공작물의 최대수평투영면적을 연면적으로 간주하여 소요단위 산정

10 위험물안전관리법령상 다음 제4류 위험물의 인화점 범위를 쓰시오. (단, 1기압 기준이며, 이상·이하·초과·미만에 대하여 정확하게 쓰시오.)

1) 제1석유류   2) 제3석유류
3) 제4석유류

정답
1) 21℃ 미만
2) 70℃ 이상 200℃ 미만
3) 200℃ 이상 250℃ 미만

해설 **인화점 기준 분류(제1~4석유류)**

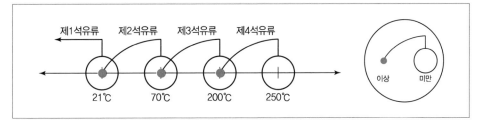

11 아세톤에 대한 다음의 물음에 답하시오.

1) 품명을 쓰시오.
2) 시성식을 쓰시오.
3) 증기비중을 쓰시오.

정답
1) 제1석유류
2) CH_3COCH_3
3) 2

해설 3) 아세톤(CH_3COCH_3)의 증기비중 $= \dfrac{증기분자량}{공기분자량} = \dfrac{12 \times 3 + 16 + 1 \times 6}{29} = 2$

12 다음 위험물이 물과 반응하여 발생하는 기체의 명칭을 쓰시오. (단, 발생하는 기체가 없으면 "없음"이라고 쓰시오.)

1) 황린
3) 수소화칼슘
5) 트리에틸알루미늄

2) 리튬
4) 트리메틸알루미늄

정답
1) 없음
2) 수소
3) 수소
4) 메탄(메테인)
5) 에탄(에테인)

해설
1) 황린은 물과 반응하지 않는다.
2) $2Li + 2H_2O \rightarrow 2LiOH + H_2$
3) $CaH_2 + 2H_2O \rightarrow Ca(OH)_2 + 2H_2$
4) $(CH_3)_3Al + 3H_2O \rightarrow Al(OH)_3 + 3CH_4$
5) $(C_2H_5)_3Al + 3H_2O \rightarrow Al(OH)_3 + 3C_2H_6$

13 질산이 햇빛에 의해 분해될 때에 대한 다음의 물음에 답하시오.

1) 분해반응식을 쓰시오.
2) 분해하여 생성되는 독성기체의 명칭을 쓰시오.

정답
1) $4HNO_3 \rightarrow 4NO_2 + 2H_2O + O_2$
2) 이산화질소

14 다음 위험물의 화학식을 쓰시오.

1) 과망간산나트륨
3) 중크롬산칼륨

2) 염소산칼륨

정답
1) $NaMnO_4$
2) $KClO_3$
3) $K_2Cr_2O_7$

15 제2종 분말소화약제에 대한 다음 물음에 답하시오.

1) 화학식을 쓰시오.
2) 1차 열분해반응식을 쓰시오.

정답 1) $KHCO_3$
2) $2KHCO_3 \rightarrow K_2CO_3 + CO_2 + H_2O$

해설 **제2종 분말소화약제의 열분해반응식**
•1차 열분해 : $2KHCO_3 \rightarrow K_2CO_3 + CO_2 + H_2O$
•2차 열분해 : $2KHCO_3 \rightarrow K_2O + 2CO_2 + H_2O$

16 다음 위험물의 구조식을 쓰시오.

1) 트리니트로페놀   2) 트리니트로톨루엔

정답 1)   2)

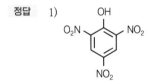

17 [보기]의 물질 중 비수용성이며 에테르에 녹는 것을 모두 쓰시오. (단, 해당하는 물질이 없는 경우 "없음"이라고 쓰시오.)

┤ 보기 ├
• 아세톤   • 아세트알데히드   • 스티렌
• 이황화탄소   • 클로로벤젠

정답 스티렌, 이황화탄소, 클로로벤젠

해설 아세톤, 아세트알데히드는 수용성물질이다.

18 위험물제조소등에 설치해야 하는 경보설비의 종류 3가지만 쓰시오.

정답 자동화재탐지설비, 자동화재속보설비, 비상경보설비(비상벨장치), 확성장치, 비상방송설비(이들 중 3가지만 작성)

19 에틸알코올에 대한 다음의 물음에 답하시오.

> 1) 1차 산화반응으로 생성되는 특수인화물의 시성식을 쓰시오.
> 2) 1)에서 생성된 물질의 연소반응식을 쓰시오.
> 3) 1)에서 생성된 물질이 산화하여 생성되는 제2석유류의 명칭을 쓰시오.

정답 1) CH_3CHO
2) $2CH_3CHO + 5O_2 \rightarrow 4CO_2 + 4H_2O$
3) 아세트산(초산)

해설 에틸알코올의 산화반응 : $C_2H_5OH \rightarrow CH_3CHO \rightarrow CH_3COOH$
에틸알코올은 1차 산화를 통해 아세트알데히드가 되고, 2차 산화를 통해 아세트산이 된다.

20 칼륨에 대한 다음의 물음에 답하시오.

> 1) 물과의 반응식을 쓰시오.
> 2) 에탄올과의 반응식을 쓰시오.

정답 1) $2K + 2H_2O \rightarrow 2KOH + H_2$
2) $2K + 2C_2H_5OH \rightarrow 2C_2H_5OK + H_2$

2022

4회 기출복원문제

01 다음 물질과 인화칼슘의 반응식을 쓰시오. (단, 반응을 하지 않는 경우에는 "해당 없음"이라고 쓰시오.)

1) 물	2) 염산

정답   1) $Ca_3P_2 + 6H_2O \rightarrow 3Ca(OH)_2 + 2PH_3$
2) $Ca_3P_2 + 6HCl \rightarrow 3CaCl_2 + 2PH_3$

02 다음 탱크의 내용적은 몇 m^3인지 구하시오. (단, r = 1m, ℓ = 5m, ℓ_1 = 0.4m, ℓ_2 = 0.5m이다.)

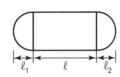

정답 $16.65m^3$

해설   내용적 $= \pi r^2 \left(\ell + \dfrac{\ell_1 + \ell_2}{3} \right) = \pi (1m)^2 \left(5m + \dfrac{0.4m + 0.5m}{3} \right) = 16.65m^3$

03 위험물안전관리법령상 분류 기준으로 알맞도록 다음 빈칸을 채우시오. (단, ②와 ③, ④와 ⑤는 순서가 서로 바뀌어도 된다.)

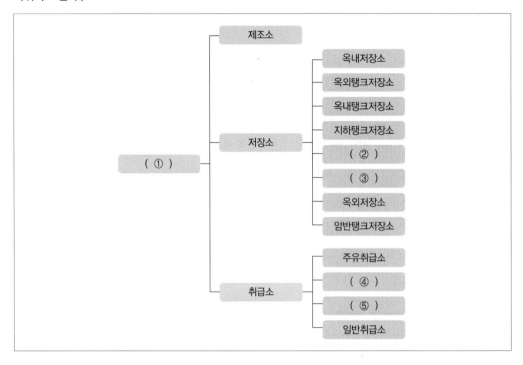

정답 ① 제조소등, ② 간이탱크저장소, ③ 이동탱크저장소, ④ 판매취급소, ⑤ 이송취급소

해설 **제조소등의 구분**

04 저장하는 위험물이 다음과 같을 때, 옥내저장소의 보유공지 너비는 몇 m 이상이어야 하는지 쓰시오. (단, 벽 · 기둥 및 바닥이 내화구조로 된 건축물이다.)

1) 질산 12,000kg
2) 황 12,000kg
3) 인화성 고체 12,000kg

정답 1) 3m 이상, 2) 5m 이상, 3) 2m 이상

해설 • 지정수량 배수

1) 질산 = $\dfrac{12,000\text{kg}}{300\text{kg}}$ = 40배

2) 황 = $\dfrac{12,000\text{kg}}{100\text{kg}}$ = 120배

3) 인화성 고체 = $\dfrac{12,000\text{kg}}{1,000\text{kg}}$ = 12배

• 옥내저장소의 보유공지

저장 또는 취급하는 위험물의 최대수량	공지의 너비	
	벽 · 기둥 및 바닥이 내화구조로 된 건축물	그 밖의 건축물
지정수량의 5배 이하	-	0.5m 이상
지정수량의 5배 초과 10배 이하	1m 이상	1.5m 이상
지정수량의 10배 초과 20배 이하	2m 이상	3m 이상
지정수량의 20배 초과 50배 이하	3m 이상	5m 이상
지정수량의 50배 초과 200배 이하	5m 이상	10m 이상
지정수량의 200배 초과	10m 이상	15m 이상

05 다음 각 위험물에 대해 같이 적재하여 운반 시 혼재 불가능한 유별을 모두 쓰시오. (단, 위험물은 지정수량의 10배 이상이다.)

1) 제2류
2) 제3류
3) 제6류

정답 1) 제1류, 제3류, 제6류
　　　2) 제1류, 제2류, 제5류, 제6류
　　　3) 제2류, 제3류, 제4류, 제5류

해설 **위험물 유별 혼재기준(지정수량 1/10 초과 기준)**

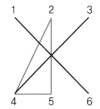

06 [보기]에서 설명하는 위험물에 대한 다음의 물음에 답하시오.

┤ 보기 ├
- 니트로화합물이며 분자량이 227이다.
- 햇빛에 의해 갈색으로 변한다.

1) 명칭을 쓰시오.
2) 시성식을 쓰시오.
3) 지정과산화물에 포함되는지 여부를 쓰시오.
4) 운반용기 외부에 표시하여야 할 주의사항을 쓰시오. (단, 해당 없으면 "해당 없음"이라고 쓰시오.)

정답 1) 트리니트로톨루엔
2) $C_6H_2CH_3(NO_2)_3$
3) 포함되지 않는다.
4) 화기엄금, 충격주의

해설 1) [보기]에서 설명하는 위험물은 트리니트로톨루엔이다.

3) 지정과산화물은 제5류 위험물 중 유기과산화물 또는 이를 함유한 것으로 지정수량 10kg인 것을 말한다. 트리니트로톨루엔은 니트로화합물에 해당되므로 지정과산화물에 포함되지 않는다.
4) 위험물에 따른 주의사항(운반용기)

유별		외부 표시 주의사항		
제1류	알칼리금속의 과산화물	• 화기 · 충격주의	• 물기엄금	• 가연물 접촉주의
	그 밖의 것	• 화기 · 충격주의	• 가연물 접촉주의	
제2류	철분 · 금속분 · 마그네슘	• 화기주의	• 물기엄금	
	인화성 고체	• 화기엄금		
	그 밖의 것	• 화기주의		
제3류	자연발화성 물질	• 화기엄금	• 공기접촉엄금	
	금수성 물질	• 물기엄금		
제4류		• 화기엄금		
제5류		• 화기엄금	• 충격주의	
제6류		• 가연물 접촉주의		

07 소화기로부터 탄산가스 1kg을 방출할 때 부피는 몇 L인지 구하시오. (단, 표준상태이다.)

1) 계산과정　　　　　　　　　　　　　　　　2) 부피

정답　1) • $PV = nRT \rightarrow V = \dfrac{nRT}{P}$ 를 이용하여 부피를 구한다.

　　　• $n = 1kg \times \dfrac{1\,kmol}{(12 + 16 \times 2)kg} \times \dfrac{1,000\,mol}{1\,kmol} = 22.7273\,mol$

　　　• $R = 0.082\,\dfrac{atm \cdot L}{mol \cdot K}$

　　　• $T = 273K$

　　　• $P = 1atm$

　　　$V = \dfrac{nRT}{P} = \dfrac{(22.7273\,mol)\left(0.082\,\dfrac{atm \cdot L}{mol \cdot K}\right)(273K)}{1atm} = 508.77L$

　　2) 508.77L

해설　(다른 풀이법) 표준상태에 기체 1mol은 22.4L라는 관계식으로 풀기
　　　표준상태에서 이산화탄소 1mol(44g)은 22.4L이다.
　　　질량 : 부피 = 44g : 22.4L = 1000g : xL
　　　$x = 509.09L$

08 다음 할론 소화약제의 Halon No.를 쓰시오.

1) CH_2BrCl　　　　　　　　　　　　　　2) CF_3Br
3) CH_3Br

정답　1) 1011,　2) 1301,　3) 1001

해설　**할론 소화약제의 명명법**
　　　Halon(1)(2)(3)(4)(5)
　　　(1) : "C"의 개수
　　　(2) : "F"의 개수
　　　(3) : "Cl"의 개수
　　　(4) : "Br"의 개수
　　　(5) : "I"의 개수(0일 경우 생략)

09 [보기] 중 연소하여 오산화인이 생성되는 물질을 모두 쓰시오. (단, 오산화인이 생성되는 물질이 하나도 없을 경우 "없음"이라고 쓰시오.)

┤ 보기 ├
- 삼황화린
- 칠황화린
- 오황화린
- 적린

정답 삼황화린, 오황화린, 칠황화린, 적린

해설 **연소반응식**
- 삼황화린 : $P_4S_3 + 8O_2 \rightarrow 2P_2O_5 + 3SO_2$
- 오황화린 : $2P_2S_5 + 15O_2 \rightarrow 2P_2O_5 + 10SO_2$
- 칠황화린 : $P_4S_7 + 12O_2 \rightarrow 2P_2O_5 + 7SO_2$
- 적린 : $4P + 5O_2 \rightarrow 2P_2O_5$

10 [보기] 중 칼륨과 나트륨의 공통적 성질에 해당하는 번호를 모두 쓰시오.

┤ 보기 ├
① 흑색 고체이다.
② 무른 경금속이다.
③ 물과 반응하여 불연성 기체를 발생한다.
④ 알코올과 반응하여 수소가스를 발생한다.
⑤ 보호액 속에 보관해야 한다.

정답 ②, ④, ⑤

해설 **칼륨과 나트륨의 공통 성질**
- 은백색 고체이며, 무른 경금속이다.
- 물과 반응하여 가연성 기체(수소)를 발생시킨다.
  $2K + 2H_2O \rightarrow 2KOH + H_2$
  $2Na + 2H_2O \rightarrow 2NaOH + H_2$
- 알코올과 반응하여 수소가스를 발생시킨다.
  $2K + 2C_2H_5OH \rightarrow 2C_2H_5OK + H_2$
  $2Na + 2C_2H_5OH \rightarrow 2C_2H_5ONa + H_2$
- 보호액(등유, 경유, 유동파라핀 등) 속에 보관해야 한다.

11 [보기]에 나타난 위험물의 지정수량 배수의 총합을 구하시오.

┤ 보기 ├

- 크레오소트유 2,000L
- 등유 2,000L
- 아세트알데히드 300L

정답   9배

해설   **위험물의 지정수량**

물질명	크레오소트유	아세트알데히드	등유
품명	제3석유류(비)	특수인화물	제2석유류(비)
지정수량	2,000L	50L	1,000L

지정수량 배수의 합

$$= \frac{A위험물의\ 저장 \cdot 취급수량}{A위험물의\ 지정수량} + \frac{B위험물의\ 저장 \cdot 취급수량}{B위험물의\ 지정수량} + \frac{C위험물의\ 저장 \cdot 취급수량}{C위험물의\ 지정수량} + \cdots$$

$$= \frac{2,000L}{2,000L} + \frac{300L}{50L} + \frac{2,000L}{1,000L} = 9배$$

---

12 에틸렌글리콜에 대한 다음의 물음에 답하시오.

1) 구조식을 쓰시오.
2) 위험등급을 쓰시오.
3) 증기비중을 쓰시오.

정답
1)
```
     H   H
     |   |
 H—C—C—H
     |   |
    OH  OH
```
2) 위험등급Ⅲ
3) 2.14

해설   2) 제4류 위험물의 위험등급

위험등급	품명
I	특수인화물
II	제1석유류, 알코올류
III	제2석유류, 제3석유류, 제4석유류, 동식물유류

※ 에틸렌글리콜 : 제3석유류

3) 에틸렌글리콜($C_2H_4(OH)_2$)의 증기비중 $= \dfrac{증기분자량}{공기분자량} = \dfrac{12 \times 2 + 16 \times 2 + 1 \times 6}{29} = 2.14$

13 탄산수소나트륨에 대한 다음의 물음에 답하시오.

> 1) 1차 열분해반응식을 쓰시오.
> 2) 탄산수소나트륨 100kg이 완전히 분해하여 생성되는 이산화탄소의 부피(m^3)를 구하시오. (단, 100℃, 1기압이다.)

정답 1) $2NaHCO_3 \rightarrow Na_2CO_3 + CO_2 + H_2O$
2) $18.20m^3$

해설 1) • 1차 열분해(270℃) : $2NaHCO_3 \rightarrow Na_2CO_3 + CO_2 + H_2O$
• 2차 열분해(850℃) : $2NaHCO_3 \rightarrow Na_2O + 2CO_2 + H_2O$
2) 1차 열분해 반응식 : $2NaHCO_3 \rightarrow Na_2CO_3 + CO_2 + H_2O$

$PV = nRT \rightarrow V = \dfrac{nRT}{P}$ 를 이용하여 이산화탄소의 부피를 구한다.

• n(이산화탄소의 몰수)

$= 100kg\,탄산수소나트륨 \times \dfrac{1\,kmol\,탄산수소나트륨}{(23+1+12+16\times3)kg\,탄산수소나트륨} \times \dfrac{1\,kmol\,이산화탄소}{2\,kmol\,탄산수소나트륨}$

$= 0.5952kmol$

• $R = 0.082\,\dfrac{atm \cdot m^3}{kmol \cdot K}$

• $T = (100+273)K = 373K$

• $P = 1atm$

$V = \dfrac{nRT}{P} = \dfrac{(0.5952kmol)\left(0.082\dfrac{atm \cdot m^3}{kmol \cdot K}\right)(373K)}{1atm} = 18.20m^3$

14 [보기]에서 가연물인 동시에 산소 없이 내부연소가 가능한 물질을 모두 쓰시오. (단, 해당되는 물질이 하나도 없을 경우 "해당 없음"이라고 쓰시오.)

┤ 보기 ├
• 디에틸아연   • 과산화수소   • 과산화나트륨
• 과산화벤조일   • 니트로글리세린

정답 과산화벤조일, 니트로글리세린

해설 가연물인 동시에 산소 없이 내부연소가 가능한 물질은 제5류 위험물이다.

물질명	디에틸아연	과산화수소	과산화나트륨	과산화벤조일	니트로글리세린
유별	제3류	제6류	제1류	제5류	제5류

15 다음 물질이 열분해 할 때 산소가 발생하는 분해반응식을 쓰시오. (단, 산소가 발생하지 않는 경우에는 "해당 없음"이라고 쓰시오.)

1) 질산칼륨   2) 삼산화크롬

정답
1) $2KNO_3 \rightarrow 2KNO_2 + O_2$
2) $4CrO_3 \rightarrow 2Cr_2O_3 + 3O_2$

16 탱크시험자의 장비에 대한 다음의 물음에 답하시오.

1) 필수로 갖추어야 하는 장비 2가지 이상 쓰시오.
2) 필요한 경우에 두는 장비 2가지 이상 쓰시오.

정답
1) 자기탐상시험기, 초음파두께측정기
2) 진공누설시험기, 기밀시험장치

해설 **탱크시험자의 장비**
- 필수장비 : 자기탐상시험기, 초음파두께측정기, 영상초음파시험기 또는 방사성투과시험기 및 초음파시험기
- 필요한 경우에 두는 장비 : 진공누설시험기, 기밀시험장치, 수직 · 수평도 측정기

17 다음 물질이 위험물안전관리법령상 위험물이 될 수 없는 기준을 쓰시오.

1) 과산화수소   2) 마그네슘
3) 철분

정답
1) 농도가 36중량% 미만인 것
2) 2mm의 체를 통과하지 않는 덩어리 상태의 것 또는 직경 2mm 이상의 막대모양의 것
3) $53\mu m$의 표준체를 통과하는 것이 50중량% 미만인 것

18 주유취급소에 설치하는 주의사항 표지에 대한 다음의 물음에 답하시오.

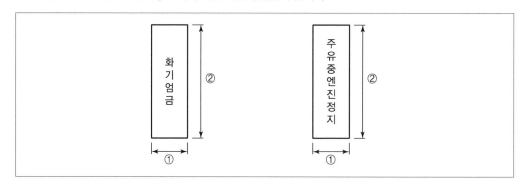

1) ①, ②의 크기 기준을 쓰시오.
2) "화기엄금" 게시판의 바탕색과 문자색을 쓰시오.
3) "주유중엔진정지" 게시판의 바탕색과 문자색을 쓰시오.

정답 1) ① 0.3m 이상, ② 0.6m 이상
      2) 적색바탕, 흰색문자
      3) 황색바탕, 흑색문자

19 괄호 안에 들어갈 내용으로 알맞은 그룹을 골라 다음 빈칸을 채우시오. (예를 들어 "크다."를 선택할 시 답란에는 "A"라고 쓰시오.)

A : 높다. 크다. 많다. 넓다.
B : 낮다. 작다. 적다. 좁다.

1) 메탄올의 분자량이 벤젠의 분자량보다 (   )
2) 메탄올의 증기비중이 벤젠의 증기비중보다 (   )
3) 메탄올의 인화점이 벤젠의 인화점보다 (   )
4) 메탄올의 연소범위는 벤젠의 연소범위보다 (   )
5) 메탄올 1mol이 완전연소하여 발생하는 이산화탄소의 양은 벤젠 1mol이 완전연소하여 발생하는 이산화탄소의 양보다 (   )

정답 1) B, 2) B, 3) A, 4) A, 5) B

해설 • 위험물의 성질

종류	분자량	증기비중	인화점	연소범위
메탄올(CH_3OH)	$12+16+1\times4=32$	$32/29=1.10$	11℃	7.3~36%
벤젠(C_6H_6)	$12\times6+1\times6=78$	$78/29=2.69$	-11℃	1.4~8%

• 이산화탄소 발생량
  - 메탄올 : $2CH_3OH+3O_2 \rightarrow 2CO_2+4H_2O$(메탄올 1mol 연소하여 이산화탄소 1mol 발생한다.)
  - 벤젠 : $2C_6H_6+15O_2 \rightarrow 12CO_2+6H_2O$(벤젠 1mol 연소하여 이산화탄소 6mol 발생한다.)

20 옥내저장탱크에 대한 다음의 물음에 답하시오.

> 1) 옥내저장탱크와 탱크전용실의 벽과의 사이에는 몇 m 이상의 간격을 유지하여야 하는지 쓰시오.
> 2) 옥내저장탱크 상호간에는 몇 m 이상의 간격을 유지하여야 하는지 쓰시오.

정답   1) 0.5m 이상
        2) 0.5m 이상

01 단층건물인 제조소에 옥내소화전설비를 4개 설치한 경우 수원의 수량은 몇 m³ 이상으로 해야 하는가?

1) 계산과정　　　　　　　　　　　　　　　2) 수량

정답　1) $7.8m^3 \times 4 = 31.2m^3$
　　　　2) $31.2m^3$

해설　옥내소화전설비의 수원의 수량은 옥내소화전이 가장 많이 설치된 층의 옥내소화전 설치개수(설치개수가 5개 이상인 경우는 5개)에 $7.8m^3$를 곱한 양 이상이 되도록 설치한다.

02 [보기]에서 설명하는 위험물에 대한 다음의 물음에 답하시오.

┤ 보기 ├─────────────────────────────
• 분자량이 58, 비중이 0.79, 비점이 56.5℃이다.
• 탈지작용을 한다.
• 과산화물을 생성하는 물질이며, 제4류 위험물이다.
─────────────────────────────────────

1) 시성식을 쓰시오.
2) 지정수량을 쓰시오.

정답　1) CH_3COCH_3
　　　　2) 400L

해설　[보기]에서 설명하는 위험물은 아세톤이다.

03 적린에 대한 다음의 물음에 답하시오.

> 1) 지정수량을 쓰시오.
> 2) 연소 시 발생하는 기체 명칭을 쓰시오.
> 3) 적린과 동소체인 제3류 위험물의 명칭을 쓰시오.

정답
1) 100kg
2) 오산화인
3) 황린

해설
2) $4P(적린) + 5O_2 \rightarrow 2P_2O_5(오산화인)$
3) 적린은 황린(P_4, 제3류 위험물)과 동소체(동일한 원소로 이루어져 있으나 성질이 다른 물질로 최종 연소생성물이 같음) 관계이다.

04 벤젠의 위험도를 구하시오. (단, 벤젠의 연소범위는 1.4~8%이다.)

1) 계산과정	2) 위험도

정답
1) 위험도(H) = $\dfrac{U-L}{L}$ = $\dfrac{8-1.4}{1.4}$ = 4.71
2) 4.71

05 주유취급소에 설치하는 다음 게시판의 바탕색, 문자색을 각각 쓰시오.

1) 위험물주유취급소	2) 주유중엔진정지

정답
1) 백색바탕, 흑색문자
2) 황색바탕, 흑색문자

06 다음 탱크의 내용적을 구하는 식을 쓰시오.

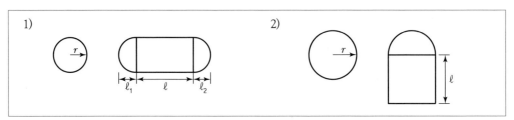

정답 1) $\pi r^2 \left(\ell + \dfrac{\ell_1 + \ell_2}{3} \right)$

2) $\pi r^2 \ell$

07 다음 위험물에 대한 운반용기 외부에 표시하는 사항을 모두 쓰시오.

1) 제4류 위험물   2) 제6류 위험물
3) 인화성 고체

정답 1) 화기엄금
2) 가연물 접촉주의
3) 화기엄금

해설 **위험물에 따른 주의사항(운반용기)**

유별		외부 표시 주의사항		
제1류	알칼리금속의 과산화물	• 화기 · 충격주의	• 물기엄금	• 가연물 접촉주의
	그 밖의 것	• 화기 · 충격주의	• 가연물 접촉주의	
제2류	철분 · 금속분 · 마그네슘	• 화기주의	• 물기엄금	
	인화성 고체	• 화기엄금		
	그 밖의 것	• 화기주의		
제3류	자연발화성 물질	• 화기엄금	• 공기접촉엄금	
	금수성 물질	• 물기엄금		
제4류		• 화기엄금		
제5류		• 화기엄금	• 충격주의	
제6류		• 가연물 접촉주의		

08 다음 위험물의 지정수량을 쓰시오.

1) $KClO_3$
2) $KMnO_4$
3) KNO_3
4) $K_2Cr_2O_7$
5) Na_2O_2

정답

1) 50kg
2) 1,000kg
3) 300kg
4) 1,000kg
5) 50kg

해설

1) $KClO_3$ - 염소산염류
2) $KMnO_4$ - 과망간산염류
3) KNO_3 - 질산염류
4) $K_2Cr_2O_7$ - 중크롬산염류
5) Na_2O_2 - 무기과산화물

제1류 위험물

품명		지정수량
1. 아염소산염류		50kg
2. 염소산염류		
3. 과염소산염류		
4. 무기과산화물		
5. 브롬산염류		300kg
6. 질산염류		
7. 요오드산염류		
8. 과망간산염류		1,000kg
9. 중크롬산염류		
10. 그 밖에 행정안전부령으로 정하는 것	1. 과요오드산염류	50kg, 300kg, 1,000kg
	2. 과요오드산	
	3. 크롬, 납 또는 요오드의 산화물	
	4. 아질산염류	
	5. 차아염소산염류	
	6. 염소화이소시아눌산	
	7. 퍼옥소이황산염류	
	8. 퍼옥소붕산염류	
11. 제1호 내지 제10호의 1에 해당하는 어느 하나 이상을 함유한 것		

09 위험물 저장 및 취급기준으로 알맞도록 다음 빈칸을 채우시오.

1) 제( )류 위험물은 가연물과의 접촉·혼합이나 분해를 촉진하는 물품과의 접근 또는 과열을 피해야 한다.
2) 제( )류 위험물은 불티·불꽃·고온체와의 접근 또는 과열을 피하고, 함부로 증기를 발생시키지 아니하여야 한다.
3) 제( )류 위험물 중 자연발화성 물질에 있어서는 불티, 불꽃 또는 고온체와의 접근, 과열 또는 공기와의 접촉을 피하고, 금수성 물질에 있어서는 물과의 접촉을 피하여야 한다.
4) 제( )류 위험물은 가연물과의 접촉·혼합이나 분해를 촉진하는 물품과의 접근 또는 과열·충격·마찰 등을 피하는 한편, 알칼리금속의 과산화물 및 이를 함유한 것에 있어서는 물과의 접촉을 피하여야 한다.
5) 제( )류 위험물은 산화제와의 접촉·혼합이나 불티·불꽃·고온체와의 접근 또는 과열을 피하는 한편, 철분, 금속분, 마그네슘 및 이를 함유한 것에 있어서는 물이나 산과의 접촉을 피하고, 인화성 고체에 있어서는 함부로 증기를 발생시키지 아니하여야 한다.

정답 1) 6, 2) 4, 3) 3, 4) 1, 5) 2

해설 **위험물의 유별 저장·취급의 공통기준**

위험물의 유별	저장·취급 공통기준
제1류 (산화성 고체)	• 가연물과의 접촉·혼합이나 분해를 촉진하는 물품과의 접근 또는 과열·충격·마찰 등을 피한다. • 알칼리금속의 과산화물 : 물과의 접촉을 피하여야 한다.
제2류 (가연성 고체)	• 산화제와의 접촉·혼합이나 불티·불꽃·고온체와의 접근 또는 과열을 피한다. • 철분·금속분·마그네슘 : 물이나 산의 접촉을 피한다. • 인화성 고체 : 함부로 증기를 발생시키지 아니하여야 한다.
제3류 (자연발화성 및 금수성 물질)	• 자연발화성 물질 : 불티·불꽃 또는 고온체와의 접근·과열 또는 공기와의 접촉을 피한다. • 금수성 물질 : 물과의 접촉을 피하여야 한다.
제4류 (인화성 액체)	불티·불꽃·고온체와의 접근 또는 과열을 피하고, 함부로 증기를 발생시키지 아니하여야 한다.
제5류 (자기반응성 물질)	불티·불꽃·고온체와의 접근이나 과열·충격 또는 마찰을 피하여야 한다.
제6류 (산화성 액체)	가연물과의 접촉·혼합이나 분해를 촉진하는 물품과의 접근 또는 과열을 피하여야 한다.

10 다음의 물음에 답하시오.

┌─ 보기 ┌───┐
• 인화칼슘   • 인화아연
• 탄화알루미늄   • 탄화칼슘
└──┘

1) [보기] 중 물과 반응하여 메탄가스를 발생시키는 물질의 명칭을 쓰시오.
2) 1)의 물질이 물과 반응할 때의 반응식을 쓰시오.

───

정답 1) 탄화알루미늄
　　　2) $Al_4C_3 + 12H_2O \rightarrow 4Al(OH)_3 + 3CH_4$

해설 • 인화칼슘 + 물 : $Ca_3P_2 + 6H_2O \rightarrow 3Ca(OH)_2 + 2PH_3$
　　　• 인화아연 + 물 : $Zn_3P_2 + 6H_2O \rightarrow 3Zn(OH)_2 + 2PH_3$
　　　• 탄화알루미늄 + 물 : $Al_4C_3 + 12H_2O \rightarrow 4Al(OH)_3 + 3CH_4$
　　　• 탄화칼슘 + 물 : $CaC_2 + 2H_2O \rightarrow Ca(OH)_2 + C_2H_2$

11 칼륨 78g과 에틸알코올 92g을 반응시키는 과정에 대한 다음의 물음에 답하시오.

1) 칼륨과 에틸알코올의 반응식을 쓰시오.
2) 1)의 반응으로 생성되는 수소기체의 부피(L)를 구하시오. (단, 표준상태이다.)
　① 계산과정
　② 부피

───

정답 1) $2K + 2C_2H_5OH \rightarrow 2C_2H_5OK + H_2$

　　　2) ① • 칼륨 78g = $78g \times \dfrac{1mol}{39g} = 2mol$

　　　　　　• 에틸알코올 92g = $92g \times \dfrac{1mol}{(12 \times 2 + 1 \times 6 + 16)g} = 2mol$

　　　　　　• 칼륨 2mol과 에틸알코올 2mol이 반응하여 수소 1mol이 생성된다.

　　　　　　∴ 수소 부피 = $1mol \times \dfrac{22.4L}{1mol} = 22.4L$

　　　　② 22.4L

12 다음 위험물의 구조식을 쓰시오.

| 1) TNT | 2) TNP |

정답

1)

2)

해설   1) TNT : 트리니트로톨루엔
2) TNP : 트리니트로페놀(피크린산)

13 다음 위험물의 소요단위를 구하시오.

| 1) 아세트산 20,000L | 2) 질산 90,000kg |

정답   1) 1단위
2) 30단위

해설   **1소요단위의 기준**

구분	외벽이 내화구조인 것	외벽이 내화구조가 아닌 것
제조소 · 취급소용 건축물	연면적 $100m^2$	연면적 $50m^2$
저장소용 건축물	연면적 $150m^2$	연면적 $75m^2$
위험물	지정수량의 10배	

※ 옥외에 설치된 공작물 : 외벽이 내화구조인 것으로 간주하고 공작물의 최대수평투영면적을 연면적으로 간주하여 소요단위 산정

1) $\dfrac{20,000L}{2,000L \times 10} = 1$단위($\because$아세트산의 지정수량 : 2,000L)

2) $\dfrac{90,000kg}{300kg \times 10} = 30$단위($\because$질산의 지정수량 : 300kg)

14 다음 위험물의 품명과 지정수량을 각각 쓰시오.

1) $C_6H_2CH_3(NO_2)_3$

2) $(C_6H_5CO)_2O_2$

정답 1) 니트로화합물, 200kg
2) 유기과산화물, 10kg

해설 1) 트리니트로톨루엔

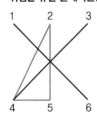

2) 과산화벤조일

15 다음 각 위험물에 대해 같이 적재하여 운반 시 혼재 가능한 유별을 모두 쓰시오. (단, 위험물은 지정수량의 10배 이상이다.)

1) 제4류

2) 제5류

3) 제6류

정답 1) 제2류, 제3류, 제5류
2) 제2류, 제4류
3) 제1류

해설 **위험물 유별 혼재기준(지정수량 1/10 초과 기준)**

```
1      2      3


4      5      6
```

16 [보기] 중 시성식을 틀리게 나타낸 것의 번호를 찾아 맞게 고쳐 쓰시오.

┤ 보기 ├

① 톨루엔 : $C_6H_2CH_3$

② 아세트알데히드 : CH_3CHO

③ 아닐린 : $C_6H_2N_2H_2$

④ 벤젠 : C_6H_6

⑤ 트리니트로톨루엔 : $C_6H_2CH_3(NO_2)_3$

정답 ① 톨루엔 : $C_6H_5CH_3$, ③ 아닐린 : $C_6H_5NH_2$

17 [보기]의 위험물을 인화점이 낮은 것부터 높은 순으로 나열하시오.

┤ 보기 ├

• 니트로벤젠

• 아세톤

• 에틸알코올

• 아세트산

정답 아세톤, 에틸알코올, 아세트산, 니트로벤젠

해설 **위험물의 인화점**

위험물	니트로벤젠	아세톤	에틸알코올	아세트산
품명	제3석유류	제1석유류	알코올류	제2석유류
인화점	88℃	-18℃	13℃	40℃

18 마그네슘에 대한 다음의 물음에 답하시오.

1) 마그네슘 4몰의 연소반응식을 쓰시오.
2) 마그네슘 4몰의 연소 시 발생하는 열의 열량(kcal)을 구하시오. (단, 마그네슘 1몰 연소 시 발생하는 열량은 134.7kcal/mol이다.)
   ① 계산과정
   ② 열량

정답 1) $4Mg + 2O_2 \rightarrow 4MgO$

2) ① $\dfrac{134.7kcal}{mol} \times 4mol = 538.8kcal$

② 538.8kcal

19 다음 물질의 연소반응식을 쓰시오.

1) 삼황화린   2) 오황화린

정답   1) $P_4S_3 + 8O_2 \rightarrow 2P_2O_5 + 3SO_2$
            2) $2P_2S_5 + 15O_2 \rightarrow 2P_2O_5 + 10SO_2$

20 다음 물음에 대해 [보기]에서 골라 답하시오.

┌─ 보기 ├───
- 나트륨   • 마그네슘   • 삼황화린
- 오황화린   • 적린   • 황
- 알루미늄분   • 황린
──

1) 제2류 위험물을 모두 쓰시오.
2) 원소주기율표의 제1족에 속하는 원소를 모두 쓰시오.
3) 물과 반응하여 수소를 발생하는 물질의 명칭을 모두 쓰시오.

정답   1) 마그네슘, 삼황화린, 오황화린, 적린, 황, 알루미늄분
            2) 나트륨
            3) 나트륨, 마그네슘, 알루미늄분

해설   3) • 나트륨 + 물 : $2Na + 2H_2O \rightarrow 2NaOH + H_2$
               • 마그네슘 + 물 : $Mg + 2H_2O \rightarrow Mg(OH)_2 + H_2$
               • 오황화린 + 물 : $P_2S_5 + 8H_2O \rightarrow 5H_2S + 2H_3PO_4$
               • 알루미늄분 + 물 : $2Al + 6H_2O \rightarrow 2Al(OH)_3 + 3H_2$

01 [보기]에서 설명하는 위험물에 대한 다음의 물음에 답하시오.

> **보기**
> - 제1류 위험물이다.
> - 열분해 시 산소를 발생시킨다.
> - 분자량이 158이며 흑자색을 띤다.

1) 화학식을 쓰시오.
2) 품명을 쓰시오.
3) 분해반응식을 쓰시오.

정답
1) $KMnO_4$
2) 과망간산염류
3) $2KMnO_4 \rightarrow K_2MnO_4 + MnO_2 + O_2$

해설 [보기]에서 설명하는 위험물은 과망간산칼륨이다.
분자량 = 39 + 55 + 16 × 4 = 158

02 벤젠 30kg이 연소하는 데 필요한 이론적 공기량(m^3)을 구하시오. (단, 표준상태이고, 공기 중의 산소농도는 21vol%이다.)

1) 계산과정 2) 공기량

정답
1) $C_6H_6 + 7.5O_2 \rightarrow 6CO_2 + 3H_2O$
$78kg : 7.5 \times 22.4m^3 = 30kg : x\ m^3$
$x = 64.615m^3$
공기 : 산소 = 100 : 21 = $y\ m^3 : 64.615m^3$
$y = 307.69m^3$
2) $307.69m^3$

해설 필요한 이론적 공기량을 구하기 위해서 필요한 산소량부터 구하고, 산소량을 이용하여 공기량을 구한다.

$C_6H_6 + 7.5O_2 \rightarrow 6CO_2 + 3H_2O$

표준상태에서 벤젠 1kmol(78kg)이 연소하는 데 필요한 산소는 7.5kmol($7.5 \times 22.4m^3$)이다.

이 관계를 비례식으로 나타내면,

벤젠 : 산소 = 78kg : $7.5 \times 22.4m^3$ = 30kg : $x\,m^3$

x(산소의 부피) = $64.615m^3$

공기 부피와 산소 부피의 관계를 비례식으로 나타내면,

공기 : 산소 = 100 : 21 = $y\,m^3$: $64.615m^3$

$y\,m^3$(공기의 부피) = $307.69m^3$

∴ 표준상태에서 벤젠 30kg이 연소하는 데 필요한 이론적 공기량은 $307.69m^3$이다.

03 단층건물의 탱크전용실에 설치한 옥내저장탱크에 대해 다음의 물음에 답하시오.

> 1) 옥내저장탱크 상호간의 간격은 몇 m 이상인지 쓰시오.
> 2) 옥내저장탱크와 탱크전용실의 벽과의 간격은 몇 m 이상인지 쓰시오.
> 3) 경유를 저장하는 옥내저장탱크의 용량은 몇 L 이하인지 쓰시오.

정답 1) 0.5m 이상
2) 0.5m 이상
3) 20,000L 이하

해설 3) • 옥내저장탱크의 용량 기준
- 지정수량의 40배 이하(동일한 탱크전용실에 옥내저장탱크를 2 이상 설치하는 경우에는 각 탱크의 용량의 합계)
- 제4석유류 · 동식물유류 외의 제4류 위험물 : 2만L 초과 시 2만L 이하
• 경유는 제4류 위험물(제2석유류)로 지정수량 40배는 40,000L(1,000L×40)이고, 이는 2만L를 초과하므로 탱크용량을 2만L 이하로 해야 한다.

04 다음 위험물이 물과 반응하여 발생하는 가연성 기체의 화학식을 쓰시오. (단, 발생하는 기체가 없으면 "없음" 이라고 쓰시오.)

> 1) 과산화칼슘   2) 메틸리튬
> 3) 트리에틸알루미늄

정답 1) 없음
2) CH_4
3) C_2H_6

해설 1) $2CaO_2 + 2H_2O \rightarrow 2Ca(OH)_2 + O_2$(산소가 발생하지만, 산소는 가연성 기체가 아니다.)
2) $CH_3Li + H_2O \rightarrow LiOH + CH_4$
3) $(C_2H_5)_3Al + 3H_2O \rightarrow Al(OH)_3 + 3C_2H_6$

05 [보기]에서 위험물안전관리법령상 제1석유류에 속하는 것을 모두 쓰시오.

┤ 보기 ├
- 아세트산
- 포름산
- 아세톤
- 에틸벤젠
- 클로로벤젠

정답 아세톤, 에틸벤젠

해설 **위험물의 품명**

물질명	아세트산	포름산	아세톤	에틸벤젠	클로로벤젠
품명	제2석유류	제2석유류	제1석유류	제1석유류	제2석유류

06 다음 제1류 위험물의 지정수량을 쓰시오.

1) 무수크롬산
2) 과산화칼륨
3) 염소산나트륨

정답 1) 300kg, 2) 50kg, 3) 50kg

해설 **위험물의 품명 및 지정수량**

물질명	무수크롬산	과산화칼륨	염소산나트륨
품명	크롬의 산화물(행정안전부령)	무기과산화물	염소산염류
지정수량	300kg	50kg	50kg

07 휘발유를 저장하는 옥외탱크저장소에 대한 다음의 물음에 답하시오.

1) 하나의 방유제 안에 설치할 수 있는 탱크의 수는 몇 개 이하인지 쓰시오.
2) 방유제의 높이 기준을 쓰시오.
3) 하나의 방유제 면적 기준을 쓰시오.

정답 1) 10개, 2) 0.5m 이상 3m 이하, 3) 8만m² 이하

해설 **옥외탱크저장소 하나의 방유제 내에 설치하는 탱크의 수**

탱크 종류	하나의 방유제 내에 설치하는 탱크 수
일반적	10기 이하
방유제 내 모든 탱크의 용량이 20만ℓ 이하이고, 저장 · 취급하는 위험물 인화점이 70℃ 이상 200℃ 미만인 경우	20기 이하
인화점이 200℃ 이상인 위험물을 저장 · 취급	제한 없음

- 휘발유 : 인화점 70℃ 미만(- 43~ - 20℃)

08 [보기]에서 설명하는 위험물에 대한 다음의 물음에 답하시오.

> ┤ 보기 ├
> • 제4류 위험물 중 제2석유류에 속한다.
> • 분자량이 약 104이고, 비점은 약 146℃, 인화점은 약 32℃이다.
> • 에틸벤젠을 탈수소화 처리하여 얻을 수 있다.

1) 명칭을 쓰시오.   2) 시성식을 쓰시오.
3) 위험등급을 쓰시오.

정답   1) 스티렌, 2) $C_6H_5CHCH_2$, 3) 위험등급Ⅲ

해설   [보기]에서 설명하는 위험물은 스티렌이다.
- 스티렌의 구조식

- 스티렌의 분자량 = $12 \times 8 + 1 \times 8 = 104g/mol$
- 제4류 위험물의 위험등급

위험등급	품명
Ⅰ	특수인화물
Ⅱ	제1석유류, 알코올류
Ⅲ	제2석유류, 제3석유류, 제4석유류, 동식물유류

- 스티렌의 품명은 제2석유류이다.

09 다음 각 위험물에 대해 같이 적재하여 운반 시 혼재 불가능한 유별을 모두 쓰시오. (단, 위험물은 지정수량의 10배 이상이다.)

1) 제2류   2) 제5류   3) 제6류

정답   1) 제1류, 제3류, 제6류
       2) 제1류, 제3류, 제6류
       3) 제2류, 제3류, 제4류, 제5류

해설   **위험물 유별 혼재기준(지정수량 1/10 초과 기준)**

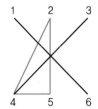

10 다음 위험물의 시성식을 쓰시오.

1) 질산메틸
2) TNT
3) 니트로글리세린

정답   1) CH_3ONO_2
        2) $C_6H_2CH_3(NO_2)_3$
        3) $C_3H_5(ONO_2)_3$

11 제2류 위험물의 정의로 알맞도록 다음 빈칸을 순서대로 채우시오.

1) "인화성 고체"라 함은 (   ) 그 밖에 1기압에서 인화점이 섭씨 (   )도 미만인 고체를 말한다.
2) "가연성 고체"라 함은 고체로서 화염에 의한 (   )의 위험성 또는 (   )의 위험성을 판단하기 위하여 고시로 정하는 시험에서 고시로 정하는 성질과 상태를 나타내는 것을 말한다.
3) "유황"은 순도가 (   )중량퍼센트 이상인 것을 말한다. 이 경우 순도측정에 있어서 불순물은 활석 등 불연성물질과 수분에 한한다.

정답   1) 고형알코올, 40
        2) 발화, 인화
        3) 60

12 제6류 위험물에 대한 다음의 물음에 답하시오.

1) 물과 발열반응을 하며 증기비중이 3.47인 물질의 명칭을 쓰시오.
2) 단백질과 크산토프로테인 반응을 하는 물질의 명칭을 쓰시오.

정답   1) 과염소산, 2) 질산

해설   1) 과염소산($HClO_4$)의 증기비중 = $\dfrac{1+35.5+16\times4}{29}$ = 3.47

13 동식물유류에 대한 다음의 물음에 답하시오.

1) ( ) 안에 들어갈 알맞은 말을 쓰시오.
  ( )은 유지에 포함된 불포화지방산의 이중결합수를 나타내는 수치로서 이중결합수에 비례한다.
2) 다음 위험물은 건성유, 반건성유, 불건성유 중 어디에 해당하는지 쓰시오.
  ① 아마인유
  ② 야자유

정답 1) 요오드값
  2) ① 건성유
    ② 불건성유

해설 2) 동식물유류의 구분

종류	요오드값	불포화도	예시
건성유	130 이상	큼	아마인유, 들기름, 동유(오동유), 정어리유, 해바라기유, 상어유, 대구유 등
반건성유	100~130	보통	참기름, 쌀겨기름, 옥수수기름, 콩기름, 청어유, 면실유, 채종유 등
불건성유	100 이하	작음	팜유, 쇠기름, 돼지기름, 고래기름, 피마자유, 야자유, 올리브유, 땅콩기름(낙화생유) 등

14 아래의 철분의 연소반응식을 이용하여 철분 1kg 연소 시 필요한 산소의 부피(L)를 구하시오. (단, 표준상태이고, Fe의 원자량은 55.85이다.)

$$4Fe + 3O_2 \rightarrow 2Fe_2O_3$$

1) 계산과정　　　　　　　　　　　　　　2) 부피

정답 1) 표준상태에서 철분 4mol(4×55.85g)이 연소 시 산소 3mol(3×22.4L)이 필요하다.
  이 관계를 비례식으로 나타내면,
  철분 : 산소 = 4×55.85g : 3×22.4L = 1,000g : xL
  $x = \dfrac{(3 \times 22.4\text{L})(1,000\text{g})}{(4 \times 55.85\text{g})} = 300.81\text{L}$
  2) 300.81L

15 다음 할론 소화약제의 화학식을 쓰시오.

> 1) Halon1011
> 3) Halon1301
>
> 2) Halon2402

정답 1) CH_2ClBr
　　　2) $C_2F_4Br_2$
　　　3) CF_3Br

해설 **할론 소화약제의 명명법**
　　　Halon(1)(2)(3)(4)(5)
　　　(1) : "C"의 개수
　　　(2) : "F"의 개수
　　　(3) : "Cl"의 개수
　　　(4) : "Br"의 개수
　　　(5) : "I"의 개수(0일 경우 생략)

16 탄산수소나트륨에 대한 다음의 물음에 답하시오.

> 1) 1차 열분해반응식을 쓰시오.
> 2) 탄산수소나트륨이 열분해하여 이산화탄소 $200m^3$가 생성되었다면 탄산수소나트륨은 몇 kg이 분해된 것인지 구하시오. (단, 표준상태이다.)
> 　① 계산과정
> 　② 답

정답 1) $2NaHCO_3 \rightarrow Na_2CO_3 + CO_2 + H_2O$
　　　2) ① 표준상태에서 탄산수소나트륨 2kmol($2 \times 84kg$)이 분해하여 이산화탄소 1mol($22.4m^3$)이 생성된다.
　　　　 이 관계를 비례식으로 나타내면,
　　　　 탄산수소나트륨 : 이산화탄소 = $2 \times 84kg : 22.4m^3 = x kg : 200m^3$
　　　　 $x = \dfrac{(200m^3)(168kg)}{(22.4m^3)} = 1,500kg$
　　　　 ② 1,500kg

해설 1) 탄산수소나트륨의 열분해 반응식
　　　　• 1차 열분해(270℃) : $2NaHCO_3 \rightarrow Na_2CO_3 + CO_2 + H_2O$
　　　　• 2차 열분해(850℃) : $2NaHCO_3 \rightarrow Na_2O + 2CO_2 + H_2O$

17 다음 탱크의 내용적을 구하는 식을 쓰시오.

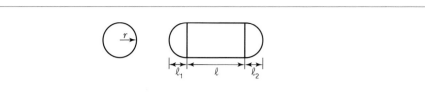

정답 $\pi r^2 \left(\ell + \dfrac{\ell_1 + \ell_2}{3} \right)$

18 시안화수소에 대한 다음의 물음에 답하시오.

1) 품명을 쓰시오.

2) 지정수량을 쓰시오.

3) 화학식을 쓰시오.

4) 증기비중을 쓰시오.

정답 1) 제1석유류, 2) 400L, 3) HCN, 4) 0.93

해설 4) 증기비중 = $\dfrac{증기분자량}{공기분자량}$ = $\dfrac{1+12+14}{29}$ = 0.93

19 다음 물질의 연소형태를 쓰시오.

1) 황

2) 마그네슘분

3) 제5류 위험물

정답 1) 증발연소, 2) 표면연소, 3) 자기연소

해설 **고체의 연소**

분해연소	• 가연성 물질(고체)의 열분해에 의해 발생한 가연성가스가 공기와 혼합하여 연소하는 현상이다. • 가연성 물질(고체)이 연소할 때 일정한 온도가 되면 열분해되며, 휘발분(가연성 가스)을 방출하는데, 이 가연성 가스가 공기 중의 산소와 화합하여 연소하는 것이다. 예 목재, 석탄, 종이, 플라스틱, 섬유, 고무 등
증발연소	• 가연성 물질(고체)을 가열했을 때 열분해를 일으키지 않고 액체로, 그 액체가 기체상태로 변하여 그 기체가 연소하는 현상이다. 예 유황, 나프탈렌, 왁스, 파라핀(양초) 등
표면연소 (무연연소)	• 가연성 고체가 그 표면에서 산소와 발열 반응을 일으켜 타는 연소형식이다. • 열분해에 의한 가연성가스를 발생하지 않는다. 예 숯, 코크스, 목탄, 금속분
자기연소 (내부연소)	• 공기 중의 산소가 필요하지 않고, 가연물 자체적으로 지닌 산소를 이용하여 내부 연소하는 형태이다. 예 제5류 위험물(니트로셀룰로오스, 셀룰로이드, TNT 등)

20 다음의 물음에 답하시오.

> 1) 황린의 동소체(제2류 위험물)의 명칭을 쓰시오.
> 2) 황린을 이용하여 1)의 물질을 만드는 방법을 쓰시오.
> 3) 1)의 연소반응식을 쓰시오.

정답 1) 적린
2) 공기를 차단하고 260℃로 가열한다.
3) $4P + 5O_2 \rightarrow 2P_2O_5$

01 나트륨 23g과 에틸알코올 46g을 반응시키는 과정에서 발생하는 기체의 부피(L)를 구하시오. (단, 표준상태이다.)

정답   11.2L

해설 $2Na + 2C_2H_5OH \rightarrow 2C_2H_5ONa + H_2$

- 나트륨 $23g = 23g \times \dfrac{1mol}{23g} = 1mol$

- 에틸알코올 $46g = 46g \times \dfrac{1mol}{(12 \times 2 + 1 \times 6 + 16)g} = 1mol$

- 나트륨 1mol과 에틸알코올 1mol이 반응하여 수소 0.5mol이 생성된다.
  표준상태에서 수소 0.5mol은 22.4L × 0.5 = 11.2L의 부피를 차지한다.

02 벤젠의 수소 1개가 메틸기 1개로 치환된 물질에 대한 다음의 물음에 답하시오.

    1) 품명을 쓰시오.
    2) 화학식을 쓰시오.
    3) 증기비중을 쓰시오.

정답   1) 제1석유류
        2) $C_6H_5CH_3$
        3) 3.17

해설   톨루엔에 대한 설명이다.
- 구조식

- 증기비중 $= \dfrac{12 \times 7 + 1 \times 8}{29} = 3.17$

03 제2류 위험물인 황화린에 대해 알맞도록 다음 빈칸을 순서대로 채우시오.

구분	화학식	조해성/불용성	지정수량
삼황화린	(②)	불용성	
(①)	P_2S_5	조해성	(⑤)
칠황화린	(③)	(④)	

> **정답** ① 오황화린, ② P_4S_3, ③ P_4S_7, ④ 조해성, ⑤ 100kg

04 제4류 위험물을 취급하는 제조소로서 다음의 시설물까지 확보해야 하는 안전거리 기준을 쓰시오.

1) 지정문화재 2) 병원
3) 사용전압 30,000V의 특고압가공전선 4) 학교
5) 주택

> **정답** 1) 50m 이상
> 2) 30m 이상
> 3) 3m 이상
> 4) 30m 이상
> 5) 10m 이상

> **해설** **제조소등의 안전거리**
>
>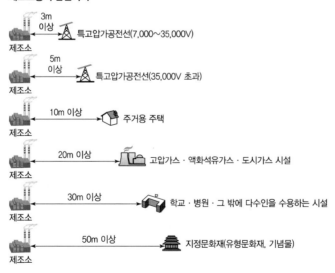

05 제2류 위험물 중 지정수량이 500kg인 것을 2가지만 쓰시오.

정답   철분, 금속분, 마그네슘(이들 중 2가지만 선택하여 작성)

해설   **제2류 위험물**

품명	지정수량	위험등급
1. 황화린	100kg	II
2. 적린		
3. 유황		
4. 철분	500kg	III
5. 금속분		
6. 마그네슘		
7. 그 밖에 행정안전부령으로 정하는 것	100kg, 500kg	II, III
8. 제1호 내지 제7호의 1에 해당하는 어느 하나 이상을 함유한 것		
9. 인화성 고체	1,000kg	III

06 다음 위험물의 화학식과 20℃에서의 형태(고체, 액체, 기체)를 쓰시오.

1) 트리니트로페놀   2) 질산에틸

정답   1) $C_6H_2OH(NO_2)_3$, 고체
        2) $C_2H_5ONO_2$, 액체

07 [보기]의 위험물 중 인화점이 높은 것부터 낮은 순으로 나열하시오.

┤ 보기 ├
• 시안화수소   • 아닐린   • 아세트산
• 아세트알데히드   • 에틸알코올

정답   아닐린, 아세트산, 에틸알코올, 시안화수소, 아세트알데히드

해설   **위험물의 인화점**

위험물	시안화수소	아닐린	아세트산	아세트알데히드	에틸알코올
품명	제1석유류	제3석유류	제2석유류	특수인화물	알코올류
인화점	-17℃	70℃	40℃	-38℃	13℃

08 제3류 위험물인 황린에 대한 다음의 물음에 답하시오.

1) 보호액을 쓰시오.
2) 연소 시 생성되는 물질의 화학식을 쓰시오.
3) 수산화칼륨 수용액과 반응하였을 때 발생하는 맹독성 가스의 화학식을 쓰시오.
4) 동소체인 2류 위험물의 명칭을 쓰시오.

정답 1) pH 9의 약알칼리성 물
2) P_2O_5
3) PH_3
4) 적린

해설 2) $P_4 + 5O_2 \rightarrow 2P_2O_5$
3) $P_4 + 3KOH + 3H_2O \rightarrow 3KH_2PO_2 + PH_3$

09 다음 위험물에 대한 제조소의 게시판과 운반용기 외부에 표시하는 주의사항을 모두 쓰시오. (단, 위험물안전관리법령상 주의사항 게시판이 필요 없는 경우는 "필요 없음"으로 쓰시오.)

1) 제5류 위험물
　① 제조소 게시판　　　　　　　　　　② 운반용기 외부
2) 제6류 위험물
　① 제조소 게시판　　　　　　　　　　② 운반용기 외부

정답 1) ① 화기엄금
　　② 화기엄금, 충격주의
2) ① 필요 없음
　　② 가연물 접촉주의

해설 • 위험물에 따른 위험물제조소 주의사항 게시판

위험물 종류	주의사항 게시판	색상 기준
- 제1류 위험물 중 알칼리금속의 과산화물과 이를 함유한 것 - 제3류 위험물 중 금수성물질	물기엄금	- 청색바탕 - 백색문자
- 제2류 위험물(인화성 고체 제외)	화기주의	- 적색바탕 - 백색문자
- 제2류 위험물 중 인화성 고체 - 제3류 위험물 중 자연발화성 물질 - 제4류 위험물 - 제5류 위험물	화기엄금	

• 위험물에 따른 운반용기 주의사항

유별		외부 표시 주의사항		
제1류	알칼리금속의 과산화물	- 화기 · 충격주의	- 물기엄금	- 가연물 접촉주의
	그 밖의 것	- 화기 · 충격주의	- 가연물 접촉주의	
제2류	철분 · 금속분 · 마그네슘	- 화기주의	- 물기엄금	
	인화성 고체	- 화기엄금		
	그 밖의 것	- 화기주의		
제3류	자연발화성 물질	- 화기엄금	- 공기접촉엄금	
	금수성 물질	- 물기엄금		
제4류		- 화기엄금		
제5류		- 화기엄금	- 충격주의	
제6류		- 가연물 접촉주의		

PART 01 PART 02 PART 03 PART 04 PART 05

10 [보기]에 나타난 위험물의 지정수량 배수의 총합을 구하시오.

┤ 보기 ├
• 메틸에틸케톤 400L
• 아세톤 1,200L
• 등유 2,000L

정답 7배

해설 • 위험물의 지정수량

물질명	메틸에틸케톤	등유	아세톤
품명	제1석유류(비)	제2석유류(비)	제1석유류(수)
지정수량	200L	1,000L	400L

• 지정수량 배수의 합

$$= \frac{\text{A위험물의 저장 · 취급수량}}{\text{A위험물의 지정수량}} + \frac{\text{B위험물의 저장 · 취급수량}}{\text{B위험물의 지정수량}} + \frac{\text{C위험물의 저장 · 취급수량}}{\text{C위험물의 지정수량}} + \cdots$$

$$= \frac{400L}{200L} + \frac{2,000L}{1,000L} + \frac{1,200L}{400L} = 7배$$

11 불활성가스 소화약제 IG-541의 구성성분 3가지를 쓰시오.

정답 질소, 아르곤, 이산화탄소

해설 IG - 541 : N_2 52%+Ar 40%+CO_2 8%

12 다음 탱크의 내용적을 구하는 식을 쓰시오.

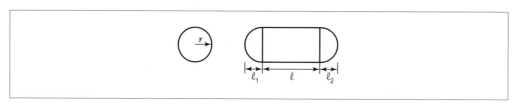

정답 $\pi r^2 \left(\ell + \dfrac{\ell_1 + \ell_2}{3} \right)$

13 다음 위험물이 위험물안전관리법령상 제6류 위험물이 되기 위한 조건을 쓰시오. (조건이 없는 경우 "없음"이라고 쓰시오.)

1) 과염소산   2) 과산화수소
3) 질산

정답　1) 없음
　　　　2) 농도 36중량% 이상
　　　　3) 비중 1.49 이상

14 다음 그림을 보고 물음에 답하시오.

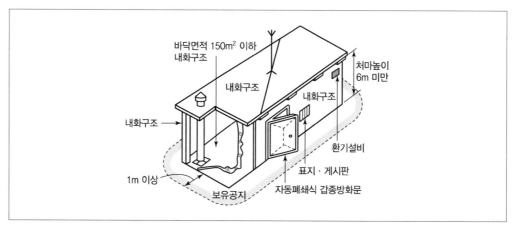

1) 해당 시설의 명칭을 쓰시오.
2) 해당 시설에 최대로 저장할 수 있는 지정수량 배수를 쓰시오.

정답　1) 소규모 옥내저장소, 2) 50배

15 제1류 위험물인 과망간산칼륨에 대해 다음의 물음에 답하시오.

> 1) 화학식을 쓰시오.
> 2) 품명을 쓰시오.
> 3) 아세톤에 용해되는지 여부를 쓰시오(용해되면 "용해", 용해되지 않으면 "불용"이라고 쓰시오).
> 4) 물과 반응하는지 여부를 쓰시오(반응하면 "반응", 반응하지 않으면 "반응하지 않음"이라고 쓰시오).
> 5) 물과 반응 시 생성되는 기체의 명칭을 쓰시오(생성되는 기체가 없으면 "없음"이라고 쓰시오).

정답
1) $KMnO_4$
2) 과망간산염류
3) 용해
4) 반응하지 않음
5) 없음

16 [보기]에서 설명하는 위험물에 대한 다음의 물음에 답하시오.

> ─┤ 보기 ├─
> • 제4류 위험물이다.   • 2가 알코올이다.
> • 단맛이 나고, 자동차용 부동액으로 사용되는 물질이다.

1) 명칭을 쓰시오.
2) 구조식을 쓰시오.
3) 시성식을 쓰시오.

정답
1) 에틸렌글리콜

2)
```
      H   H
      |   |
  H – C – C – H
      |   |
     OH  OH
```

3) $C_2H_4(OH)_2$

해설 2가 알코올은 OH기가 2개가 있는 알코올을 말한다.

17 제3류 위험물 중 위험등급 I 에 해당하는 품명 3가지만 쓰시오.

정답 칼륨, 나트륨, 알킬알루미늄, 알킬리튬, 황린(이들 중 3가지만 선택하여 작성)

해설 **제3류 위험물**

품명		지정수량	위험등급
1. 칼륨			
2. 나트륨			
3. 알킬알루미늄		10kg	I
4. 알킬리튬			
5. 황린		20kg	
6. 알칼리금속 및 알칼리토금속(칼륨 및 나트륨 제외)		50kg	II
7. 유기금속화합물(알킬알루미늄 및 알킬리튬 제외)			
8. 금속의 수소화물			
9. 금속의 인화물		300kg	III
10. 칼슘 또는 알루미늄의 탄화물			
11. 그 밖의 행정안전부령으로 정하는 것	염소화규소화합물	10kg, 20kg, 50kg	I , II , III
12. 제1호 내지 제11호의 1에 해당하는 어느 하나 이상을 함유한 것		또는 300kg	

18 [보기]에 나타난 물질 중 열분해하여 산소를 발생하는 것을 모두 쓰시오.

┤ 보기 ├
- 중크롬산칼륨
- 과산화칼륨
- 과망간산칼륨
- 질산암모늄

정답 중크롬산칼륨, 과산화칼륨, 과망간산칼륨, 질산암모늄

해설
- 중크롬산칼륨 : $4K_2Cr_2O_7 \rightarrow 4K_2CrO_4 + 2Cr_2O_3 + 3O_2$
- 과산화칼륨 : $2K_2O_2 \rightarrow 2K_2O + O_2$
- 과망간산칼륨 : $2KMnO_4 \rightarrow K_2MnO_4 + MnO_2 + O_2$
- 질산암모늄 : $2NH_4NO_3 \rightarrow 2N_2 + O_2 + 4H_2O$

19 다음 중 제3석유류에 해당하는 물질의 기호를 모두 쓰시오.

기호	A	B	C	D	E	F
물질명	글리세린	니트로벤젠	니트로톨루엔	아세트산	클로로벤젠	포름산

정답　A, B, C

해설　**위험물의 품명**

기호	A	B	C	D	E	F
물질명	글리세린	니트로벤젠	니트로톨루엔	아세트산	클로로벤젠	포름산
품명	제3석유류	제3석유류	제3석유류	제2석유류	제2석유류	제2석유류

20 메틸알코올에 대한 다음의 물음에 답하시오.

　1) 완전연소반응식을 쓰시오.
　2) 메틸알코올이 50L가 완전연소할 때 필요한 산소(g)를 구하시오. (단, 메틸알코올의 비중은 0.8이다.)

정답　1) $2CH_3OH + 3O_2 \rightarrow 2CO_2 + 4H_2O$
　　2) 60,000g

해설　2) • 메틸알코올 $50L = 50L \times \dfrac{0.8\,kg}{1\,L} = 40kg$

　　• 메틸알코올 2mol(2×32kg)이 연소하는 데 필요한 산소는 3mol(3×32kg)이다.
　　• 이 관계를 비례식으로 나타내면,
　　　메틸알코올 : 산소 = 64g : 96g = 40,000g : xg
　　• x(산소의 질량) = 60,000g

4회 기출복원문제

01 동식물유류를 다음과 같이 분류할 때의 기준을 쓰시오.

1) 건성유   2) 불건성유

정답 1) 요오드값 130 이상
2) 요오드값 100 이하

해설 **동식물유류의 구분**

종류	요오드값	불포화도	예시
건성유	130 이상	큼	아마인유, 들기름, 동유(오동유), 정어리유, 해바라기유, 상어유, 대구유 등
반건성유	100~130	보통	참기름, 쌀겨기름, 옥수수기름, 콩기름, 청어유, 면실유, 채종유 등
불건성유	100 이하	작음	팜유, 쇠기름, 돼지기름, 고래기름, 피마자유, 야자유, 올리브유, 땅콩기름(낙화생유) 등

02 트리니트로톨루엔에 대한 다음의 물음에 답하시오.

1) 지정수량을 쓰시오.
2) 물과 벤젠에 대한 용해성을 쓰시오.
3) 제조하기 위해 사용되는 물질 2가지를 쓰시오.

정답 1) 200kg
2) 물에는 불용, 벤젠에는 용해된다.
3) 톨루엔, 질산

해설 **트리니트로톨루엔 제조**

• 제조 : $\text{C}_6\text{H}_5\text{CH}_3 + 3\text{HNO}_3 \xrightarrow{\text{H}_2\text{SO}_4} \text{C}_6\text{H}_2\text{CH}_3(\text{NO}_2)_3$

03 위험물안전관리법령상 다음 위험물을 취급하는 주유취급소의 고정주유설비 및 고정급유설비의 펌프기기 주유관 선단에서의 최대토출량은 분당 몇 L 이하가 되어야 하는지 쓰시오. (단, 이동저장탱크에 주입하는 경우는 제외한다.)

1) 등유   2) 경유
3) 휘발유

정답
1) 분당 80L 이하
2) 분당 180L 이하
3) 분당 50L 이하

해설 **펌프기기 최대배출량**

제1석유류	분당 50L 이하
경유	분당 180L 이하
등유	분당 80L 이하
고정급유설비(이동저장탱크에 주입)	분당 300L 이하

04 제6류 위험물에 대한 다음의 물음에 답하시오.

1) 피부에 닿으면 노란색으로 변하는 반응의 명칭을 쓰시오.
2) 1)의 반응을 하는 제6류 위험물이 햇빛에 의해 분해되는 반응식을 쓰시오.

정답
1) 크산토프로테인 반응
2) $4HNO_3 \rightarrow 4NO_2 + 2H_2O + O_2$

해설 1)의 반응을 하는 제6류 위험물은 질산이다.

05 위험물안전관리법령상 위험물제조소의 급기구 면적에 대한 기준으로 알맞도록 빈칸을 채우시오.

바닥면적	급기구의 면적
(①)m² 미만	150cm² 이상
(①)m² 이상 (②)m² 미만	300cm² 이상
(②)m² 이상 120m² 미만	450cm² 이상
120m² 이상 150m² 미만	(③)cm² 이상

정답 ① 60, ② 90, ③ 600

06 ㉠에 해당하는 물질에 대한 다음 물음에 답하시오.

> (㉠) $+ 2H_2O \rightarrow Ca(OH)_2 + 2H_2$

1) 품명을 쓰시오.
2) 지정수량을 쓰시오.
3) 위험등급을 쓰시오.

정답 1) 금속의 수소화물
2) 300kg
3) 위험등급Ⅲ

해설 ㉠은 수소화칼슘(CaH_2)이다.
화살표 기준으로 원소의 수를 비교하여 ㉠을 알아낸다.

07 제2류 위험물인 유황에 대한 다음의 물음에 답하시오.

1) 위험물의 조건을 쓰시오.
2) (   ) 안에 알맞은 말을 쓰시오.
   "순도측정에 있어서 불순물은 활석 등 (   )과 (   )에 한한다."
3) 연소반응식을 쓰시오.

정답 1) 순도가 60중량% 이상인 것
2) 불연성물질, 수분
3) $S + O_2 \rightarrow SO_2$

08 아세트산에 대한 다음의 물음에 답하시오.

1) 시성식을 쓰시오.
2) 증기비중을 구하시오.

정답 1) CH_3COOH
2) 2.07

해설 2) 아세트산(CH_3COOH)의 증기비중 $= \dfrac{12 \times 2 + 16 \times 2 + 1 \times 4}{29} = 2.07$

09 간이탱크저장소의 밸브 없는 통기관의 설치기준 3가지를 쓰시오.

정답
1. 통기관의 지름은 25mm 이상으로 할 것
2. 통기관은 옥외에 설치하되, 그 끝부분의 높이는 지상 1.5m 이상으로 할 것
3. 통기관의 끝부분은 수평면에 대하여 아래로 45° 이상 구부려 빗물 등이 침투하지 아니하도록 할 것
4. 가는 눈의 구리망 등으로 인화방지장치를 할 것. 다만, 인화점 70℃ 이상의 위험물만을 해당 위험물의 인화점 미만의 온도로 저장 또는 취급하는 탱크에 설치하는 통기관에 있어서는 그러하지 아니하다.

10 1소요단위에 해당하는 수치로 알맞도록 빈칸을 채우시오.

1) 외벽이 비내화구조인 저장소 : 연면적 (　　)m²
2) 외벽이 비내화구조인 제조소 및 취급소 : 연면적 (　　)m²
3) 외벽이 내화구조인 저장소 : 연면적 (　　)m²
4) 외벽이 내화구조인 제조소 및 취급소 : 연면적 (　　)m²
5) 위험물 : 지정수량의 (　　)배

정답　1) 75, 2) 50, 3) 150, 4) 100, 5) 10

해설　**1소요단위의 기준**

구분	외벽이 내화구조인 것	외벽이 내화구조가 아닌 것
제조소 · 취급소용 건축물	연면적 100m²	연면적 50m²
저장소용 건축물	연면적 150m²	연면적 75m²
위험물	지정수량의 10배	

※ 옥외에 설치된 공작물 : 외벽이 내화구조인 것으로 간주하고 공작물의 최대수평투영면적을 연면적으로 간주하여 소요단위 산정

11 [보기]에 나타난 위험물의 지정수량 배수의 총합을 구하시오.

┤ 보기 ├
· 질산에스테르류 50kg　　· 니트로화합물 400kg　　· 히드록실아민 300kg

정답　10배

해설　· 위험물의 지정수량

품명	질산에스테르류	니트로화합물	히드록실아민
지정수량	10kg	200kg	100kg

· 지정수량 배수의 합

$$= \frac{\text{A위험물의 저장 · 취급수량}}{\text{A위험물의 지정수량}} + \frac{\text{B위험물의 저장 · 취급수량}}{\text{B위험물의 지정수량}} + \frac{\text{C위험물의 저장 · 취급수량}}{\text{C위험물의 지정수량}} + \cdots$$

$$= \frac{50\,kg}{10\,kg} + \frac{400\,kg}{200\,kg} + \frac{300\,kg}{100\,kg} = 10\text{배}$$

12 표준상태에서 아세톤의 증기밀도(g/L)를 구하시오.

정답 2.59g/L

해설 아세톤 1mol 기준으로 밀도를 구한다.
- 질량 = $(12 \times 3 + 16 + 1 \times 6)g = 58g$
- 부피(표준상태) = 22.4L
- 밀도 = $\dfrac{질량}{부피} = \dfrac{58g}{22.4L} = 2.59g/L$

13 다음 물질의 연소반응식을 쓰시오.

1) 삼황화린	2) 오황화린

정답 1) $P_4S_3 + 8O_2 \rightarrow 2P_2O_5 + 3SO_2$
2) $2P_2S_5 + 15O_2 \rightarrow 2P_2O_5 + 10SO_2$

14 피리딘에 대한 다음의 물음에 답하시오.

1) 구조식을 쓰시오.	2) 분자량을 쓰시오.

정답
1) , 2) 79

해설 2) 피리딘(C_5H_5N)의 분자량 = $12 \times 5 + 14 + 1 \times 5 = 79$

15 90wt% 과산화수소 수용액 1kg을 10wt% 농도로 묽힐려면 물을 몇 kg 더 첨가해야 하는지 구하시오.

정답 8kg

해설
- 90wt% 과산화수소 수용액 1kg 속의 과산화수소의 질량

$= \dfrac{90g\ 과산화수소}{100g\ 수용액(과산화수소 + 물)} \times 1,000g\ 수용액 = 900g\ 과산화수소$

[수용액 1kg 속의 물 = 1,000g(수용액) - 900g(과산화수소) = 100g]

- 10wt% 과산화수소 수용액 $= \dfrac{900g\ 과산화수소}{900g\ 과산화수소 + 100g\ 물 + x} \times 100\%$

$\therefore\ x$(첨가할 물) $= 8,000g = 8,000g \times \dfrac{1kg}{1,000g} = 8kg$

16 아세트알데히드등의 저장기준으로 알맞도록 다음 빈칸을 채우시오.

> 1) 보냉장치가 있는 이동저장탱크에 저장하는 아세트알데히드등의 온도는 당해 위험물의 (   ) 이하로 유지할 것
> 2) 보냉장치가 없는 이동저장탱크에 저장하는 아세트알데히드등의 온도는 (   )℃ 이하로 유지할 것

정답   1) 비점, 2) 40

해설   **아세트알데히드등의 저장기준**

위험물	저장기준		
디에틸에테르등 또는 아세트알데히드등	옥외 · 옥내 · 지하 저장탱크 중 압력탱크	40℃ 이하	
	옥외 · 옥내 · 지하 저장탱크 중 압력탱크 외의 탱크	산화프로필렌, 디에틸에테르등	30℃ 이하
		아세트알데히드	15℃ 이하
	이동저장탱크	보냉장치 있음	당해 위험물의 비점 이하
		보냉장치 없음	40℃ 이하

17 [보기]에서 설명하는 위험물에 대한 다음의 물음에 답하시오.

> ┤ 보기 ├
> • 강산화제이다.
> • 가열하면 400℃에서 아질산칼륨과 산소를 발생시킨다.
> • 흑색화약의 제조, 금속 열처리제 등의 용도로 사용된다.

> 1) 화학식을 쓰시오.
> 2) 품명을 쓰시오.
> 3) 지정수량을 쓰시오.

정답   1) KNO_3
         2) 질산염류
         3) 300kg

해설   [보기]에서 설명하는 위험물은 질산칼륨이다.

18 나트륨에 대한 다음의 물음에 답하시오.

> 1) 물과의 반응식을 쓰시오.
> 2) 1)의 결과로 발생된 기체의 연소반응식을 쓰시오.

정답   1) $2Na + 2H_2O \rightarrow 2NaOH + H_2$
      2) $2H_2 + O_2 \rightarrow 2H_2O$

해설   1)의 결과로 발생된 기체는 수소(H_2)이다.

19 다음 물질의 화학식을 쓰시오.

> 1) 과망간산칼륨   2) 과산화칼슘
> 3) 질산암모늄

정답   1) $KMnO_4$
      2) CaO_2
      3) NH_4NO_3

20 100kg의 탄소를 완전연소시키기 위해 필요한 이론적 공기량(m^3)을 구하시오. (단, 표준상태이고, 공기 중 산소의 부피는 21vol%이다.)

정답 $888.89m^3$

해설   필요한 산소량부터 구한 후, 산소량을 이용하여 필요공기량을 구한다.
      $C + O_2 \rightarrow CO_2$
      표준상태에서 탄소 1kmol(12kg)이 연소하는데 필요한 산소는 1kmol($22.4m^3$)이다.
      이 관계를 비례식으로 나타내면,
      탄소 : 산소 = 12kg : $22.4m^3$ = 100kg : xm^3
      x(산소의 부피) = $186.6667m^3$
      공기부피와 산소 부피의 관계를 비례식으로 나타내면,
      공기 : 산소 = 100 : 21 = ym^3 : $186.6667m^3$
      y(공기의 부피) = $888.89m^3$

01 히드라진과 반응하여 질소와 물을 발생하는 제6류 위험물에 대한 다음의 물음에 답하시오.

> 1) 히드라진과 제6류 위험물의 반응식을 쓰시오.
> 2) 제6류 위험물에 해당하는 물질이 위험물로 규정될 수 있는 기준을 쓰시오.

정답　1) $N_2H_4 + 2H_2O_2 \rightarrow 4H_2O + N_2$
　　　　2) 농도 36중량% 이상

해설　히드라진과 반응하여 질소와 물을 발생하는 제6류 위험물은 과산화수소이다.

02 다음 물질이 물과 반응하여 발생하는 가연성 가스의 명칭을 쓰시오. (가연성 가스가 발생하지 않으면 "없음"이라고 쓰시오.)

> 1) 리튬　　　　　　　　　　　　　　2) 수소화칼륨
> 3) 인화알루미늄　　　　　　　　　　4) 탄화리튬
> 5) 탄화알루미늄

정답　1) 수소, 2) 수소, 3) 포스핀, 4) 아세틸렌, 5) 메탄

해설　1) $2Li + 2H_2O \rightarrow 2LiOH + H_2$
　　　　2) $KH + H_2O \rightarrow KOH + H_2$
　　　　3) $AlP + 3H_2O \rightarrow Al(OH)_3 + PH_3$
　　　　4) $Li_2C_2 + 2H_2O \rightarrow 2LiOH + C_2H_2$
　　　　5) $Al_4C_3 + 12H_2O \rightarrow 4Al(OH)_3 + 3CH_4$

03 다음 소화설비의 능력단위를 쓰시오.

> 1) 마른 모래(삽 1개 포함) 50L
> 2) 소화전용 물통 8L
> 3) 팽창질석(삽 1개 포함) 160L

정답 1) 0.5단위, 2) 0.3단위, 3) 1.0단위

해설 **소화설비와 능력단위**

소화설비	용량	능력단위
소화전용 물통	8L	0.3
수조(소화전용 물통 3개 포함)	80L	1.5
수조(소화전용 물통 6개 포함)	190L	2.5
마른 모래(삽 1개 포함)	50L	0.5
팽창질석 또는 팽창진주암(삽 1개 포함)	160L	1.0

04 다음 품명에 해당하는 지정수량을 쓰시오.

> 1) 아염소산염류
> 2) 중크롬산염류
> 3) 질산염류

정답 1) 50kg, 2) 1,000kg, 3) 300kg

해설 **제1류 위험물**

품명		지정수량
1. 아염소산염류		50kg
2. 염소산염류		
3. 과염소산염류		
4. 무기과산화물		
5. 브롬산염류		300kg
6. 질산염류		
7. 요오드산염류		
8. 과망간산염류		1,000kg
9. 중크롬산염류		
10. 그 밖에 행정안전부령으로 정하는 것	1. 과요오드산염류	50kg, 300kg, 1,000kg
	2. 과요오드산	
	3. 크롬, 납 또는 요오드의 산화물	
	4. 아질산염류	
	5. 차아염소산염류	
	6. 염소화이소시아눌산	
	7. 퍼옥소이황산염류	
	8. 퍼옥소붕산염류	
11. 제1호 내지 제10호의 1에 해당하는 어느 하나 이상을 함유한 것		

05 [보기]에서 설명하는 위험물에 대한 다음의 물음에 답하시오.

┤ 보기 ├
- 제5류 위험물 중 니트로화합물이다.
- 독성이 있다.
- 알코올에 잘 녹고, 찬물에는 녹지 않는다.
- 분자량이 229이다.

1) 명칭을 쓰시오.
2) 구조식을 쓰시오.
3) 지정수량을 쓰시오.

정답　1) 트리니트로페놀

2)

3) 200kg

해설　[보기]에서 설명하는 위험물은 트리니트로페놀(피크린산)이다.
- 트리니트로페놀의 분자량 = $12 \times 6 + 14 \times 3 + 16 \times 7 + 1 \times 3 = 229$

06 이동탱크저장소의 다음 장치의 강철판 두께 기준을 쓰시오.

1) 방파판
2) 방호틀
3) 칸막이

정답　1) 1.6mm 이상
2) 2.3mm 이상
3) 3.2mm 이상

07 아연에 대한 다음의 물음에 답하시오.

1) 물과 반응 시 발생하는 기체의 명칭을 쓰시오.
2) 염산과의 반응식을 쓰시오.

정답　1) 수소
2) $Zn + 2HCl \rightarrow ZnCl_2 + H_2$

해설　1) $Zn + 2H_2O \rightarrow Zn(OH)_2 + H_2$

08 다음 탱크의 내용적(m³)을 구하시오. (단, $a = 2m$, $b = 1m$, $\ell = 5m$, $\ell_1 = 0.7m$, $\ell_2 = 0.4m$이다.)

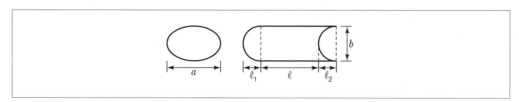

정답 $8.01m^3$

해설 내용적 = $\dfrac{\pi ab}{4}\left(\ell + \dfrac{\ell_1 - \ell_2}{3}\right) = \dfrac{\pi(2m)(1m)}{4}\left(5m + \dfrac{0.7m - 0.4m}{3}\right) = 8.01m^3$

09 소화기로부터 탄산가스 1kg을 방출할 때 부피는 몇 L인지 구하시오. (단, 표준상태이다.)

1) 계산과정	2) 부피

정답 1) $PV = nRT \rightarrow V = \dfrac{nRT}{P}$ 를 이용하여 부피를 구한다.

- $n = 1kg \times \dfrac{1kmol}{(12 + 16 \times 2)kg} \times \dfrac{1,000\,mol}{1kmol} = 22.7273\,mol$
- $R = 0.082\,\dfrac{atm \cdot L}{mol \cdot K}$
- $T = 273K$
- $P = 1atm$

$V = \dfrac{nRT}{P} = \dfrac{(22.7273mol)\left(0.082\,\dfrac{atm \cdot L}{mol \cdot K}\right)(273K)}{1atm} = 508.77L$

2) $508.77L$

해설 (다른 풀이법) 표준상태에 기체 1mol은 22.4L라는 관계식으로 풀기
표준상태에서 이산화탄소 1mol(44g)은 22.4L이다.
질량 : 부피 = 44g : 22.4L = 1,000g : xL
$x = 509.09L$

10 위험물의 운반용기 수납률에 대한 내용으로 알맞도록 다음 빈칸을 채우시오.

액체위험물은 운반용기 내용적의 (①)% 이하의 수납률로 수납하되, (②)℃의 온도에서 누설되지 아니하도록 충분한 (③)을/를 유지하도록 할 것

정답 ① 98, ② 55, ③ 공간용적

해설	위험물 운반용기의 수납률	
고체위험물	운반 용기 내용적의 95% 이하의 수납률	
액체위험물	운반 용기 내용적의 98% 이하의 수납률(55℃에서 누설되지 아니하도록 충분한 공간용적 유지)	
자연발화성 물질 중 알킬알루미늄 등	운반 용기의 내용적의 90% 이하의 수납률(50℃에서 5% 이상의 공간용적 유지)	

11 [보기]에 나타난 물질 중 수용성이면서 물보다 무거운 물질을 모두 쓰시오.

┌─ 보기 ┐
- 글리세린
- 아세톤
- 아크릴산
- 이황화탄소
- 클로로벤젠

정답 글리세린, 아크릴산

해설 위험물의 성질

위험물	글리세린	아세톤	아크릴산	이황화탄소	클로로벤젠
수용성	수용성	수용성	수용성	비수용성	비수용성
비중	1.26	0.79	1.1	1.26	1.1

- 비중이 1보다 크면 물보다 무겁다.

12 1소요단위에 해당하는 수치로 알맞도록 빈칸을 채우시오.

1) 외벽이 비내화구조인 저장소 : 연면적 (   )m²
2) 외벽이 비내화구조인 제조소 및 취급소 : 연면적 (   )m²
3) 외벽이 내화구조인 저장소 : 연면적 (   )m²
4) 외벽이 내화구조인 제조소 및 취급소 : 연면적 (   )m²
5) 위험물 : 지정수량의 (   )배

정답 1) 75, 2) 50, 3) 150, 4) 100, 5) 10

해설 1소요단위의 기준

구분	외벽이 내화구조인 것	외벽이 내화구조가 아닌 것
제조소 · 취급소용 건축물	연면적 100m²	연면적 50m²
저장소용 건축물	연면적 150m²	연면적 75m²
위험물	지정수량의 10배	

※ 옥외에 설치된 공작물 : 외벽이 내화구소인 것으로 간주하고 공작물의 최대수평두영면직을 연면적으로 간주하여 소요단위 산정

13 TNT의 분자량을 구하시오.

1) 계산과정	2) 분자량

정답　1) 트리니트로톨루엔[$C_6H_2CH_3(NO_2)_3$]의 분자량 = $12 \times 7 + 14 \times 3 + 16 \times 6 + 1 \times 5 = 227$
　　　2) 227

해설　**트리니트로톨루엔의 구조식**

14 탄화칼슘에 대한 다음의 물음에 답하시오.

1) 지정수량을 쓰시오.
2) 물과의 반응식을 쓰시오.
3) 고온에서 질소와 반응하여 석회질소를 생성하는 반응식을 쓰시오.

정답　1) 300kg
　　　2) $CaC_2 + 2H_2O \rightarrow Ca(OH)_2 + C_2H_2$
　　　3) $CaC_2 + N_2 \rightarrow CaCN_2 + C$

15 과망간산칼륨에 대한 다음의 물음에 답하시오.

1) 분해반응식을 쓰시오.
2) 1몰 분해 시 발생하는 산소의 질량(g)을 구하시오.

정답　1) $2KMnO_4 \rightarrow K_2MnO_4 + MnO_2 + O_2$
　　　2) 16g

해설　2) 과망간산칼륨 1몰 분해 시 산소 0.5몰이 발생한다.

$$\text{산소 } 0.5\text{mol} = 0.5\text{mol} \times \frac{(16 \times 2)\,\text{g}}{1\,\text{mol}} = 16\text{g}$$

16 다음 할론 소화약제의 화학식을 쓰시오.

1) Halon 1211   2) Halon 1301
3) Halon 2402

정답   1) CF_2ClBr, 2) CF_3Br, 3) $C_2F_4Br_2$

해설   **할론 소화약제의 명명법**
Halon(1)(2)(3)(4)(5)
(1) : "C"의 개수
(2) : "F"의 개수
(3) : "Cl"의 개수
(4) : "Br"의 개수
(5) : "I"의 개수(0일 경우 생략)

17 동식물유류를 다음과 같이 분류할 때의 기준을 쓰시오.

1) 건성유   2) 반건성유
3) 불건성유

정답   1) 요오드값 130 이상
        2) 요오드값 100~130
        3) 요오드값 100 이하

해설   **동식물유류의 구분**

종류	요오드값	불포화도	예시
건성유	130 이상	큼	아마인유, 들기름, 동유(오동유), 정어리유, 해바라기유, 상어유, 대구유 등
반건성유	100~130	보통	참기름, 쌀겨기름, 옥수수기름, 콩기름, 청어유, 면실유, 채종유 등
불건성유	100 이하	작음	팜유, 쇠기름, 돼지기름, 고래기름, 피마자유, 야자유, 올리브유, 땅콩기름(낙화생유) 등

18 적린에 대한 다음의 물음에 답하시오.

1) 연소반응식을 쓰시오.
2) 연소 시 발생하는 기체의 색상을 쓰시오.

정답   1) $4P + 5O_2 \rightarrow 2P_2O_5$
        2) 백색

해설   2) $4P(적린) + 5O_2 \rightarrow 2P_2O_5$(오산화인, 백색)

19 메탄올에 대한 다음의 물음에 답하시오.

> 1) 분자량을 구하시오.
> 2) 증기비중을 구하시오.
>   ① 계산과정
>   ② 증기비중

정답　1) 32

　　　　2) ① 증기비중 $= \dfrac{32}{29} = 1.10$

　　　　　② 1.10

해설　1) 메탄올(CH_3OH)의 분자량 $= 12 + 1 \times 4 + 16 = 32$

20 제4류 위험물 중 알코올류의 정의로 알맞도록 다음 빈칸을 채우시오.

> "알코올류"라 함은 1분자를 구성하는 탄소 원자의 수가 (①)개부터 (②)개까지인 포화1가 알코올(변성알코올을 포함한다)을 말한다. 다만, 다음 각목의 1에 해당하는 것은 제외한다.
> 가. 1분자를 구성하는 탄소원자의 수가 (①)개 내지 (②)개의 포화1가 알코올의 함유량이 (③)중량퍼센트 미만인 수용액
> 나. 가연성 액체량이 (④)중량퍼센트 미만이고 인화점 및 연소점(태그개방식인화점측정기에 의한 연소점을 말한다. 이하 같다)이 에틸알코올 (⑤)중량퍼센트 수용액의 인화점 및 연소점을 초과하는 것

정답　① 1, ② 3, ③ 60, ④ 60, ⑤ 60

2020 2회 기출복원문제

01 옥내저장탱크에 대해 다음의 물음에 답하시오.

> 1) 옥내저장탱크 상호간의 간격은 몇 m 이상인지 쓰시오.
> 2) 옥내저장탱크와 탱크전용실의 벽과의 간격은 몇 m 이상인지 쓰시오.
> 3) 메탄올을 저장하는 옥내저장탱크의 용량은 몇 L 이하인지 쓰시오.

정답 1) 0.5m 이상
2) 0.5m 이상
3) 16,000L 이하

해설 3) • 옥내저장탱크의 용량 기준
  – 지정수량의 40배 이하(동일한 탱크전용실에 옥내저장탱크를 2 이상 설치하는 경우에는 각 탱크의 용량의 합계)
  – 제4석유류 · 동식물유류 외의 제4류 위험물 : 2만L 초과 시 2만L 이하
• 메탄올은 제4류 위험물(알코올류)로 지정수량 40배는 16,000L(400L×40)이고, 이는 2만L 미만이므로 16,000L 이하로 한다.

02 아세트산 2mol을 연소시키면 이산화탄소 몇 mol이 발생하는지 구하시오.

> 1) 계산과정   2) 이산화탄소의 mol수

정답 1) $CH_3COOH + 2O_2 \rightarrow 2CO_2 + 2H_2O$
• 아세트산 1mol을 연소시키면 이산화탄소 2mol이 발생한다.
• 아세트산 2mol을 연소시키면 이산화탄소 4mol이 발생한다.
2) 4mol

03 [보기]에서 설명하는 위험물에 대한 다음의 물음에 답하시오.

┤ 보기 ├
- 제2류 위험물이다.
- 산과 반응하여 수소를 발생한다.
- 은백색의 광택이 나는 경금속이다.
- 원자량이 약 24이다.

1) 명칭을 쓰시오.
2) 염산과의 반응식을 쓰시오.

정답 1) 마그네슘
2) $Mg + 2HCl \rightarrow MgCl_2 + H_2$

04 1kg의 염소산칼륨이 열분해하는 반응에 대한 다음의 물음에 답하시오.

1) 이 반응을 통해 발생하는 산소의 질량(g)을 구하시오.
2) 이 반응을 통해 발생하는 산소의 부피(L)를 구하시오. (단, 표준상태이다.)

정답 1) 391.84g, 2) 274.29L

해설 $2KClO_3 \rightarrow 2KCl + 3O_2$
염소산칼륨 2mol($(39 + 35.5 + 16 \times 3) \times 2 = 245g$)이 열분해하여 산소 3mol[$(16 \times 2) \times 3 = 96g$]을 발생시킨다.
이 관계를 비례식으로 나타내면,
염소산칼륨 : 산소 = 245g : 96g = 1,000g : xg
x(산소의 질량) = 391.84g
산소의 부피 = $391.84g \times \dfrac{1\,mol}{(16 \times 2)\,g} \times \dfrac{22.4\,L}{1\,mol} = 274.29L$

05 칼륨에 대한 다음의 물음에 답하시오.

1) 물과의 반응식을 쓰시오.
2) 물과 반응 시 발생하는 기체의 명칭을 쓰시오.

정답 1) $2K + 2H_2O \rightarrow 2KOH + H_2$
2) 수소

06 다음 위험물의 화학식을 쓰시오.

1) 디에틸에테르
3) 에틸알코올
5) 피리딘

2) 시안화수소
4) 에틸렌글리콜

정답　1) $C_2H_5OC_2H_5$
　　　　2) HCN
　　　　3) C_2H_5OH
　　　　4) $C_2H_4(OH)_2$
　　　　5) C_5H_5N

07 특수인화물의 정의로 알맞도록 다음 빈칸을 채우시오.

"특수인화물"이라 함은 이황화탄소, 디에틸에테르 그 밖에 1기압에서 발화점이 섭씨 (①)도 이하인 것 또는 인화점이 섭씨 영하 (②)도 이하이고 비점이 섭씨 (③)도 이하인 것을 말한다.

정답　① 100, ② 20, ③ 40

08 다음 위험물의 연소반응식을 쓰시오.

1) 메틸에틸케톤
3) 이황화탄소

2) 아세트알데히드

정답　1) $2CH_3COC_2H_5 + 11O_2 \rightarrow 8CO_2 + 8H_2O$
　　　　2) $2CH_3CHO + 5O_2 \rightarrow 4CO_2 + 4H_2O$
　　　　3) $CS_2 + 3O_2 \rightarrow CO_2 + 2SO_2$

09 다음의 빈칸을 모두 채우시오.

물질명	화학식	지정수량
과망간산나트륨	(①)	1,000kg
과염소산나트륨	(②)	(③)
질산칼륨	(④)	(⑤)

정답　① $NaMnO_4$, ② $NaClO_4$, ③ 50kg, ④ KNO_3, ⑤ 300kg

10 다음 위험물에 대한 운반용기 외부에 표시하는 사항을 모두 쓰시오.

1) 과산화수소
2) 과산화벤조일
3) 마그네슘
4) 아세톤
5) 황린

정답　1) 가연물 접촉주의
　　　　2) 화기엄금, 충격주의
　　　　3) 화기주의, 물기엄금
　　　　4) 화기엄금
　　　　5) 화기엄금, 공기접촉엄금

해설　**위험물에 따른 주의사항(운반용기)**

유별		외부 표시 주의사항		
제1류	알칼리금속의 과산화물	• 화기 · 충격주의	• 물기엄금	• 가연물 접촉주의
	그 밖의 것	• 화기 · 충격주의	• 가연물 접촉주의	
제2류	철분 · 금속분 · 마그네슘	• 화기주의	• 물기엄금	
	인화성 고체	• 화기엄금		
	그 밖의 것	• 화기주의		
제3류	자연발화성 물질	• 화기엄금	• 공기접촉엄금	
	금수성 물질	• 물기엄금		
제4류		• 화기엄금		
제5류		• 화기엄금	• 충격주의	
제6류		• 가연물 접촉주의		

1) 과산화수소 : 제6류
2) 과산화벤조일 : 제5류
3) 마그네슘 : 제2류(철분 · 금속분 · 마그네슘)
4) 아세톤 : 제4류
5) 황린 : 제3류(자연발화성 물질)

11 6,000kg의 BrF_5의 소요단위를 구하시오.

1) 계산과정
2) 소요단위

정답　1) 소요단위 = $\dfrac{저장 · 취급수량}{지정수량 × 10}$ = $\dfrac{6,000kg}{300kg × 10}$ = 2단위

　　　　2) 2단위

해설　• BrF_5는 제6류 위험물(할로겐간화합물)로 지정수량이 300kg이다.
　　　　• 위험물의 1소요단위는 지정수량의 10배이다.

12 [보기]에 나타난 위험물을 산의 세기가 작은 것부터 큰 것의 순으로 기호를 사용하여 나열하시오.

┤ 보기 ├─
- A : HClO
- B : $HClO_2$
- C : $HClO_3$
- D : $HClO_4$

───────────────

정답 A, B, C, D

해설 산의 세기는 산소의 함유량이 많을수록 세다.

13 다음 각 위험물에 대해 같이 적재하여 운반 시 혼재 가능한 유별을 모두 쓰시오. (단, 위험물은 지정수량의 10배 이상이다.)

1) 제1류
2) 제2류
3) 제3류

───────────────

정답 1) 제6류
2) 제4류, 제5류
3) 제4류

해설 **위험물 유별 혼재기준(지정수량 1/10 초과 기준)**

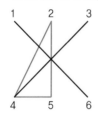

14 [보기]에서 설명하는 위험물에 대한 다음의 물음에 답하시오.

┤ 보기 ├─
- 제3류 위험물이며, 지정수량이 300kg이다.
- 적갈색의 고체이며 비중이 2.5이다.
- 물과 반응하여 인화수소를 발생한다.

1) 명칭을 쓰시오.
2) 물과의 반응식을 쓰시오.

───────────────

정답 1) 인화칼슘
2) $Ca_3P_2 + 6H_2O \rightarrow 3Ca(OH)_2 + 2PH_3$

15 니트로글리세린에 대한 다음의 물음에 답하시오.

> 1) 분해반응식을 쓰시오.
> 2) 1kmol의 니트로글리세린이 분해할 때 발생하는 기체의 총 부피(m^3)를 구하시오. (단, 표준상태이다.)

정답 1) $4C_3H_5(ONO_2)_3 \rightarrow 12CO_2 + 10H_2O + 6N_2 + O_2$
2) $162.4m^3$

해설 2) 4kmol의 니트로글리세린이 분해하여 발생하는 기체는 12kmol의 이산화탄소, 10kmol의 수증기, 6kmol의 질소, 1mol의 산소이다.
4kmol의 니트로글리세린 분해로 발생하는 기체의 총 mol 수는 $12 + 10 + 6 + 1 = 29$kmol이다.
1kmol의 니트로글리세린 분해로 발생하는 기체의 총 mol 수는 $29kmol \times \dfrac{1}{4} = 7.25$kmol이다.
표준상태에서 기체 7.25kmol의 부피는 $7.25kmol \times \dfrac{22.4m^3}{1\,kmol} = 162.4m^3$

---

16 1kg의 탄소를 연소시키기 위해 필요한 산소의 부피(L)를 구하시오. (단, 25℃, 750mmHg이다.)

정답 2,063.57L

해설 $C + O_2 \rightarrow CO_2$

$PV = nRT \rightarrow V = \dfrac{nRT}{P}$ 를 이용하여 산소의 부피를 구한다.

- n(산소의 몰수) 구하기
  1kg의 탄소 $= 1kg \times \dfrac{1,000g}{1\,kg} \times \dfrac{1\,mol}{12g} = 83.3333$mol
  탄소 : 산소 $= 1mol : 1mol = 83.3333mol : n$mol
  n(산소의 몰수) $= 83.3333$mol
- $R = 0.082\dfrac{atm \cdot L}{mol \cdot K}$
- $T = (25 + 273)K = 298K$
- $P = 750mmHg \times \dfrac{1atm}{760mmHg} = 0.9868$atm

$V = \dfrac{nRT}{P} = \dfrac{(83.3333mol)\left(0.082\dfrac{atm \cdot L}{mol \cdot K}\right)(298K)}{0.9868atm} = 2,063.57L$

17 다음 분말소화약제의 화학식을 쓰시오.

1) 제1종 분말소화약제   2) 제2종 분말소화약제
3) 제3종 분말소화약제

정답   1) $NaHCO_3$
           2) $KHCO_3$
           3) $NH_4H_2PO_4$

해설   **분말소화약제의 종류**

종류	주성분	적응화재	착색
제1종 분말	$NaHCO_3$ (탄산수소나트륨)	B · C · K급	백색
제2종 분말	$KHCO_3$ (탄산수소칼륨)	B · C급	담회색
제3종 분말	$NH_4H_2PO_4$ (제1인산암모늄)	A · B · C급	담홍색
제4종 분말	$KHCO_3 + (NH_2)_2CO$ (탄산수소칼륨+요소)	B · C급	회색

18 [보기]에 나타난 위험물 중 위험등급 I 에 해당하는 것을 모두 쓰시오.

┤ 보기 ├
- 디에틸에테르   • 메틸에틸케톤   • 아세트알데히드
- 에틸알코올   • 이황화탄소   • 휘발유

정답   디에틸에테르, 아세트알데히드, 이황화탄소

해설   **제4류 위험물의 지정수량 및 위험등급**

품명		지정수량	위험등급
1. 특수인화물		50L	I
2. 제1석유류	비수용성액체	200L	II
	수용성액체	400L	
3. 알코올류		400L	
4. 제2석유류	비수용성액체	1,000L	III
	수용성액체	2,000L	
5. 제3석유류	비수용성액체	2,000L	
	수용성액체	4,000L	
6. 제4석유류		6,000L	
7. 동식물유류		10,000L	

- 디에틸에테르, 아세트알데히드, 이황화탄소 : 특수인화물
- 메틸에틸케톤, 휘발유 : 제1석유류
- 에틸알코올 : 알코올류

19 [보기]에 나타난 위험물의 지정수량 배수의 총합을 구하시오.

─┤ 보기 ├─
• 디에틸에테르 250L   • 아세톤 1,200L   • 의산메틸 400L

───────────────

정답 9배

해설 • 위험물의 지정수량

물질명	디에틸에테르	아세톤	의산메틸
품명	특수인화물	제1석유류(수)	제1석유류(수)
지정수량	50L	400L	400L

• 지정수량 배수의 합

$$= \frac{A위험물의 저장 \cdot 취급수량}{A위험물의 지정수량} + \frac{B위험물의 저장 \cdot 취급수량}{B위험물의 지정수량} + \frac{C위험물의 저장 \cdot 취급수량}{C위험물의 지정수량} + \cdots$$

$$= \frac{250L}{50L} + \frac{1,200L}{400L} + \frac{400L}{400L} = 9배$$

20 다음 위험물의 연소반응식을 쓰시오.

1) 삼황화린   2) 알루미늄
3) 황

───────────────

정답 1) $P_4S_3 + 8O_2 \rightarrow 2P_2O_5 + 3SO_2$
2) $4Al + 3O_2 \rightarrow 2Al_2O_3$
3) $S + O_2 \rightarrow SO_2$

01 소화난이도등급 I 의 제조소에 대한 기준으로 알맞도록 다음 빈칸을 채우시오.

> 1) 연면적 (   )m² 이상인 것
> 2) 지정수량의 (   )배 이상인 것(고인화점위험물만을 100℃ 미만의 온도에서 취급하는 것 및 화약류의 위험물을 취급하는 것은 제외)
> 3) 지반면으로부터 (   )m 이상의 높이에 위험물 취급설비가 있는 것(고인화점위험물만을 100℃ 미만의 온도에서 취급하는 것은 제외)

정답 1) 1,000, 2) 100, 3) 6

02 제4류 위험물을 취급하는 제조소로서 다음의 시설물까지 확보해야 하는 안전거리 기준을 쓰시오.

> 1) 고압가스시설
> 2) 사용전압 35,000V를 초과하는 특고압가공전선
> 3) 노인복지시설

정답 1) 20m 이상, 2) 5m 이상, 3) 30m 이상

해설 **제조소등의 안전거리**

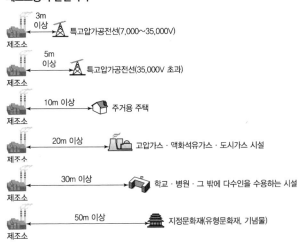

03 다음 위험물의 명칭을 쓰시오.

1) C_6H_5Cl
2) $CH_3COC_2H_5$
3) $CH_3COOC_2H_5$

정답   1) 클로로벤젠, 2) 메틸에틸케톤, 3) 아세트산에틸(초산에틸)

04 디에틸에테르에 대한 다음의 물음에 답하시오.

1) 품명을 쓰시오.
2) 디에틸에테르에 요오드화칼륨 10% 수용액을 첨가하는 이유는 무엇의 생성을 확인하려는 것인지 쓰시오.

정답   1) 특수인화물, 2) 과산화물

05 다음 위험물이 물과 반응하는 반응식을 쓰시오.

1) 과산화나트륨
2) 과산화마그네슘

정답   1) $2Na_2O_2 + 2H_2O \rightarrow 4NaOH + O_2$
2) $2MgO_2 + 2H_2O \rightarrow 2Mg(OH)_2 + O_2$

해설   무기과산화물은 물과 반응하여 산소를 발생시킨다.

06 다음 물음에 해당하는 물질의 기호를 작성하여 답하시오.

기호	A	B	C	D	E
물질명	벤젠	아세톤	아세트산	아세트알데히드	이황화탄소

1) 비수용성 물질을 모두 쓰시오.
2) 비점이 가장 높은 물질을 쓰시오.
3) 인화점이 가장 낮은 물질을 쓰시오.

정답   1) A, E
2) C
3) D

위험물의 특성

기호	A	B	C	D	E
물질명	벤젠	아세톤	아세트산	아세트알데히드	이황화탄소
수용성	비수용성	수용성	수용성	수용성	비수용성
비점	79℃	56℃	118℃	21℃	46℃
인화점	-11℃	-18℃	40	-38℃	-30℃

07 다음 위험물의 지정수량을 쓰시오.

1) 마그네슘
2) 알루미늄분
3) 인화성 고체
4) 철분
5) 황

정답 1) 500kg, 2) 500kg, 3) 1,000kg, 4) 500kg, 5) 100kg

해설 **제2류 위험물**

품명	지정수량	위험등급
1. 황화린	100kg	II
2. 적린		
3. 유황		
4. 철분	500kg	III
5. 금속분		
6. 마그네슘		
7. 그 밖에 행정안전부령으로 정하는 것	100kg, 500kg	II, III
8. 제1호 내지 제7호의 1에 해당하는 어느 하나 이상을 함유한 것		
9. 인화성 고체	1,000kg	III

08 76g의 이황화탄소 연소 시 발생하는 기체의 총 부피(L)를 구하시오. (단, 표준상태이다.)

1) 계산과정
2) 부피

정답 1) $CS_2 + 3O_2 \rightarrow CO_2 + 2SO_2$

1mol(76g)의 이황화탄소 연소 시 발생하는 기체는 1mol의 CO_2와 2mol의 SO_2로, 발생 기체의 총 mol 수는 3mol이다.

표준상태에서 기체의 총 부피는 $3mol \times \dfrac{22.4L}{1mol} = 67.2L$

2) 67.2L

09 판매취급소에 대한 다음의 물음에 답하시오.

> 1) 판매취급소에서 취급하는 위험물의 수량은 지정수량 몇 배 이하인지 쓰시오.
> 2) 위험물 배합실의 바닥면적 기준을 쓰시오.
> 3) 위험물 배합실 출입구의 문턱의 높이 기준을 쓰시오.

정답 1) 40배 이하
      2) 6m² 이상 15m² 이하
      3) 0.1m 이상

10 다음 위험물의 증기비중을 구하시오.

> 1) 글리세린
>   ① 계산과정   ② 증기비중
> 2) 아세트산
>   ① 계산과정   ② 증기비중
> 3) 이황화탄소
>   ① 계산과정   ② 증기비중

정답 1) ① 글리세린[$C_3H_5(OH)_3$]의 분자량 = $12 \times 3 + 1 \times 5 + (16+1) \times 3 = 92$

$$증기비중 = \frac{92}{29} = 3.17$$

    ② 3.17

   2) ① 아세트산(CH_3COOH)의 분자량 = $12 \times 2 + 1 \times 4 + 16 \times 2 = 60$

$$증기비중 = \frac{60}{29} = 2.07$$

    ② 2.07

   3) ① 이황화탄소(CS_2)의 분자량 = $12 + 32 \times 2 = 76$

$$증기비중 = \frac{76}{29} = 2.62$$

    ② 2.62

해설 $$증기비중 = \frac{증기분자량}{공기분자량(29)}$$

11 다음 위험물의 물질명, 화학식, 지정수량이 알맞도록 다음 빈칸을 채우시오.

물질명	화학식	지정수량
(①)	$KMnO_4$	(②)
과염소산암모늄	(③)	(④)
(⑤)	$K_2Cr_2O_7$	(⑥)

정답   ① 과망간산칼륨, ② 1,000kg, ③ NH_4ClO_4, ④ 50kg, ⑤ 중크롬산칼륨, ⑥ 1,000kg

해설   **제1류 위험물**

품명		지정수량
1. 아염소산염류		50kg
2. 염소산염류		
3. 과염소산염류		
4. 무기과산화물		
5. 브롬산염류		300kg
6. 질산염류		
7. 요오드산염류		
8. 과망간산염류		1,000kg
9. 중크롬산염류		
10. 그 밖에 행정안전부령으로 정하는 것	1. 과요오드산염류	50kg, 300kg, 1,000kg
	2. 과요오드산	
	3. 크롬, 납 또는 요오드의 산화물	
	4. 아질산염류	
	5. 차아염소산염류	
	6. 염소화이소시아눌산	
	7. 퍼옥소이황산염류	
	8. 퍼옥소붕산염류	
11. 제1호 내지 제10호의 1에 해당하는 어느 하나 이상을 함유한 것		

12 [보기]의 물질 중 질산에스테르류에 해당되는 것을 모두 쓰시오.

┤ 보기 ├
- 니트로글리세린
- 니트로셀룰로오스
- 질산메틸
- 테트릴
- 트리니트로톨루엔
- 피크린산

정답   니트로글리세린, 니트로셀룰로오스, 질산메틸

해설   **위험물의 품명**

품명	위험물
질산에스테르류	니트로글리세린, 니트로셀룰로오스, 질산메틸
니트로화합물	테트릴, 트리니트로톨루엔, 피크린산

13 다음 위험물에 대한 운반용기 외부에 표시하는 주의사항을 모두 쓰시오.

1) 제5류 위험물　　　　　　　　　　　　2) 제6류 위험물
3) 인화성 고체

정답　1) 화기엄금, 충격주의,　2) 가연물접촉주의,　3) 화기엄금

해설　**위험물에 따른 운반용기 주의사항**

유별		외부 표시 주의사항		
제1류	알칼리금속의 과산화물	• 화기 · 충격주의	• 물기엄금	• 가연물 접촉주의
	그 밖의 것	• 화기 · 충격주의	• 가연물 접촉주의	
제2류	철분 · 금속분 · 마그네슘	• 화기주의	• 물기엄금	
	인화성 고체	• 화기엄금		
	그 밖의 것	• 화기주의		
제3류	자연발화성 물질	• 화기엄금	• 공기접촉엄금	
	금수성 물질	• 물기엄금		
제4류		• 화기엄금		
제5류		• 화기엄금	• 충격주의	
제6류		• 가연물 접촉주의		

14 옥외저장탱크에 대한 다음의 물음에 답하시오.

1) 특정 · 준특정옥외저장탱크 외의 옥외저장탱크의 강철판 두께 기준을 쓰시오.
2) 제4류 위험물을 저장하는 옥외저장탱크에 설치하는 밸브 없는 통기관의 지름 기준을 쓰시오.

정답　1) 3.2mm 이상,　2) 30mm 이상

15 니트로글리세린에 대한 다음의 물음에 답하시오.

1) 상온에서의 상태(고체, 액체, 기체)를 쓰시오.
2) 규조토에 흡수시켰을 때 발생하는 폭발물의 명칭을 쓰시오.
3) 제조하기 위해 글리세린에 혼합하는 산 두 가지를 쓰시오.

정답　1) 액체,　2) 다이너마이트,　3) 질산, 황산

해설　3) 글리세린의 제조 반응식

$$C_3H_5(OH)_3 + 3HNO_3 \xrightarrow{} C_3H_5(ONO_2)_3 + 3H_2O$$

16 200mL의 에틸알코올과 150mL의 물을 혼합한 용액에 대하여 다음의 물음에 답하시오. (단, 에틸알코올의 비중은 0.79이다.)

1) 혼합용액의 에틸알코올 함유량(중량%)을 구하시오.
   ① 계산과정   ② 함유량(중량%)
2) 혼합용액은 제4류 위험물 중 알코올류에 속하는지 판단하고, 판단근거를 쓰시오.
   ① 판단결과   ② 판단근거

정답   1) ① 에틸알코올의 중량 $= 200\text{mL} \times \dfrac{0.79\text{g}}{1\text{mL}} = 158\text{g}$

물의 중량 $= 150\text{mL} \times \dfrac{1\text{g}}{1\text{mL}} = 150\text{g}$

중량% $= \dfrac{\text{에틸알코올의 중량}}{\text{에틸알코올의 중량} + \text{물의 중량}} \times 100\% = \dfrac{158\text{g}}{158\text{g} + 150\text{g}} \times 100\% = 51.30$중량%

② 51.30중량%
2) ① 알코올류에 속하지 않는다.
   ② 알코올 함유량이 60중량% 미만이기 때문이다.

17 히드록실아민등의 제조소 특례기준으로 알맞도록 다음 빈칸을 채우시오.

1) 히드록실아민등을 취급하는 설비에는 히드록실아민등의 (   ) 및 (   )의 상승에 의한 위험한 반응을 방지하기 위한 조치를 강구할 것
2) 히드록실아민등을 취급하는 설비에는 (   ) 등의 혼입에 의한 위험한 반응을 방지하기 위한 조치를 강구할 것

정답   1) 온도, 농도
         2) 철이온

18 다음의 혼합기체의 폭발범위를 구하시오.

기체물질	A	B	C
농도 비율	50%	30%	20%
폭발범위	5~15%	3~12%	2~10%

1) 계산과정   2) 폭발범위

정답   1) • 혼합기체의 폭발하한(L)

$$\frac{100}{L} = \frac{50}{5} + \frac{30}{3} + \frac{20}{2}$$

∴ L = 3.33

• 혼합기체의 폭발상한(U)

$$\frac{100}{U} = \frac{50}{15} + \frac{30}{12} + \frac{20}{10}$$

∴ U = 12.77

2) 3.33~12.77%

해설   **혼합기체의 폭발범위**

폭발하한계(L)	$\frac{100}{L} = \frac{A의\ 농도(\%)}{A의\ 폭발하한} + \frac{B의\ 농도(\%)}{B의\ 폭발하한} + \frac{C의\ 농도(\%)}{C의\ 폭발하한}$
폭발상한계(U)	$\frac{100}{U} = \frac{A의\ 농도(\%)}{A의\ 폭발상한} + \frac{B의\ 농도(\%)}{B의\ 폭발상한} + \frac{C의\ 농도(\%)}{C의\ 폭발상한}$

19 다음 위험물의 화학식과 분자량을 각각 쓰시오.

1) 과염소산   2) 질산

정답   1) $HClO_4$, 100.5
        2) HNO_3, 63

해설   **위험물의 분자량**
        1) $1 + 35.5 + 16 \times 4 = 100.5$
        2) $1 + 14 + 16 \times 3 = 63$

20 다음 위험물이 물과 반응하여 발생하는 물질을 모두 쓰시오.

1) 탄화알루미늄   2) 탄화칼슘

정답   1) 수산화알루미늄, 메탄(메테인)
        2) 수산화칼슘, 아세틸렌

해설   1) $Al_4C_3 + 12H_2O \rightarrow 4Al(OH)_3 + 3CH_4$
        2) $CaC_2 + 2H_2O \rightarrow Ca(OH)_2 + C_2H_2$

01 이산화탄소소화기의 대표적인 소화작용 2가지를 쓰시오.

정답 질식소화, 냉각소화

02 다음 위험물이 물과 반응하여 발생하는 기체의 명칭을 쓰시오. (단, 발생하는 기체가 없으면 "없음"이라고 쓰시오.)

1) 과산화마그네슘
3) 수소화칼슘
5) 칼슘

2) 과염소산나트륨
4) 질산나트륨

정답 1) 산소, 2) 없음, 3) 수소, 4) 없음, 5) 수소

해설 1) $2MgO_2 + 2H_2O \rightarrow 2Mg(OH)_2 + O_2$
2) 물과 반응하지 않는다.
3) $CaH_2 + 2H_2O \rightarrow Ca(OH)_2 + 2H_2$
4) 물과 반응하지 않는다.
5) $Ca + 2H_2O \rightarrow Ca(OH)_2 + H_2$

03 트리니트로톨루엔의 제조방법을 쓰시오.

정답 톨루엔에 진한질산과 진한황산을 반응시켜(니트로화하여) 제조한다.

해설 **트리니트로톨루엔의 제조 반응식**

- 제조 : [벤젠고리, CH_3] $+ 3HNO_3 \xrightarrow{H_2SO_4}$ [벤젠고리, CH_3, O_2N, NO_2, NO_2]

04 다음 위험물의 연소반응식을 쓰시오.

1) 벤젠
2) 이황화탄소
3) 톨루엔

정답
1) $2C_6H_6 + 15O_2 \rightarrow 12CO_2 + 6H_2O$
2) $CS_2 + 3O_2 \rightarrow CO_2 + 2SO_2$
3) $C_6H_5CH_3 + 9O_2 \rightarrow 7CO_2 + 4H_2O$

PART 01 | PART 02 | PART 03 | PART 04 | PART 05

05 [보기]에서 설명하는 위험물에 대한 다음의 물음에 답하시오.

| 보기 |
- 제4류 위험물이다.
- 요오드포름반응을 한다.
- 분자량이 58, 비중이 0.79, 비점이 56℃이다.

1) 명칭을 쓰시오.
2) 시성식을 쓰시오.
3) 위험등급을 쓰시오.

정답
1) 아세톤
2) CH_3COCH_3
3) 위험등급 Ⅱ

해설 3) 아세톤은 제4류 위험물, 제1석유류로 위험등급은 Ⅱ이다.
- 제4류 위험물의 위험등급

위험등급	품명
Ⅰ	특수인화물
Ⅱ	제1석유류, 알코올류
Ⅲ	제2~4석유류, 동식물유류

06 위험물안전관리법령상의 정의로 알맞도록 빈칸을 채우시오.

1) 위험물이란 (　　　) 또는 (　　　)을 가지는 것으로서 대통령령이 정하는 물품을 말한다.
2) (　　　)이라 함은 위험물의 종류별로 위험성을 고려하여 대통령령이 정하는 수량으로서 제조소등의 설치허가 등에 있어서 최저의 기준이 되는 수량을 말한다.

정답
1) 인화성, 발화성
2) 지정수량

07 과산화수소와 히드라진의 반응식을 쓰시오.

정답 $2H_2O_2 + N_2H_4 \rightarrow N_2 + 4H_2O$

08 1mol의 과산화칼륨이 충분한 양의 이산화탄소와 반응하여 발생하는 산소의 부피(L)를 구하시오. (단, 표준상태이다.)

1) 계산과정	2) 부피

정답 1) $2K_2O_2 + 2CO_2 \rightarrow 2K_2CO_3 + O_2$
표준상태에서 2mol의 K_2O_2가 반응하여 O_2 1mol(22.4L)을 발생한다.
이 관계를 비례식으로 나타내면,
$K_2O_2 : O_2 = 2mol : 22.4L = 1mol : x$L
x(산소의 부피) = 11.2L
2) 11.2L

09 지하저장탱크의 기준으로 알맞도록 다음 빈칸을 채우시오.

압력탱크 외의 탱크에 있어서는 (①)kPa의 압력으로, 압력탱크에 있어서는 최대상용압력의 (②)배의 압력으로 각각 (③)분간 수압시험을 실시하여 새거나 변형되지 아니하여야 한다. 이 경우 수압시험은 소방청장이 정하여 고시하는 (④)과 (⑤)을 동시에 실시하는 방법으로 대신할 수 있다.

정답 ① 70, ② 1.5, ③ 10, ④ 기밀시험, ⑤ 비파괴시험

10 디에틸에테르 37g을 밀폐용기 안에서 모두 기화시켰을 때 이 용기의 내부압력(atm)을 구하시오. (단, 용기의 온도와 부피는 100℃, 2L이다.)

1) 계산과정	2) 내부압력(atm)

정답 1) $PV = nRT \rightarrow P = \dfrac{nRT}{V}$ 를 이용하여 압력을 구한다.

- $n = 37g \times \dfrac{1\,mol}{74g} = 0.5\,mol$

- $R = 0.082\dfrac{atm \cdot L}{mol \cdot K}$

- $T = (100 + 273)K = 373K$

- $V = 2L$

$$P = \frac{nRT}{V} = \frac{(0.5\,mol)\left(0.082\dfrac{atm \cdot L}{mol \cdot K}\right)(373K)}{2L} = 7.65\,atm$$

2) 7.65atm

해설 디에틸에테르($C_2H_5OC_2H_5$)의 분자량 = $12 \times 4 + 1 \times 10 + 16 = 74g/mol$

11 [보기]의 물질 중 1기압에서 인화점이 21℃ 이상 70℃ 미만의 범위에 속하며 수용성인 것을 모두 쓰시오.

┤ 보기 ├
- 글리세린
- 니트로벤젠
- 아세트산
- 테레핀유
- 포름산

정답 아세트산, 포름산

해설 1기압에서 인화점이 21℃ 이상 70℃ 미만의 범위에 속하는 품명은 제2석유류이다.
- 인화점 기준 분류(제1~4석유류)

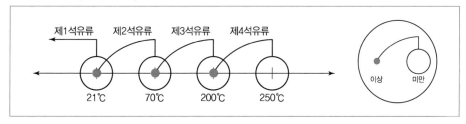

- 위험물의 품명 및 수용성

위험물	글리세린	니트로벤젠	아세트산	테레핀유	포름산
품명	제3석유류	제3석유류	제2석유류	제2석유류	제2석유류
수용성	수용성	비수용성	수용성	비수용성	수용성

12 트리에틸알루미늄과 물이 반응하여 발생하는 기체에 대한 다음의 물음에 답하시오.

1) 발생하는 기체의 명칭을 쓰시오.
2) 발생하는 기체의 연소반응식을 쓰시오.

정답　1) 에테인(에탄)
　　　2) $2C_2H_6 + 7O_2 \rightarrow 4CO_2 + 6H_2O$

해설　트리에틸알루미늄과 물이 반응하여 발생하는 기체는 에테인(에탄)이다.
　　　$(C_2H_5)_3Al + 3H_2O \rightarrow Al(OH)_3 + 3C_2H_6$

13 다음 위험물 품명에 해당하는 지정수량을 쓰시오.

1) 무기과산화물　　　　　　　　　2) 염소산염류
3) 요오드산염류　　　　　　　　　4) 중크롬산염류
5) 질산염류

정답　1) 50kg,　2) 50kg,　3) 300kg,　4) 1,000kg,　5) 300kg

해설　**제1류 위험물**

품명		지정수량
1. 아염소산염류		50kg
2. 염소산염류		
3. 과염소산염류		
4. 무기과산화물		
5. 브롬산류		300kg
6. 질산염류		
7. 요오드산염류		
8. 과망간산염류		1,000kg
9. 중크롬산염류		
10. 그 밖에 행정안전부령으로 정하는 것	1. 과요오드산염류	50kg, 300kg, 1,000kg
	2. 과요오드산	
	3. 크롬, 납 또는 요오드의 산화물	
	4. 아질산염류	
	5. 차아염소산염류	
	6. 염소화이소시아눌산	
	7. 퍼옥소이황산염류	
	8. 퍼옥소붕산염류	
11. 제1호 내지 제10호의 1에 해당하는 어느 하나 이상을 함유한 것		

14 다음의 분말소화약제의 1차 분해반응식을 쓰시오.

1) 탄산수소칼륨 2) 인산암모늄

정답 1) $2KHCO_3 \rightarrow K_2CO_3 + CO_2 + H_2O$
      2) $NH_4H_2PO_4 \rightarrow H_3PO_4 + NH_3$

해설 2) 제3종 분말소화약제(인산암모늄)의 분해반응식
      • 1차 분해반응식 : $NH_4H_2PO_4 \rightarrow H_3PO_4 + NH_3$
      • 완전 분해반응식 : $NH_4H_2PO_4 \rightarrow HPO_3 + NH_3 + H_2O$

15 알루미늄분에 대한 다음의 물음에 답하시오.

1) 품명을 쓰시오.
2) 연소반응식을 쓰시오.
3) 염산과의 반응식을 쓰시오.

정답 1) 금속분
      2) $4Al + 3O_2 \rightarrow 2Al_2O_3$
      3) $2Al + 6HCl \rightarrow 2AlCl_3 + 3H_2$

16 다음 탱크의 내용적(m^3)을 구하시오. (단, $r = 1m$, $\ell = 4m$, $\ell_1 = 1.5m$, $\ell_2 = 1.5m$이다.)

 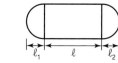

정답 $15.71m^3$

해설 내용적 $= \pi r^2 \left(\ell + \dfrac{\ell_1 + \ell_2}{3} \right) = \pi(1m)^2 \left(4m + \dfrac{1.5m + 1.5m}{3} \right) = 15.71m^3$

17 제2류 위험물에 대해 같이 적재하여 운반 시 혼재 불가능한 유별을 모두 쓰시오. (단, 위험물은 지정수량의 10배 이상이다.)

> **정답** 제1류, 제3류, 제6류

> **해설** **위험물 유별 혼재기준(지정수량 1/10 초과 기준)**
>
>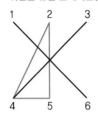

18 연소형태에 대한 다음의 물음에 답하시오.

> 1) 고체의 연소형태 4가지를 쓰시오.
> 2) 황의 연소형태를 쓰시오.

> **정답** 1) 증발연소, 분해연소, 표면연소, 자기연소
> 2) 증발연소

19 다음 중 위험물과 지정수량의 연결이 옳은 것의 기호를 모두 쓰시오.

기호	위험물	지정수량
A	산화프로필렌	200L
B	실린더유	6,000L
C	아닐린	2,000L
D	아마인유	6,000L
E	피리딘	400L

> **정답** B, C, E

제4류 위험물

품명		지정수량	위험등급
1. 특수인화물		50L	I
2. 제1석유류	비수용성액체	200L	II
	수용성액체	400L	
3. 알코올류		400L	
4. 제2석유류	비수용성액체	1,000L	III
	수용성액체	2,000L	
5. 제3석유류	비수용성액체	2,000L	
	수용성액체	4,000L	
6. 제4석유류		6,000L	
7. 동식물유류		10,000L	

- 특수인화물 : 산화프로필렌
- 제1석유류(수용성) : 피리딘
- 제3석유류(비수용성) : 아닐린
- 제4석유류 : 실린더유
- 동식물유류 : 아마인유

20 과산화벤조일에 대한 다음의 물음에 답하시오.

> 1) 구조식을 쓰시오.
> 2) 분자량을 구하시오.
>   ① 계산과정
>   ② 분자량

정답

1)

2) ① 과산화벤조일[$(C_6H_5CO)_2O_2$]의 분자량 = $(12 \times 7 + 1 \times 5 + 16) \times 2 + 16 \times 2 = 242$
    ② 242

01 염소산칼륨에 대한 다음의 물음에 답하시오.

> 1) 550℃ 이상의 고온에서 완전히 열분해할 때의 반응식을 쓰시오.
> 2) 염소산칼륨 1kg이 열분해할 때 발생하는 산소의 질량(g)을 구하시오.

정답   1) $2KClO_3 \rightarrow 2KCl + 3O_2$
　　　2) 391.84g

해설   2) 염소산칼륨 2mol($2 \times 122.5g$)이 열분해할 때 발생하는 산소는 3mol($3 \times 32g$)이다.
　　　　이 관계를 비례식으로 나타내면,
　　　　염소산칼륨 : 산소 = $2 \times 122.5g$: $3 \times 32g$ = 1,000g : xg
　　　　x(산소의 질량) = 391.84g

02 다음의 소화방법은 연소의 3요소 중에서 어떠한 것을 제거한 것인지 쓰시오.

> 1) 질식소화　　　　　　　　　　　　　　2) 제거소화

정답   1) 산소공급원, 2) 가연물

해설   **연소의 3요소**
　　　　가연물, 산소공급원, 점화원

03 주유취급소 주의 벽에 유리를 부착하는 경우에 대한 다음의 물음에 답하시오.

> 1) 유리 부착 위치는 고정주유설비로부터 몇 m 이상 거리를 두어야 하는지 쓰시오.
> 2) 유리 부착 위치는 지반면으로부터 몇 cm를 초과해야 하는지 쓰시오.

정답   1) 4m
　　　2) 70cm

해설 **주유취급소 주위의 담·벽 일부분에 방화상 유효한 유리를 부착할 수 있는 경우**
- 유리 부착 위치는 주입구·고정주유설비·고정급유설비로부터 4m 이상 거리를 둘 것
- 주유취급소 내의 지반면으로부터 70cm를 초과하는 부분에 한하여 유리 부착
- 하나의 유리판의 가로 길이는 2m 이내
- 유리판의 테두리를 금속제의 구조물에 견고하게 고정하고, 담·벽에 견고하게 부착
- 유리의 구조는 방화성능이 인정된 접합유리
- 유리를 부착하는 범위는 전체의 담 또는 벽의 길이의 2/10를 초과하지 아니할 것

04 제2류 위험물과 제5류 위험물과도 혼재가 가능한 위험물은 몇 류 위험물인지 쓰시오. (단, 위험물은 지정수량의 10배 이상이다.)

정답 제4류 위험물

해설 **위험물 유별 혼재기준(지정수량 1/10 초과 기준)**

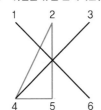

05 [보기]에서 불건성유에 해당하는 물질을 모두 쓰시오. (단, 해당하는 물질이 없을 경우 "해당 없음"이라고 쓰시오.)

┤ 보기 ├
- 아마인유
- 올리브유
- 야자유
- 피마자유
- 해바라기유

정답 올리브유, 야자유, 피마자유

해설 **동식물유류의 구분**

종류	요오드값	불포화도	예시
건성유	130 이상	큼	아마인유, 들기름, 동유(오동유), 정어리유, 해바라기유, 상어유, 대구유 등
반건성유	100~130	보통	참기름, 쌀겨기름, 옥수수기름, 콩기름, 청어유, 면실유, 채종유 등
불건성유	100 이하	작음	팜유, 쇠기름, 돼지기름, 고래기름, 피마자유, 야자유, 올리브유, 땅콩기름(낙화생유) 등

06 이황화탄소에 대한 다음의 물음에 답하시오.

> 1) 연소반응식을 쓰시오.
> 2) 증기 발생을 억제하기 위한 보관방법을 쓰시오.

정답 1) $CS_2 + 3O_2 \rightarrow CO_2 + 2SO_2$
2) 물속에 넣어 보관한다.

07 정전기를 유효하게 제거할 수 있는 방법 3가지를 쓰시오.

정답 • 접지에 의한 방법
• 공기 중의 상대습도를 70% 이상으로 하는 방법
• 공기를 이온화하는 방법

08 과산화나트륨에 대한 다음의 물음에 답하시오.

> 1) 지정수량을 쓰시오.　　　　　　　　　　2) 물과의 반응식을 쓰시오.

정답 1) 50kg,　2) $2Na_2O_2 + 2H_2O \rightarrow 4NaOH + O_2$

해설 **제1류 위험물**

품명		지정수량
1. 아염소산염류		
2. 염소산염류		50kg
3. 과염소산염류		
4. 무기과산화물		
5. 브롬산염류		
6. 질산염류		300kg
7. 요오드산염류		
8. 과망간산염류		1,000kg
9. 중크롬산염류		
10. 그 밖에 행정안전부령으로 정하는 것	1. 과요오드산염류	50kg, 300kg, 1,000kg
	2. 과요오드산	
	3. 크롬, 납 또는 요오드의 산화물	
	4. 아질산염류	
	5. 차아염소산염류	
	6. 염소화이소시아눌산	
	7. 퍼옥소이황산염류	
	8. 퍼옥소붕산염류	
11. 제1호 내지 제10호의 1에 해당하는 어느 하나 이상을 함유한 것		

• 과산화나트륨은 무기과산화물이다.

09 주유취급소에서 주유 시 자동차 등의 원동기를 정지시켜야 하는 위험물의 기준을 쓰시오.

> **정답** 인화점 40℃ 미만의 위험물

10 위험물제조소에서 3,000kg의 과염소산을 취급할 때 확보해야 하는 보유공지(m)를 구하시오.

> **정답** 3m 이상

> **해설** • 과염소산의 지정수량 배수 = $\dfrac{3,000kg(취급량)}{300kg(지정수량)}$ = 10배
> • 제조소의 보유공지

취급 위험물의 최대수량	공지 너비
지정수량의 10배 이하	3m 이상
지정수량의 10배 초과	5m 이상

11 이동저장탱크에 대한 다음의 물음에 답하시오.

> 1) 이동저장탱크가 넘어졌을 시 탱크를 보호할 수 있는 설비의 명칭을 쓰시오.
> 2) 1)의 최외측과 탱크 중량 중심점을 연결하는 직선과 그 중심점을 지나는 직선 중 최외측선(탱크 최외측과 1)의 최외측을 연결한 선)과 직각을 이루는 직선과의 내각은 몇 도 이상이 되어야 하는지 쓰시오.

> **정답** 1) 측면틀
> 2) 35°

> **해설** **탱크의 측면틀**

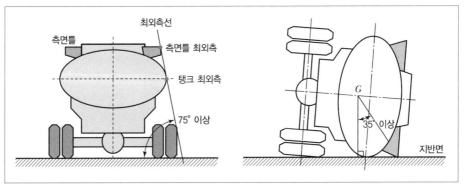

12 벤젠의 수소 1개가 아민기 1개로 치환된 것의 명칭을 쓰시오.

정답 아닐린

해설 **아닐린의 구조식**

13 위험물안전관리법령상 인화성 고체의 정의를 쓰시오.

정답 고형알코올 그 밖에 1기압에서 인화점이 40℃ 미만인 고체이다.

해설 인화성 고체는 제2류 위험물(가연성 고체)의 품명 중 하나이다.

14 니트로글리세린의 화학식을 쓰시오.

정답 $C_3H_5(ONO_2)_3$

해설 **니트로글리세린의 구조식**

$$CH_2 - O - NO_2$$
$$CH - O - NO_2$$
$$CH_2 - O - NO_2$$

15 2층으로 되어 있는 옥내저장소에 대한 물음에 답하시오.

1) 1층 바닥으로부터 2층 바닥까지의 높이 기준을 쓰시오.
2) 2층 바닥으로부터 옥상 바닥까지의 높이 기준을 쓰시오.

정답 1) 6m 미만
2) 6m 미만

해설 다층건물의 옥내저장소의 층고(바닥으로부터 그 상층 바닥까지의 높이)는 6m 미만이어야 한다.

16 셀프용 고정주유설비에 대한 물음에 답하시오.

> 1) 휘발유의 1회 연속 주유량 기준을 쓰시오.
> 2) 경유의 1회 연속 주유량 기준을 쓰시오.
> 3) 1회의 주유시간 기준을 쓰시오.

정답   1) 100L 이하
               2) 200L 이하
               3) 4분 이하

17 소화기에 대한 다음의 물음에 답하시오.

> 1) 한랭지에서도 사용할 수 있는 소화기의 명칭을 쓰시오.
> 2) 1)의 소화기에 첨가하는 금속염류의 명칭을 쓰시오.

정답   1) 강화액소화기
               2) 탄산칼륨

18 과산화수소가 분해되어 산소를 발생하는 화학식을 쓰시오.

정답 $2H_2O_2 \rightarrow 2H_2O + O_2$

19 다음은 옥내저장소의 게시판에 들어갈 항목이다. 누락된 항목을 쓰시오. (단, 누락된 항목이 없으면 "없음"이라고 쓰시오.)

위험물 옥내저장소	
화기엄금	
유별	○ ○ ○
품명	○ ○ ○
저장최대수량	○ ○ ○
위험물안전관리자	○ ○ ○

정답   지정수량의 배수

20 판매취급소의 위험물 배합실에 대한 기준에 알맞도록 다음 빈칸을 채우시오.

1) 배합실의 바닥면적은 (   )m² 이상 (   )m² 이하로 한다.
2) (   ) 또는 (   )로 된 벽으로 구획한다.
3) 바닥은 위험물이 침투하지 아니하는 구조로 하여 적당한 경사를 두고 (   )을/를 설치한다.
4) 출입구에는 수시로 열 수 있는 (   )을/를 설치한다.
5) 출입구 문턱의 높이는 (   )m 이상으로 한다.

정답   1) 6, 15
2) 내화구조, 불연재료
3) 집유설비
4) 자동폐쇄식의 갑종방화문
5) 0.1

01 황린에 대한 다음의 물음에 답하시오.

> 1) 지정수량을 쓰시오.
> 2) 보호액을 쓰시오.
> 3) 수산화칼륨 수용액과 반응하여 발생하는 맹독성 가스의 명칭을 쓰시오.

정답 1) 20kg
2) pH 9의 약알칼리성 물
3) 포스핀

해설 1) 제3류 위험물의 지정수량

품명		지정수량	위험등급
1. 칼륨		10kg	I
2. 나트륨			
3. 알킬알루미늄			
4. 알킬리튬			
5. 황린		20kg	
6. 알칼리금속 및 알칼리토금속(칼륨 및 나트륨 제외)		50kg	II
7. 유기금속화합물(알킬알루미늄 및 알킬리튬 제외)			
8. 금속의 수소화물		300kg	III
9. 금속의 인화물			
10. 칼슘 또는 알루미늄의 탄화물			
11. 그 밖의 행정안전부령으로 정하는 것	염소화규소화합물	10kg, 20kg, 50kg 또는 300kg	I, II, III
12. 제1호 내지 제11호의 1에 해당하는 어느 하나 이상을 함유한 것			

3) $P_4 + 3KOH + 3H_2O \rightarrow 3KH_2PO_2 + PH_3$

02 다음 위험물의 연소반응식을 쓰시오.

1) 적린	2) 황

정답 1) $4P + 5O_2 \rightarrow 2P_2O_5$
2) $S + O_2 \rightarrow SO_2$

03 다음 위험물의 구조식을 쓰시오.

| 1) TNT | 2) 피크린산 |

정답

1)
CH_3
O_2N ⟶ NO_2
NO_2

2)
OH
O_2N ⟶ NO_2
NO_2

해설 1) TNT : 트리니트로톨루엔
2) 피크린산 : 트리니트로페놀

04 위험물안전관리법령상 위험물 취급소의 종류 4가지를 쓰시오.

정답 주유취급소, 판매취급소, 이송취급소, 일반취급소

해설 **제조소등의 구분**

```
                                   ┌─ 제조소
                                   │
                                   │         ┌─ 옥내저장소
                                   │         ├─ 옥외탱크저장소
                                   │         ├─ 옥내탱크저장소
                                   │         ├─ 지하탱크저장소
제조소등 ──┼─ 저장소 ─┼─ 간이탱크저장소
                                   │         ├─ 이동탱크저장소
                                   │         ├─ 옥외저장소
                                   │         └─ 암반탱크저장소
                                   │
                                   │         ┌─ 주유취급소
                                   └─ 취급소 ─┼─ 판매취급소
                                             ├─ 이송취급소
                                             └─ 일반취급소
```

05 특정 · 준특정옥외저장탱크 외의 옥외저장탱크의 강철판 두께 기준을 쓰시오.

정답 3.2mm 이상

06 니트로글리세린의 제조방법을 쓰시오.

정답 글리세린에 진한질산과 진한황산을 반응시켜(니트로화하여) 제조한다.

해설 **니트로글리세린의 제조 반응식**

$$CH_2 - OH \atop CH - OH \atop CH_2 - OH \quad + 3HNO_3 \xrightarrow{H_2SO_4} \quad CH_2 - O - NO_2 \atop CH - O - NO_2 \atop CH_2 - O - NO_2 \quad + 3H_2O$$

07 제조소의 바닥면적이 $100m^2$인 경우 급기구의 면적을 쓰시오.

정답 $450cm^2$ 이상

해설 **급기구 설치기준**
- 급기구가 설치된 실의 바닥면적 $150m^2$마다 1개 이상 설치한다.
- 급기구의 크기는 $800cm^2$ 이상으로 한다.
- 바닥면적이 $150m^2$ 미만인 경우의 급기구 크기

바닥면적	급기구의 면적
$60m^2$ 미만	$150cm^2$ 이상
$60m^2$ 이상 $90m^2$ 미만	$300cm^2$ 이상
$90m^2$ 이상 $120m^2$ 미만	$450cm^2$ 이상
$120m^2$ 이상 $150m^2$ 미만	$600cm^2$ 이상

- 급기구는 낮은 곳에 설치하고, 가는 눈의 구리망 등으로 인화방지망을 설치한다.

08 과산화수소의 분해방지안정제로 넣는 물질 2가지의 명칭을 쓰시오.

정답 인산, 요산

09 칼슘과 물의 반응식을 쓰시오.

___

정답 $Ca + 2H_2O \rightarrow Ca(OH)_2 + H_2$

10 벤젠의 증기비중을 구하시오.

1) 계산과정	2) 증기비중

___

정답   1) 증기비중 $= \dfrac{12 \times 6 + 1 \times 6}{29} = 2.69$

2) 2.69

11 리튬과 물의 반응에 대한 다음의 물음에 답하시오.

1) 발생하는 가스의 명칭을 쓰시오.
2) 반응상태를 쓰시오. ("발열반응" 또는 "흡열반응"으로 쓰시오.)

___

정답   1) 수소
2) 발열반응

해설 $2Li + 2H_2O \rightarrow 2LiOH + H_2 + 열$

12 위험물 운반용기 외부에 표시해야 하는 사항을 모두 쓰시오.

___

정답   • 위험물의 품명 · 위험등급 · 화학명 및 수용성("수용성" 표시는 제4류 위험물로서 수용성만)
• 위험물의 수량
• 위험물에 따른 주의사항

13 이동탱크저장소의 상치장소가 옥외일 때 다음의 물음에 답하시오.

> 1) 인근의 건축물이 1층인 경우 몇 m 이상의 거리를 확보해야 하는지 쓰시오.
> 2) 화기를 취급하는 장소와 몇 m 이상의 거리를 확보해야 하는지 쓰시오.

정답 1) 3m, 2) 5m

해설 **이동탱크저장소의 상치장소**
- 옥외 : 화기를 취급하는 장소 또는 인근의 건축물로부터 5m 이상 거리 확보(인근의 건축물이 1층인 경우에는 3m 이상 거리 확보)
- 옥내 : 벽·바닥·보·서까래·지붕이 내화구조 또는 불연재료로 된 건축물의 1층

14 요오드값의 정의를 쓰시오.

정답 유지 100g에 흡수되는 요오드 g수이다.

해설 요오드값은 불포화도와 이중결합 수에 비례한다.

15 다음 할론 소화약제의 Halon 번호를 쓰시오.

> 1) $C_2F_4Br_2$ 2) CF_3Br
> 3) CF_2ClBr

정답 1) Halon 2402
2) Halon 1301
3) Halon 1211

해설 **할론 소화약제의 명명법**
Halon(1)(2)(3)(4)(5)
(1) : "C"의 개수
(2) : "F"의 개수
(3) : "Cl"의 개수
(4) : "Br"의 개수
(5) : "I"의 개수(0일 경우 생략)

16 옥내저장소에 윤활유 드럼통을 2단으로 적재하고자 할 때 다음의 물음에 답하시오.

> 1) 용기만을 겹쳐쌓는 경우 몇 m를 초과하지 않아야 하는지 쓰시오.
> 2) 함께 저장할 수 있는 위험물의 유별을 쓰시오. (단, 1m 이상의 간격을 둔다.)

정답 1) 4m, 2) 제2류 위험물

해설 • 겹쳐 쌓을 수 있는 기준(초과금지)

구분	높이
기계에 의하여 하역하는 구조로 된 용기만을 겹쳐 쌓는 경우	6m
제4류 위험물 중 제3석유류, 제4석유류 및 동식물유류를 수납하는 용기만을 겹쳐 쌓는 경우	4m
그 밖의 경우	3m

  ※ 윤활유 : 제4류 위험물 중 제4석유류

• 유별이 다른 위험물을 1m 이상 간격을 두고 함께 저장이 가능한 경우

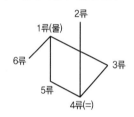

  ① 1류와 함께 저장하는 것은 "물"로 소화가 가능한지로 고려
   예 1류 - 6류
      1류(알칼리금속의 과산화물 제외) - 5류
      1류 - 3류(황린)
  ② 4류와 함께 저장하는 것은 "같은 용어"가 포함되어야 함
   예 4류("인화성" 액체) - 2류("인화성" 고체)
      4류("알킬" 알루미늄, "알킬" 리튬) - 3류("알킬" 알루미늄 등)
      4류("유기과산화물") - 5류("유기과산화물")

17 연면적이 450m²인 옥내저장소의 소요단위를 구하시오. (단, 외벽은 내화구조가 아니다.)

정답 6단위

해설 • 1소요단위의 기준

구분	외벽이 내화구조인 것	외벽이 내화구조가 아닌 것
제조소 · 취급소용 건축물	연면적 100m²	연면적 50m²
저장소용 건축물	연면적 150m²	연면적 75m²
위험물	지정수량의 10배	

  ※ 옥외에 설치된 공작물 : 외벽이 내화구조인 것으로 간주하고 공작물의 최대수평투영면적을 연면적으로 간주하여 소요단위 산정

  • $450\text{m}^2 \times \dfrac{1단위}{75\text{m}^2} = 6단위$

18 질산에 대한 다음의 질문에 답하시오.

> 1) 지정수량을 쓰시오.
> 2) 위험물이 되기 위한 조건을 쓰시오.
> 3) 질산을 지정수량 500배로 저장하고 있는 옥외저장탱크의 보유공지를 쓰시오.

정답 1) 300kg
　　　　2) 비중이 1.49 이상
　　　　3) 1.5m 이상

해설 3) • 옥외저장탱크의 보유공지

저장 또는 취급하는 위험물의 최대수량	공지의 너비
지정수량의 500배 이하	3m 이상
지정수량의 500배 초과 1,000배 이하	5m 이상
지정수량의 1,000배 초과 2,000배 이하	9m 이상
지정수량의 2,000배 초과 3,000배 이하	12m 이상
지정수량의 3,000배 초과 4,000배 이하	15m 이상
지정수량의 4,000배 초과	당해 탱크의 수평단면의 최대지름(가로형인 경우에는 긴 변)과 높이 중 큰 것과 같은 거리 이상. 다만, 30m 초과의 경우에는 30m 이상으로 할 수 있고, 15m 미만의 경우에는 15m 이상으로 한다.

• 보유공지를 단축하는 경우

경우	보유공지
제6류 위험물 외의 위험물 옥외저장탱크(지정수량 4,000배 초과 탱크 제외)를 동일한 방유제안에 2개 이상 인접하여 설치하는 경우	보유공지의 $\frac{1}{3}$ 이상 (최소 3m)
제6류 위험물 옥외저장탱크	보유공지의 $\frac{1}{3}$ 이상 (최소 1.5m)
제6류 위험물 옥외저장탱크를 동일구내에 2개 이상 인접하여 설치하는 경우	보유공지의 $\frac{1}{9}$ 이상 (최소 1.5m)

• 질산은 제6류 위험물이므로 공지단축기준에 해당되어 $3m \times \frac{1}{3} = 1m$이지만, 최소 1.5m 이상 되어야 하므로 1.5m 이상의 공지를 확보해야 한다.

19 제2류 위험물 중 지정수량이 100kg인 위험물의 품명을 3가지 쓰시오.

정답　황화린, 적린, 유황

해설　**제2류 위험물**

품명	지정수량	위험등급
1. 황화린		
2. 적린	100kg	II
3. 유황		
4. 철분		
5. 금속분	500kg	III
6. 마그네슘		
7. 그 밖에 행정안전부령으로 정하는 것	100kg, 500kg	II, III
8. 제1호 내지 제7호의 1에 해당하는 어느 하나 이상을 함유한 것		
9. 인화성 고체	1,000kg	III

20 중크롬산암모늄의 지정수량을 쓰시오.

정답　1,000kg

해설　**제1류 위험물**

품명		지정수량
1. 아염소산염류		
2. 염소산염류		50kg
3. 과염소산염류		
4. 무기과산화물		
5. 브롬산염류		
6. 질산염류		300kg
7. 요오드산염류		
8. 과망간산염류		1,000kg
9. 중크롬산염류		
10. 그 밖에 행정안전부령으로 정하는 것	1. 과요오드산염류	50kg, 300kg, 1,000kg
	2. 과요오드산	
	3. 크롬, 납 또는 요오드의 산화물	
	4. 아질산염류	
	5. 차아염소산염류	
	6. 염소화이소시아눌산	
	7. 퍼옥소이황산염류	
	8. 퍼옥소붕산염류	
11. 제1호 내지 제10호의 1에 해당하는 어느 하나 이상을 함유한 것		

• 중크롬산암모늄은 중크롬산염류에 해당한다.

01 자기반응성물질의 정의로 알맞도록 다음 빈칸을 채우시오.

> 자기반응성물질이라 함은 고체 또는 액체로서 (①)의 위험성 또는 (②)의 격렬함을 판단하기 위하여 고시로 정하는 시험에서 고시로 정하는 성질과 상태를 나타내는 것을 말한다.

정답   ① 폭발, ② 가열분해

02 위험물 판매취급소의 취급기준으로 알맞도록 다음 빈칸을 채우시오.

> 판매취급소에서는 도료류, 제1류 위험물 중 (①) 및 (①)만을 함유한 것, (②) 또는 인화점이 38℃ 이상인 제4류 위험물을 배합실에서 배합하는 경우 외에는 위험물을 배합하거나 옮겨 담는 작업을 하지 아니할 것

정답   ① 염소산염류, ② 유황

03 주유취급소 현수식 고정주유설비의 설치기준으로 알맞도록 다음 빈칸을 채우시오.

> 현수식 고정주유설비는 지면 위 (①)m의 수평면에 수직으로 내려 만나는 점을 중심으로 반경 (②)m 이내로 하고 그 끝부분에는 축적된 정전기를 유효하게 제거할 수 있는 장치를 설치하여야 한다.

정답   ① 0.5, ② 3

해설   **주유관의 길이**

고정주유설비 · 고정급유설비	5m 이내
현수식	지면 위 0.5m의 수평면에 수직으로 내려 만나는 점을 중심으로 반경 3m 이내

04 인화칼슘이 물과 반응하여 생성되는 물질 2가지를 화학식으로 쓰시오.

> **정답** $Ca(OH)_2$, PH_3
>
> **해설** $Ca_3P_2 + 6H_2O \rightarrow 3Ca(OH)_2 + 2PH_3$

05 아세트알데히드의 연소반응식을 쓰시오.

> **정답** $2CH_3CHO + 5O_2 \rightarrow 4CO_2 + 4H_2O$

06 메틸알코올 4,000L를 취급하는 제조소와 고압가스시설과의 안전거리를 쓰시오.

> **정답** 20m 이상
>
> **해설** **제조소등의 안전거리**

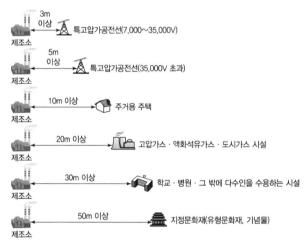

07 옥내저장탱크에 대해 다음의 물음에 답하시오.

> 1) 옥내저장탱크 상호간의 간격은 몇 m 이상인지 쓰시오.
> 2) 옥내저장탱크와 탱크전용실의 벽과의 간격은 몇 m 이상인지 쓰시오.
> 3) 메탄올을 저장하는 옥내저장탱크의 최대용량(L)을 쓰시오.

> **정답** 1) 0.5m 이상, 2) 0.5m 이상, 3) 16,000L

해설 3) • 옥내저장탱크의 용량 기준
- 지정수량의 40배 이하(동일한 탱크전용실에 옥내저장탱크를 2 이상 설치하는 경우에는 각 탱크의 용량의 합계)
- 제4석유류 · 동식물유류 외의 제4류 위험물 : 2만L 초과 시 2만L 이하
• 메탄올은 제4류 위험물(알코올류)로 지정수량 40배는 16,000L(400L×40)이고, 이는 2만L 미만이므로 16,000L 이하로 한다.

---

08 제조소의 바닥면적이 130m²인 경우 급기구의 면적을 쓰시오.

정답 600cm² 이상

해설 **급기구 설치기준**
• 급기구가 설치된 실의 바닥면적 150m²마다 1개 이상 설치한다.
• 급기구의 크기는 800cm² 이상으로 한다.
• 바닥면적이 150m² 미만인 경우의 급기구 크기

바닥면적	급기구의 면적
60m² 미만	150cm² 이상
60m² 이상 90m² 미만	300cm² 이상
90m² 이상 120m² 미만	450cm² 이상
120m² 이상 150m² 미만	600cm² 이상

• 급기구는 낮은 곳에 설치하고, 가는 눈의 구리망 등으로 인화방지망을 설치한다.

---

09 글리세린에 황산과 질산을 반응시켜 얻은 위험물에 대한 다음의 물음에 답하시오.

1) 명칭을 쓰시오.   2) 화학식을 쓰시오.
3) 지정수량을 쓰시오.

정답 1) 니트로글리세린, 2) $C_3H_5(ONO_2)_3$, 3) 10kg

해설 **니트로글리세린의 제조 반응식**

$$\begin{array}{l} CH_2-OH \\ | \\ CH-OH \\ | \\ CH_2-OH \end{array} + 3HNO_3 \xrightarrow{H_2SO_4} \begin{array}{l} CH_2-O-NO_2 \\ | \\ CH-O-NO_2 \\ | \\ CH_2-O-NO_2 \end{array} + 3H_2O$$

---

10 위험물 운송 시 운송책임자의 감독, 지원을 받아야 하는 위험물의 종류 2가지를 쓰시오.

정답 알킬알루미늄, 알킬리튬

11 동식물유류를 다음과 같이 분류할 때의 기준이 되는 요오드값의 범위를 쓰시오.

| 1) 건성유 | 2) 반건성유 | 3) 불건성유 |

정답   1) 130 이상, 2) 100~130, 3) 100 이하

해설   **동식물유류의 구분**

종류	요오드값	불포화도	예시
건성유	130 이상	큼	아마인유, 들기름, 동유(오동유), 정어리유, 해바라기유, 상어유, 대구유 등
반건성유	100~130	보통	참기름, 쌀겨기름, 옥수수기름, 콩기름, 청어유, 면실유, 채종유 등
불건성유	100 이하	작음	팜유, 쇠기름, 돼지기름, 고래기름, 피마자유, 야자유, 올리브유, 땅콩기름 (낙화생유) 등

12 알루미늄의 연소반응식을 쓰시오.

정답 $4Al + 3O_2 \rightarrow 2Al_2O_3$

13 탄산수소칼륨의 1차 열분해반응식을 쓰시오.

정답 $2KHCO_3 \rightarrow K_2CO_3 + CO_2 + H_2O$

해설   **탄산수소칼륨의 열분해반응식**

1차 열분해(190℃)	$2KHCO_3 \rightarrow K_2CO_3 + CO_2 + H_2O$
2차 열분해(890℃)	$2KHCO_3 \rightarrow K_2O + 2CO_2 + H_2O$

14 크실렌의 이성질체 중 m-크실렌의 구조식을 쓰시오.

정답

해설   **크실렌의 이성질체 종류**

[o-크실렌]	[m-크실렌]	[p-크실렌]

15 부틸알코올이 제4류 위험물의 알코올류에 속하는지 여부를 쓰고, 만약 알코올류가 아니라면 올바른 품명을 쓰시오.

정답 부틸알코올은 알코올류에 속하지 않으며, 품명은 제2석유류이다.

해설 "알코올류"라 함은 1분자를 구성하는 탄소원자의 수가 1개부터 3개까지인 포화1가 알코올(변성알코올을 포함한다)을 말한다.

16 셀프용 고정주유설비에 대한 물음에 답하시오.

1) 휘발유의 1회 연속 주유량 기준을 쓰시오.
2) 경유의 1회 연속 주유량 기준을 쓰시오.
3) 1회의 주유시간 기준을 쓰시오.

정답 1) 100L 이하, 2) 200L 이하, 3) 4분 이하

17 이동탱크저장소의 상치장소 기준으로 알맞도록 빈칸을 채우시오.

옥외에 있는 상치장소는 화기를 취급하는 장소 또는 인근의 건축물로부터 (①)m 이상(인근의 건축물이 1층인 경우에는 (②)m 이상의 거리를 확보하여야 한다.)

정답 ① 5, ② 3

해설 **이동탱크저장소의 상치장소**
• 옥외 : 화기를 취급하는 장소 또는 인근의 건축물로부터 5m 이상 거리 확보(인근의 건축물이 1층인 경우에는 3m 이상 거리 확보)
• 옥내 : 벽 · 바닥 · 보 · 서까래 · 지붕이 내화구조 또는 불연재료로 된 건축물의 1층

18 부착성이 좋은 메타인산을 만들어 화재 시 소화능력이 좋은 소화약제의 주성분을 화학식으로 쓰시오.

정답 $NH_4H_2PO_4$

해설 **제3종 소화약제의 열분해 반응식**
$NH_4H_2PO_4 \rightarrow HPO_3(\text{메타인산}) + NH_3 + H_2O$

19 [보기]에 나타난 위험물의 지정수량 배수의 총합을 구하시오.

┤ 보기 ├
- 벤즈알데히드 1,000L
- 산화프로필렌 200L
- 아크릴산 4,000L

정답 7배

해설 • 위험물의 품명 및 지정수량

물질명	벤즈알데히드	산화프로필렌	아크릴산
품명	제2석유류(비수용성)	특수인화물	제2석유류(수용성)
지정수량	1,000L	50L	2,000L

• 지정수량 배수의 합

$$= \frac{\text{A위험물의 저장·취급수량}}{\text{A위험물의 지정수량}} + \frac{\text{B위험물의 저장·취급수량}}{\text{B위험물의 지정수량}} + \frac{\text{C위험물의 저장·취급수량}}{\text{C위험물의 지정수량}} + \cdots$$

$$= \frac{1,000\,L}{1,000\,L} + \frac{200\,L}{50\,L} + \frac{4,000\,L}{2,000\,L} = 7\text{배}$$

20 다음 위험물에 대한 운반용기 외부에 표시하는 사항을 모두 쓰시오.

1) 제1류 위험물 중 알칼리금속의 과산화물
2) 제2류 위험물 중 금속분
3) 제5류 위험물

정답 1) 화기·충격주의, 물기엄금, 가연물 접촉주의
       2) 화기주의, 물기엄금
       3) 화기엄금, 충격주의

해설 **위험물에 따른 주의사항(운반용기)**

유별		외부 표시 주의사항		
제1류	알칼리금속의 과산화물	• 화기·충격주의	• 물기엄금	• 가연물 접촉주의
	그 밖의 것	• 화기·충격주의	• 가연물 접촉주의	
제2류	철분·금속분·마그네슘	• 화기주의	• 물기엄금	
	인화성 고체	• 화기엄금		
	그 밖의 것	• 화기주의		
제3류	자연발화성 물질	• 화기엄금	• 공기접촉엄금	
	금수성 물질	• 물기엄금		
제4류		• 화기엄금		
제5류		• 화기엄금	• 충격주의	
제6류		• 가연물 접촉주의		

2019 **4회** 기출복원문제

01 [보기]에 나타난 위험물을 인화점이 낮은 것부터 높은 순으로 나열하시오.

┤ 보기 ├
- 니트로벤젠
- 아세트알데히드
- 아세트산
- 에틸알코올

정답 아세트알데히드, 에틸알코올, 아세트산, 니트로벤젠

해설 **위험물의 인화점**

위험물	니트로벤젠	아세트산	아세트알데히드	에틸알코올
품명	제3석유류	제2석유류	특수인화물	알코올류
인화점	88℃	40℃	-38℃	13℃

02 1mol의 벤젠을 완전연소시키기 위해 필요한 공기의 몰수를 구하시오. (단, 공기 중 산소의 부피는 21vol% 이다.)

정답 35.71mol

해설 $2C_6H_6 + 15O_2 \rightarrow 12CO_2 + 6H_2O$
벤젠 2mol이 연소하는데 필요한 산소는 15mol이다.
이 관계를 비례식으로 나타내면,
벤젠 : 산소 = 2mol : 15mol = 1mol : $x$mol
x(산소의 몰수) = 7.5mol
기체의 몰수와 기체의 부피는 비례하기 때문에,
공기 몰수(부피)와 산소 몰수(부피)의 관계를 비례식으로 나타내면,
공기 : 산소 = 100 : 21 = $y$mol : 7.5mol
y(공기의 몰수) = 35.71mol

03 제5류 위험물 중 위험등급 I에 해당하는 품명 2가지를 쓰시오.

정답 　유기과산화물, 질산에스테르류

해설 　**제5류 위험물**

품명		지정수량	위험등급
1. 유기과산화물		10kg	I
2. 질산에스테르류			
3. 니트로화합물		200kg	II
4. 니트로소화합물			
5. 아조화합물			
6. 디아조화합물			
7. 히드라진 유도체			
8. 히드록실아민		100kg	
9. 히드록실아민염류			
10. 그 밖에 행정안전부령으로 정하는 것	1. 금속의 아지화합물	10kg, 100kg, 200kg	I, II
	2. 질산구아니딘		
11. 제1호 내지 제10호의 1에 해당하는 어느 하나 이상을 함유한 것			

04 다음 위험물의 구조식을 쓰시오.

1) 에틸렌글리콜 　　　　　　　　2) 초산에틸 　　　　　　　　3) 포름산

정답　
1)
```
    H  H
    |  |
H − C − C − H
    |  |
    OH OH
```
2)
```
    H  O      H  H
    |  ‖      |  |
H − C − C − O − C − C − H
    |         |  |
    H         H  H
```
3)
```
    O
    ‖
    C
  /   \
H      OH
```

05 다음 탱크의 내용적(L)을 구하시오. (단, r = 1m, ℓ = 6m이다.)

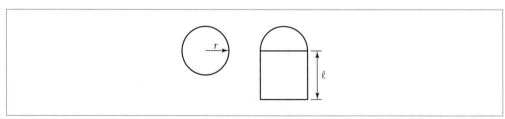

정답　18,849.56L

해설　내용적 $= \pi r^2 \ell = \pi(1m)^2(6m) = 18.849556m^3 = 18.849556m^3 \times \dfrac{1{,}000L}{1m^3} = 18{,}849.56L$

06 물과 반응하면 아세틸렌가스를 생성하고, 고온에서 질소와 반응하면 석회질소를 생성하는 위험물에 대한 다음의 물음에 답하시오.

1) 명칭을 쓰시오.　　　　　　　　　　　　2) 화학식을 쓰시오.

정답 1) 탄화칼슘, 2) CaC_2

해설 $CaC_2 + 2H_2O \rightarrow Ca(OH)_2 + C_2H_2$(아세틸렌)
$CaC_2 + N_2 \rightarrow CaCN_2$(석회질소)$+ C$

07 제3류 위험물과 혼재가 가능한 위험물의 유별을 모두 쓰시오. (단, 위험물은 지정수량의 10배 이상이다.)

정답 제4류 위험물

해설 **위험물 유별 혼재기준(지정수량 1/10 초과 기준)**

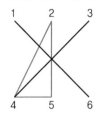

08 산화 · 환원에 대한 다음의 물음에 답하시오.

1) 아세트알데히드가 산화하여 아세트산이 되는 반응식을 쓰시오.
2) 아세트알데히드가 환원하여 에틸알코올이 되는 반응식을 쓰시오.

정답 1) $2CH_3CHO + O_2 \rightarrow 2CH_3COOH$
2) $CH_3CHO + H_2 \rightarrow C_2H_5OH$

해설 **1차 알코올의 산화**

$$HO-\underset{\underset{H}{|}}{\overset{\overset{H}{|}}{C}}-R \underset{\text{환원}}{\overset{\text{산화}}{\rightleftarrows}} R-\overset{\overset{O}{\|}}{C}\diagdown H \underset{\text{환원}}{\overset{\text{산화}}{\rightleftarrows}} R-\overset{\overset{O}{\|}}{C}\diagdown OH$$

알코올　　　　　　알데하이드　　　　　카르복실산

09 질산이 햇빛에 의해 분해될 때에 대한 다음의 물음에 답하시오.

1) 분해반응식을 쓰시오.
2) 분해하여 생성되는 독성기체의 명칭을 쓰시오.

정답 1) $4HNO_3 \rightarrow 4NO_2 + 2H_2O + O_2$
      2) 이산화질소

10 제3종 분말소화기의 소화약제 주성분을 화학식으로 쓰시오.

정답 $NH_4H_2PO_4$

해설 **분말소화약제의 종류**

종류	주성분	적응화재	착색
제1종 분말	$NaHCO_3$ (탄산수소나트륨)	B · C · K급	백색
제2종 분말	$KHCO_3$ (탄산수소칼륨)	B · C급	담회색
제3종 분말	$NH_4H_2PO_4$ (제1인산암모늄)	A · B · C급	담홍색
제4종 분말	$KHCO_3 + (NH_2)_2CO$ (탄산수소칼륨 + 요소)	B · C급	회색

11 제6류 위험물의 운반용기 외부에 표시하는 주의사항을 모두 쓰시오.

정답 가연물 접촉주의

해설 **위험물에 따른 주의사항(운반용기)**

유별		외부 표시 주의사항		
제1류	알칼리금속의 과산화물	• 화기 · 충격주의	• 물기엄금	• 가연물 접촉주의
	그 밖의 것	• 화기 · 충격주의	• 가연물 접촉주의	
제2류	철분 · 금속분 · 마그네슘	• 화기주의	• 물기엄금	
	인화성 고체	• 화기엄금		
	그 밖의 것	• 화기주의		
제3류	자연발화성 물질	• 화기엄금	• 공기접촉엄금	
	금수성 물질	• 물기엄금		
제4류		• 화기엄금		
제5류		• 화기엄금	• 충격주의	
제6류		• 가연물 접촉주의		

12 위험물제조소에서 4,000L의 휘발유를 취급할 때 확보해야 하는 보유공지(m)를 구하시오.

정답 5m 이상

해설 • 휘발유의 지정수량 배수 = $\dfrac{4,000L(취급량)}{200L(지정수량)}$ = 20배

• 제조소의 보유공지

취급 위험물의 최대수량	공지 너비
지정수량의 10배 이하	3m 이상
지정수량의 10배 초과	5m 이상

13 나트륨이 물과 반응할 때에 대한 다음의 물음에 답하시오.

1) 반응식을 쓰시오.
2) 발생하는 기체의 명칭을 쓰시오.

정답 1) $2Na + 2H_2O \rightarrow 2NaOH + H_2$
2) 수소

14 동식물유류의 정의로 알맞도록 다음 빈칸을 채우시오.

"동식물유류"라 함은 동물의 지육(枝肉 : 머리, 내장, 다리를 잘라 내고 아직 부위별로 나누지 않은 고기를 말한다) 등 또는 식물의 종자나 과육으로부터 추출한 것으로서 1기압에서 인화점이 섭씨 (   )도 미만인 것을 말한다.

정답 250

15 염소산나트륨을 저장하는 옥내저장소에 대한 기준으로 알맞도록 다음 빈칸을 채우시오.

> 1) 저장창고는 지면에서 처마까지의 높이가 (   )m 미만인 단층 건물로 하고 그 바닥을 지반면보다 높게 하여야 한다.
> 2) 하나의 저장창고의 바닥면적은 (   )m² 이하로 한다.
> 3) 저장창고의 벽·기둥 및 바닥은 (   )(으)로 한다.
> 4) 저장창고의 출입구에는 (   ) 또는 (   )을/를 설치하되, 연소의 우려가 있는 외벽에 있는 출입구에는 수시로 열 수 있는 자동폐쇄식의 갑종방화문을 설치하여야 한다.

정답 1) 6
　　　2) 1,000
　　　3) 내화구조
　　　4) 갑종방화문, 을종방화문

해설　**옥내저장소의 위치·구조·설비 기준**

1) 저장창고는 지면에서 처마까지의 높이가 6m 미만인 단층 건물로 하고 그 바닥을 지반면보다 높게 하여야 한다.
2) 하나의 저장창고의 바닥면적(2 이상의 구획된 실은 각 실의 바닥면적의 합계) 기준

위험물을 저장하는 창고의 종류	바닥면적
위험등급 I 위험물 전체와 제4류 위험등급 II 위험물 ① 위험등급 I 위험물 　• 제1류 위험물 중 아염소산염류, 염소산염류, 과염소산염류, 무기과산화물 　• 제3류 위험물 중 칼륨, 나트륨, 알킬알루미늄, 알킬리튬, 황린 　• 제4류 위험물 중 특수인화물 　• 제5류 위험물 중 유기과산화물, 질산에스테르류 　• 제6류 위험물 ② 위험등급 II 위험물(제4류) 　• 제4류 위험물 중 제1석유류, 알코올류	1,000m² 이하
그 외의 위험물을 저장하는 창고	2,000m² 이하
위험물을 내화구조의 격벽으로 완전히 구획된 실에 각각 저장하는 창고(바닥면적 1,000m² 이하의 위험물을 저장하는 실의 면적은 500m² 초과 금지)	1,500m² 이하

3) 저장창고의 벽·기둥 및 바닥은 내화구조로 하고, 보와 서까래는 불연재료로 하여야 한다.
4) 저장창고의 출입구에는 갑종방화문 또는 을종방화문을 설치하되, 연소의 우려가 있는 외벽에 있는 출입구에는 수시로 열 수 있는 자동폐쇄식의 갑종방화문을 설치하여야 한다.

16 판매취급소의 위험물 배합실에 대한 기준으로 다음 물음에 답하시오.

> 1) 배합실의 바닥면적의 최소기준(m²)을 쓰시오.
> 2) 배합실의 바닥면적의 최대기준(m²)을 쓰시오.

정답 1) 6m²
　　　2) 15m²

17 간이탱크저장소에 대한 다음의 물음에 답하시오.

> 1) 최대용량을 쓰시오.
> 2) 1개의 간이탱크저장소에 설치하는 간이저장탱크는 몇 개 이하인지 쓰시오.
> 3) 간이저장탱크의 강철판 두께 기준을 쓰시오.

정답　1) 600L
　　　　2) 3개
　　　　3) 3.2mm 이상

18 다음 할론 소화약제의 화학식을 쓰시오.

> 1) Halon 1211 　　　　　　　　　　　　　　 2) Halon 1301

정답　1) CF_2ClBr,　2) CF_3Br

해설　**할론 소화약제의 명명법**
　　　　$Halon(1)(2)(3)(4)(5)$
　　　　(1) : "C"의 개수
　　　　(2) : "F"의 개수
　　　　(3) : "Cl"의 개수
　　　　(4) : "Br"의 개수
　　　　(5) : "I"의 개수(0일 경우 생략)

19 과산화수소와 히드라진의 폭발반응식을 쓰시오.

정답　$2H_2O_2 + N_2H_4 \rightarrow N_2 + 4H_2O$

20 이산화탄소 1kg을 방출할 때 부피는 몇 L인지 구하시오. (단, 1기압, 20℃이다.)

1) 계산과정	2) 부피

정답 1) $PV = nRT \rightarrow V = \dfrac{nRT}{P}$ 를 이용하여 부피를 구한다.

- $n = 1kg \times \dfrac{1\,kmol}{(12 + 16 \times 2)kg} \times \dfrac{1,000\,mol}{1\,kmol} = 22.7273mol$

- $R = 0.082\dfrac{atm \cdot L}{mol \cdot K}$

- $T = (20 + 273)K = 293K$

- $P = 1atm$

$V = \dfrac{nRT}{P} = \dfrac{(22.7273mol)\left(0.082\dfrac{atm \cdot L}{mol \cdot K}\right)(293K)}{1atm} = 546.05L$

2) 546.05L

2024
위험물기능사 실기 한권완성
—

초 판 발 행	2024년 05월 20일
편 저	김찬양
발 행 인	정용수
발 행 처	(주)예문아카이브
주 소	서울시 마포구 동교로 18길 10 2층
T E L	02) 2038 – 7597
F A X	031) 955 – 0660
등 록 번 호	제2016-000240호
정 가	26,000원

홈페이지 http://www.yeamoonedu.com

ISBN　　979-11-6386-276-5　　[13570]